Steck

CAD für Maker

Ihr Plus – digitale Zusatzinhalte!

Auf unserem Download-Portal finden Sie zu diesem Titel kostenloses Zusatzmaterial. Geben Sie dazu einfach diesen Code ein:

plus-FZYEK-L3Az9

plus.hanser-fachbuch.de

Bleiben Sie auf dem Laufenden!

Hanser Newsletter informieren Sie regelmäßig über neue Bücher und Termine aus den verschiedenen Bereichen der Technik. Profitieren Sie auch von Gewinnspielen und exklusiven Leseproben. Gleich anmelden unter

www.hanser-fachbuch.de/newsletter

Ralf Steck

CAD für Maker

Designe deine DIY-Objekte mit FreeCAD, Fusion 360, SketchUp & Tinkercad

3., überarbeitete Auflage

Der Autor:
Ralf Steck, Friedrichshafen

Bibliografische Information der deutschen Nationalbibliothek:
Die Deutsche Nationalbibliothek verzeichnet diese Publikation in der Deutschen Nationalbibliografie; detaillierte bibliografische Daten sind im Internet unter *http://dnb.d-nb.de* abrufbar.

www.hanser-fachbuch.de
Lektorat: Dr. Philippa Söldenwagner-Koch
Herstellung: Melanie Zinsler
Titelmotiv: © Volker Herzberg, Berlin
Coverrealisation: Max Kostopoulos
Satz: le-tex publishing Services, Leipzig
Druck und Bindung: Beltz Grafische Betriebe, Bad Langensalza
Printed in Germany

Print-ISBN: 978-3-446-47159-7
E-Book-ISBN: 978-3-446-47828-2
ePub-ISBN: 978-3-446-47955-5

Inhalt

1 Einführung

Die Möglichkeiten, die man heutzutage als Maker hat, sind unglaublich. 3D-Drucker sind mehr als erschwinglich geworden und stehen darüber hinaus in allen FabLabs und Makerspaces zur Verfügung. Gleiches gilt für Lasercutter und CNC-Fräsen. Preiswertes Elektronikzubehör und Mini-Computer wie der Raspberry Pi oder Mikrocontroller wie der Arduino ermöglichen es, auch komplexe Do-it-yourself-Projekte relativ einfach umzusetzen.

Um eigene Objekte mit dem 3D-Drucker oder der Fräse zu fertigen, benötigt man jedoch zunächst einmal ein 3D-Modell – und zum Erstellen dieses Modells eine Software zur 3D-Modellierung, ein sogenanntes CAD-System (Computer-Aided Design, zu Deutsch rechnerunterstütztes Konstruieren). CAD-Systeme sind allgegenwärtig. Es gibt mittlerweile wohl kein Produkt mehr auf dem Markt, das nicht mithilfe eines CAD-Systems entwickelt wurde (Bild 1.1). Professionell eingesetzte Systeme sind allerdings sehr teuer und komplex in der Bedienung.

Bild 1.1 Praktisch jedes Produkt entsteht heute mithilfe eines 3D-CAD-Systems. Das Bild zeigt eine Studie für ein neues Automodell, welches mit der Software SolidWorks entworfen und visualisiert wurde (© SolidWorks/Kia Motors America).

Zum Glück gibt es eine ganze Reihe von Applikationen, die man als Privatanwender kostenlos nutzen darf oder die sogar als Freeware angeboten werden. Dies ändert jedoch nichts an der Tatsache, dass 3D-Modellieren gelernt sein will – und genau dabei wird dich dieses Buch unterstützen. Anhand von vier coolen DIY-Projekten stelle ich dir acht Systeme bzw. Apps zur 3D-Modellierung vor. Neben der Bedienung der ausgewählten Programme erlernst du die grundlegenden Philosophien, Vorgehensweisen und Methoden der 3D-Modellierung, um auch andere CAD-Systeme deiner Wahl schnell bedienen und damit deine ganz persönlichen 3D-Modelle erstellen zu können.

1.1 An wen richtet sich dieses Buch und wie ist es aufgebaut?

Für die Arbeit mit diesem Buch benötigst du keine CAD-Vorkenntnisse. Wir beginnen bei null. In Kapitel 2 vermittle ich dir zunächst einmal die theoretischen Grundlagen und die verschiedenen Herangehensweisen der 3D-Modellierung. In Kapitel 3 bis Kapitel 6 folgen dann vier Beispielprojekte, in denen ich dir verschiedene Modelliertechniken vorstelle. Schritt für Schritt zeige ich dir, worauf es ankommt und wie man sinnvollerweise beim Modellieren vorgeht – und warum. Beim Durcharbeiten der Projekte gehe ich auch auf die Einschränkungen der jeweiligen Software ein und weise dich auf Fehler hin, die ich gemacht habe, denn aus Fehlern lernt man bekanntlich am besten.

Die Projekte bauen nicht aufeinander auf und lassen sich prinzipiell in beliebiger Reihenfolge durcharbeiten. Zum Start empfehle ich dir allerdings, in jedem Falle Kapitel 3 durchzuarbeiten, in dem anhand von Tinkercad viele grundlegende Vorgehensweisen erklärt werden. Tinkercad muss nicht installiert werden, sondern läuft in der Cloud und hinterlässt keine Spuren auf deinem Rechner. Auch Kapitel 2 ist zum Verständnis erforderlich, da ich darin wichtige Grundlagen der 3D-Modellierung erkläre, die für alle CAD-Systeme relevant sind und die du fürs Durcharbeiten der Projekte in den folgenden Kapiteln benötigst.

Mir geht es nicht darum, die in diesem Buch vorgestellten CAD-Systeme bis ins letzte Detail vorzustellen, sondern dir ein Gefühl dafür zu geben, welche Software für welche Projekte und welchen Wissensstand geeignet ist und wie man schnell zum Ziel kommt. Sobald du deine Lieblingsapplikation(en) gefunden hast, wirst du mit der Bearbeitung jedes neuen Projekts ganz von selbst tiefer in die Software einsteigen. Übrigens: Auch Profis nutzen nie alle Funktionen einer Software – und das ist auch gar nicht nötig, denn es führen immer mehrere Wege zum Ziel. Wichtig ist eigentlich nur, dass du eine Lösung findest, mit der du persönlich schnell und gut arbeiten kannst.

Jedes Projekt endet mit einem Exkurs, der über das Hauptprojekt des jeweiligen Kapitels hinausweist, zusätzliche Funktionen der jeweiligen Software beleuchtet oder ein zusätzliches Mini-Projekt beinhaltet.

1.2 Direkt rein in die Praxis – die Beispielprojekte des Buches

Um dir schon einmal einen kleinen Vorgeschmack zu geben, möchte ich dir im Folgenden kurz die Projekte vorstellen, die dich in diesem Buch erwarten.

In Kapitel 3 steigen wir auf Basis der Software Tinkercad in die 3D-Modellierung ein. Du lernst, wie man durch Addieren und Subtrahieren komplexe Geometrien erstellt. Außerdem zeige ich dir, wie durch das Kopieren von Features und Mustern komplexe Formen entstehen. Auch das Wiederverwenden von Geometrie und die Planung der Modellierung werden thematisiert. Ziel des Kapitels ist die Modellierung eines Laserschwerts, wie es die Jedi-Ritter in Star Wars tragen (Bild 1.2).

Bild 1.2 Auf Basis von Tinkercad entsteht der Griff eines Laserschwerts mithilfe der direkten Modellierung von Basiskörpern.

Im Exkurs von Kapitel 3 zeige ich dir, wie du mit Tinkercad deine Modelle oder die Modelle der Tinkercad-Community in Legobauwerke umwandeln und nachbauen kannst.

In Kapitel 4 steigen wir in die parametrische, historienbasierte Konstruktion ein. Auf Basis von FreeCAD entwickeln wir das intelligente Modell eines Bodenschoners für Biertischfüße, das sich mit wenigen Parametern verändern lässt (Bild 1.3). Parametrik, Bezüge, Skizzen mit Maßen – hier beginnt die Welt der Profisysteme, die wir in einem Exkurs zur Software Onshape streifen werden.

Bild 1.3 Mit Parametern schnell anpassbar – das CAD-Modell dieser Biertischfußschoner in FreeCAD und Onshape

Die meisten CAD-Systeme, die in der professionellen Produktentwicklung zum Einsatz kommen, arbeiten mit der Parametrik-Technologie. Dies liegt daran, dass man viel Intelligenz in das Modell einbringen kann und Änderungen leicht umzusetzen sind, wenn man das Modell von Anfang an sauber aufbaut. Worauf es hierbei ankommt, erfährst du in Kapitel 4.

Wenn du die parametrische Modellierung einmal richtig verstanden hast, wirst du dich auch in ein Profi-CAD-System relativ schnell einarbeiten können. Im bereits erwähnten Exkurs von Kapitel 4 kannst du dich selbst davon überzeugen. Wir werden darin das bereits in FreeCAD realisierte Bodenschoner-Modell noch einmal auf Basis des Profi-Systems Onshape erstellen.

In Kapitel 5 erstellen wir mithilfe der Software SketchUp ein 3D-druckbares Modellbau-Häuschen. Die direkte Modellierung eignet sich vor allem für das schnelle Erstellen von Modellen, bei denen es nicht auf den letzten Zehntelmillimeter ankommt. Auf Basis eines Grundrissplans werden wir ein dreidimensionales Hausmodell erstellen (Bild 1.4). Der Plan kann aus dem Internet stammen, du kannst aber auch dein eigenes Haus abmessen oder dessen Pläne benutzen. Das fertige Modell verkleinern wir, um es dann als Häuschen für die Modelleisenbahn oder die Wohnzimmervitrine auszudrucken.

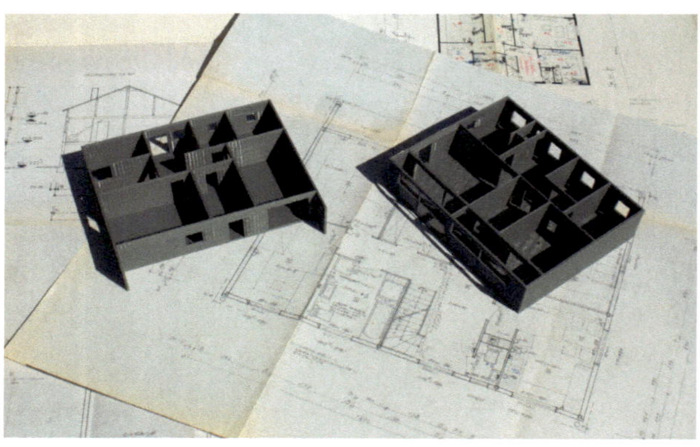

Bild 1.4 Vom Architektenmodell zum 3D-Modell und zur Modelleisenbahn ging es mit SketchUp.

Du hast vor, ein Haus zu bauen oder zu kaufen? Auch dann kann ein 3D-Hausmodell von Nutzen sein. Ich zeige dir, wie du im virtuellen Modell deines Hauses Einrichtungsgegenstände platzieren und die Sonneneinstrahlung simulieren kannst. Auf diese Weise kannst du dich bereits vor Bau oder Kauf des Hauses auf einen virtuellen Hausrundgang begeben, das Haus am Computer einrichten und die Wirkung von Tapeten oder Wandfarbe beurteilen – und das, bevor der erste Stein gesetzt oder der Schlüssel übergeben ist.

Möchtest du den Bahnhof oder das Rathaus deiner Heimatstadt in deine Modelleisenbahnlandschaft integrieren? Im Exkurs von Kapitel 5 erfährst du, wie du dies sehr einfach realisieren kannst, indem du aus nur zwei Fotografien ein 3D-Modell eines Gebäudes erstellst.

Das in Kapitel 6 vorgestellte Projekt geht schließlich weg von der millimetergenauen Modellierung. Auf Basis der Scan-Softwarepakete 3DF Zephyr (PC) und Polycam (Smartphone), Meshmixer, 3D Builder und Slicer for Fusion 360 scannen wir eine Specksteinskulptur, optimieren deren 3D-Geometrie und fertigen daraus eine Rasterskulptur aus Sperrholz für den Garten (Bild 1.5). Ziel dieses Kapitels ist es, ein Verständnis dafür zu schaffen, wie 3D-Geometrien auf dem Rechner entstehen, wie sie gespeichert und definiert sind und wie man mit einfachsten Mitteln zum 3D-Modell gelangt.

Bild 1.5 Eine Specksteinskulptur wird mit dem Fotoapparat oder dem Smartphone bearbeitet und vergrößert. Mithilfe einer CNC-Fräse wird daraus dann eine Gartenskulptur aus Sperrholz gefertigt.

Der Exkurs von Kapitel 6 zeigt, wie die Dreiecksnetzgeometrie aus dem 3D-Scan mit einem parametrischen CAD-Modell kombiniert werden kann. Hierfür kommt Fusion 360 zum Einsatz.

Ich habe die 3D-Modelle sämtlicher Beispielprojekte bewusst nicht bis ins letzte Detail ausgearbeitet. Mir ist es wichtiger, dir verschiedene Modellierkonzepte und Bedienungsphilosophien nahezubringen. Wenn du einmal verstanden hast, wie eine Software funktioniert, ist die Ausarbeitung der Details nur noch Übungssache und Fleißarbeit – und dafür brauchst du mich nicht. Denn letztlich geht es uns ja vor allem darum, Spaß am Erfinden, Entwickeln und Umsetzen von Projekten zu haben, oder? Deshalb wollen wir den professionellen Anspruch lieber anderen überlassen und uns stattdessen darauf konzentrieren, effizient und einfach zum Ziel zu kommen.

1.3 Wer duzt mich hier? Zum Autor dieses Buches

Mein Name ist Ralf Steck und ich habe mich in diesem Buch bewusst für die informelle Anrede entschieden. Das Buch ist so verfasst, als ob ich neben dir sitzen würde und wir die Projekte gemeinsam durcharbeiten würden, denn dieses Buch ist auf ganz ähnliche Weise entstanden. Ich habe mir jedes Projekt Schritt für Schritt erarbeitet und parallel dazu die Texte und Screenshots erstellt. Ich kann also garantieren, dass alle Projekte genau wie beschrieben durchführbar sind – und wie du sehen wirst, musste auch ich an einigen Stellen Rückschläge einstecken oder Workarounds finden. Diese habe ich genau so beschrieben, wie ich sie erlebt habe, damit du nachvollziehen kannst, warum ich den jeweiligen Lösungsweg gewählt habe.

Auch ich musste mir meine Kenntnisse in der 3D-Modellierung erst einmal erarbeiten. Als ich Anfang der 90er-Jahre Maschinenbau studierte, war das Zeichenbrett noch Stand der Technik in der Produktentwicklung (obwohl es auch im Jahr 1993 schon 3D-CAD-Systeme gab). Nach drei Jahren Tätigkeit in einem Fachzeitschriftenverlag arbeite ich seit 1996 als freier Fachjournalist, Autor und Speaker im CAD/CAM-Bereich. Zudem betreibe ich das Blog *www.EngineeringSpot.de,* auf dem ich über Produktentwicklungssoftware und -hardware berichte.

Seit 2011 beschäftige ich mich aktiv mit CAD-Systemen – zunächst aus reiner Neugierde, doch dann fand ich schnell großen Gefallen daran, meine selbst erdachten 3D-Objekte zu modellieren und zu fertigen. Den Anfang machte bei mir SolidWorks, dann folgten Inventor, Creo, Solid Edge und andere Profi-Systeme sowie auch einige der in diesem Buch vorgestellten Applikationen.

2013 baute ich mir meinen ersten 3D-Drucker und wollte ab diesem Zeitpunkt natürlich so viele eigene Ideen wie möglich verwirklichen. Mein Drang, sich intensiver mit verschiedensten CAD-Programmen zu beschäftigen, wurde also immer größer. Inzwischen ist zu zwei 3D-Druckern noch eine CNC-Fräse hinzugekommen, mit der ich Projekte wie die Gartenskulptur in Kapitel 6 umsetze.

Da auch ich nicht (haupt)beruflich mit CAD-Systemen arbeite, weiß ich sehr gut, wie Software auszusehen hat, die man nicht täglich einsetzt und in die man sich deshalb immer wieder neu einfinden muss.

Bild 1.6 Eigene Ideen schnell umsetzen – das ist der Vorteil der 3D-Modellierung und des 3D-Drucks eigener Modelle.

Darüber hinaus habe ich allerdings auch die Erfahrung gemacht, dass man sich sehr schnell in ein neues System einarbeiten kann, wenn man die Grundidee hinter der Modellierung einmal verstanden hat. Die Abläufe beim Modellieren sind immer wieder dieselben. Ein hochkomplexes Modell ist nicht schwieriger zu erstellen als ein einfaches – es ist nur mehr Arbeit (Bild 1.7). Das Hauptanliegen dieses Buches ist es, dir das Verständnis für diese Grundidee zu vermitteln, sodass du deine eigenen DIY-Objekte mit jeder Software deiner Wahl modellieren und fertigen kannst.

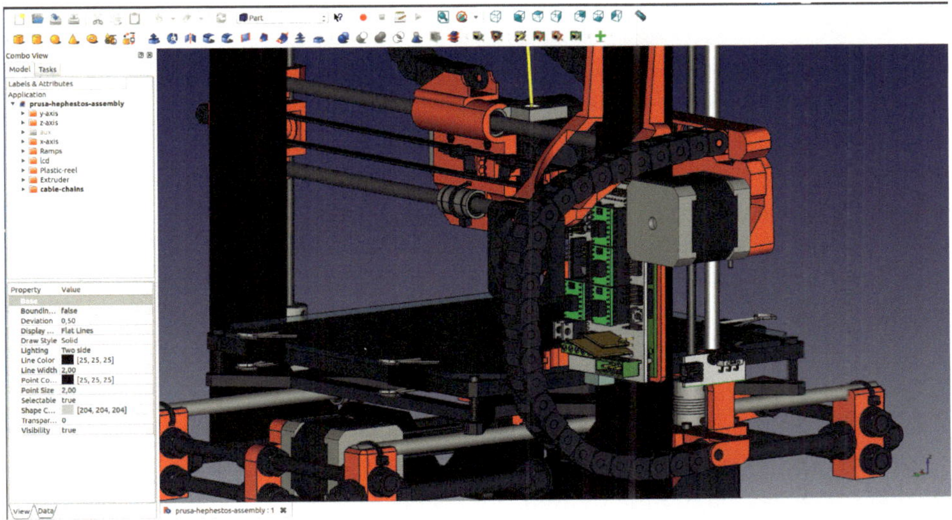

Bild 1.7 Komplexe Modelle sind nicht schwieriger zu modellieren, sondern nur mehr Arbeit (© FreeCAD-Modell: Juan Gonzalez-Gomez, Nickname: Obijuan).

1.4 Wichtige Hinweise zur Arbeit mit dem Buch

Deutsche vs. englische Begriffe für Softwarefunktionen und -elemente

Die in diesem Buch vorgestellten CAD-Systeme sind fast alle englischsprachig. Grundkenntnisse der englischen Sprache solltest du also mitbringen. Ich werde mich bemühen, beim ersten Auftauchen jeder Funktion bzw. jedes Elements sowohl den deutschen als auch den englischen Begriff zu nennen. Es macht jedoch wenig Sinn – auch wenn ich es gern so handhaben würde –, die deutschen Begriffe im Folgenden weiterzuverwenden, da sie in den Menüs und Bedienelementen der Software in Englisch benannt sind. Um dir das Nachvollziehen der Projekte zu erleichtern, verwende ich deshalb beim Nennen von Funktionen und Elementen überwiegend die englischen Begriffe.

Softwareversionen

Die Entwicklung der vorgestellten CAD-Systeme ist teils recht stürmisch. Die Wahrscheinlichkeit, dass vielleicht schon eine neue Version der Software verfügbar ist, wenn du dieses Buch in den Händen hältst, ist also groß. Ich habe deshalb bei der Vorstellung jedes Beispielprojekts die von mir verwendete Version genannt. Zum Teil wirst du die älteren Versionen auch noch von der Herstellerwebsite herunterladen und zum Nachvollziehen des Projekts installieren können, bevor du mit deinen eigenen Projekten auf die neueste Version wechselst. Ich habe mich jedoch bemüht, die Ausarbeitungen der einzelnen Projekte so allgemein zu halten, dass sie auch in künftigen Programmversionen nachvollziehbar sind.

Daten zu den Beispielprojekten im Buch

Sofern möglich, liefere ich dir zu jedem Beispielprojekt die Daten verschiedener Zwischenstände sowie die finalen Daten, sodass du immer wieder neu in ein Projekt einsteigen kannst, falls du an einer Stelle nicht weiterkommen solltest.

Die Daten zu den Beispielprojekten findest du unter *plus.hanser-fachbuch.de*.

Die Gartenskulptur, die ich zum Scannen in Kapitel 6 verwende, kann ich dir logischerweise nicht mitliefern. Ich bitte auch um Verständnis, dass ich die detaillierten Pläne meines eigenen Hauses nicht mitliefern möchte, anhand derer ich das Modellbau-Häuschen in Kapitel 5 aufbaue. Beide Kapitel sind jedoch so aufgebaut, dass du das Projekt mit einem eigenen Modell parallel bearbeiten kannst. Im Falle der Skulptur liefere ich dir darüber hinaus auch einen Satz Fotos mit, die du in

ReCap laden kannst (Bild 1.8). So steht dir für die weiteren Schritte dasselbe 3D-Modell zur Verfügung wie mir.

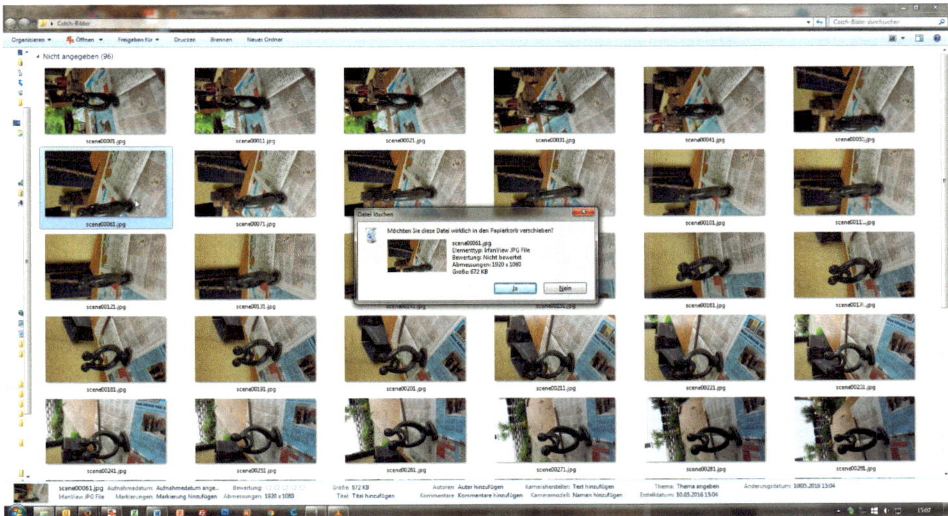

Bild 1.8 Einen Satz der Scanbilder liefere ich mit, damit du das Gartenskulptur-Projekt Schritt für Schritt durcharbeiten kannst.

Vorgehensweisen bei der 3D-Modellierung

In der 3D-Modellierung führen oft mehrere Wege zum Ziel. Im Buch muss ich mich aber meist für einen dieser Lösungswege entscheiden. Dass dies nicht immer der optimale Weg ist, hat zum Teil didaktische Gründe, weil ich dir etwas Bestimmtes zeigen möchte. Manchmal ist die Wahl des Lösungsweges auch meiner Unkenntnis geschuldet, denn kaum jemand beherrscht ein CAD-System in all seinen Facetten. Auch ich habe mir an vielen Stellen nur Teilaspekte der jeweiligen Software erarbeiten können. Oft zeige ich auch verschiedene Lösungswege nacheinander auf. In Kapitel 5 werden Erdgeschoss und erster Stock des Hauses zum Beispiel mithilfe mehrerer verschiedener Techniken erstellt.

Kreide es mir also bitte nicht an, wenn du einen besseren und dir logischer erscheinenden Weg zum Ziel findest, sondern freue dich! Denn um es noch einmal zu betonen: Ich möchte dir in diesem Buch solide, allgemeingültige Grundlagen der 3D-Modellierung vermitteln, die es dir ermöglichen, die Arbeitsabläufe und Techniken eines neuen CAD-Systems rasch zu verstehen. Auf diese Weise erlangst du die Sicherheit zu entscheiden, ob die Software deinen Ansprüchen genügt und ob es sich für dich lohnt, sich tiefer in diese einzuarbeiten.

1.5 Danksagung und Austauschmöglichkeiten

Bei meiner Familie bedanke ich mich recht herzlich für die Nachsicht, die sie mir entgegengebracht hat, wenn ich wieder einmal schlecht gelaunt war, weil eines der Projekte nicht so funktionieren wollte, wie ich es mir vorgestellt habe. Meinen Kunden danke ich, dass sie während der Schreibphase Geduld bei Projektverzögerungen gezeigt haben. Meinem Freund Gerd danke ich für sein wertvolles Feedback. Ich danke auch den vielen YouTubern und Forumsmitgliedern, die es mir mit ihren Videos und Beiträgen ermöglicht haben, mich schnell in die vielen Softwarepakete einzuarbeiten.

Anregungen und Fragen zum Buch nehme ich gerne unter der Mailadresse *CADfuerMaker@die-textwerkstatt.de* entgegen. Selbstverständlich darfst du mir auch Beispiele deiner Projekte zukommen lassen. Ich freue mich auf dein Feedback!

Friedrichshafen, April 2023

Ralf Steck

2 Grundlagen der CAD-Modellierung

Bevor ich dir in den folgenden Kapiteln verschiedene CAD-Programme vorstelle, soll es in diesem Kapitel um die Grundlagen der 3D-Modellierung gehen. Wir werden uns erst einmal damit beschäftigen, was CAD überhaupt ist. Darüber hinaus wirst du auch Antworten auf folgende Fragen erhalten: Warum gibt es zum einen kostenlose CAD-Systeme und zum anderen solche, die bis zu sechsstellige Beträge pro Arbeitsplatz kosten? Wie entstehen 3D-Modelle? Gibt es fertige Modelle zum Download? Welche Datenformate brauche ich, wenn ich Teile fertigen lassen will? Und wenn ich fertigen lassen möchte: An wen muss ich mich wenden?

3D-Modellierung ist gar nicht so komplex, wie sie zunächst aussieht. Allerdings muss man wissen, was man tut – und das in zweifacher Hinsicht. Zum einen muss man wissen, wie das verwendete CAD-System funktioniert, zum anderen muss man eine Vorstellung davon haben, was man modellieren will – und vor allem, wie man zum gewünschten Ergebnis kommt. Dieser Lösungsweg wiederum hängt von der Art des CAD-Systems ab. Über die verschiedenen Vorgehensweisen beim Modellieren an sich werden wir dann in Kapitel 3 sprechen.

2.1 Was ist 3D-CAD?

Grundsätzlich existieren zwei unterschiedliche Arten von 3D-Software: die CAD-Software (Computer-Aided Design, zu Deutsch rechnerunterstütztes Konstruieren) und die 3D-Modelliersoftware. Der Unterschied bezieht sich sowohl auf die Entstehung als auch auf die Nutzung der Modelle.

Bei **CAD-Anwendungen** geht es vor allem um das Definieren technischer Formen, genauer Abmessungen und von Zusammenhängen zwischen Objekten und Bauteilen (Bild 2.1). Oft wird eine sogenannte Baugruppenstruktur aufgebaut. Mehrere Bauteile ergeben dabei eine Baugruppe. Dies kann beispielsweise die Baugruppe eines Kolbens mit Pleuel und Kolbenringen sein, die wiederum zur Überbaugruppe „Kurbeltrieb“ gehört. Die Hierarchie einer solchen Baugruppe geht weiter bis zum Motor, zum Antrieb und schließlich zum gesamten Auto. Im 3D-Modell werden technische Zusammenhänge (z. B. „Pleuel dreht sich auf Kurbelwelle") oder auch geometrische Abhängigkeiten definiert, die technische Ursachen haben (z. B. „Maß A soll immer doppelt so groß sein wie Maß B"). Das Modell besitzt Metadaten wie Material, Gewicht oder Größe.

Bild 2.1 CAD-Modelle enthalten technische Formen mit exakten Maßen und Zusammenhängen (© Siemens PLM Software; Zumex „Soul" designed in Solid Edge).

3D-Modelliersysteme hingegen werden üblicherweise genutzt, wenn komplexe, beispielsweise organische Formen entstehen sollen. Beispiele sind Tiere oder Roboter für computergenerierte Filmszenen (Bild 2.2) oder auch eine Fantasy-Rüstung, die in einem Theaterstück getragen werden soll. Hier steht die Formgebung im Vordergrund. Oft existiert zwar ein Gerüst, das die Bewegungsmöglichkeiten der Arme oder Beine definiert, aber keine weitergehende „Intelligenz" beziehungsweise Hierarchie im Modell.

Natürlich ist dies keine feste Unterteilung. Es gibt auch CAD-Systeme, die komplexe Formen (beispielsweise eine Autokarosserie) definieren können. Ebenso lassen sich in Modelliersystemen technische Bauteile erzeugen. Grundsätzlich lässt sich sagen, dass 3D-Modelliersysteme die größeren gestalterischen Freiheiten bieten. Teils kann man das Objekt am Bildschirm wie einen Tonklumpen kneten und drücken. Beim CAD-Modell sind komplexe Formen schwieriger zu erzeugen, aber es werden viele Zusatzdaten definiert, die in weiteren Schritten des Produktentstehungsprozesses noch genutzt werden können.

Im Prinzip können wir also beide Arten von Programmen nutzen. Da es in diesem Buch jedoch eher um technische Bauteile gehen soll, werden überwiegend CAD-Systeme zum Einsatz kommen.

Bild 2.2 Bei 3D-Modelliersystemen stehen organische Formen im Vordergrund, wie hier beim 3D-Computeranimationsfilm „Kung Fu Panda“ (© 2016 DreamWorks Animation. All Rights Reserved).

2.2 Vom Zeichenbrett zum digitalen Modell: die Erfolgsgeschichte von 3D-CAD

Als ich Anfang der 90er-Jahre Maschinenbau studierte, gab es noch das geflügelte Wort „Die Zeichnung ist die Sprache des Ingenieurs“. Bis zu dieser Zeit saßen Konstrukteure noch am Zeichenbrett und legten mit Tusche auf Transparentpapier ihre Ideen in technischen Zeichnungen nieder. Oft waren für ein Produkt ganze Ordner von Zeichnungen notwendig. Für ein Auto oder gar ein Flugzeug oder ein Kraftwerk sprechen wir von ganzen Schrankwänden.

Technische Zeichnungen sind eine hochkomplexe Repräsentation der tatsächlichen Geometrie, die meist nur von geschulten Personen verstanden werden kann (Bild 2.3). Der Betrachter muss sich das dreidimensionale Gebilde auf Basis der verschiedenen Ansichten und Schnitte in der Zeichnung im Kopf „zusammenbasteln“, was umso schwieriger ist, je komplexer die Geometrie des Bauteils ist. Ein 3D-Modell dagegen ist genau das – ein dreidimensionales Modell eines dreidimensionalen Bauteils. Der Betrachter sieht also direkt, was er sehen soll.

Die technischen Zeichnungen wurden nach der Fertigstellung der Konstruktion in die Fertigung gegeben und mussten dort erst einmal interpretiert werden. Oft zeigten sich dann Probleme, die man in die Konstruktion zurückmeldete. Dort kratzte der Konstrukteur mit einer Rasierklinge die falschen Striche vom Transparentpapier und änderte die Zeichnung, woraufhin der Kreislauf von Neuem begann.

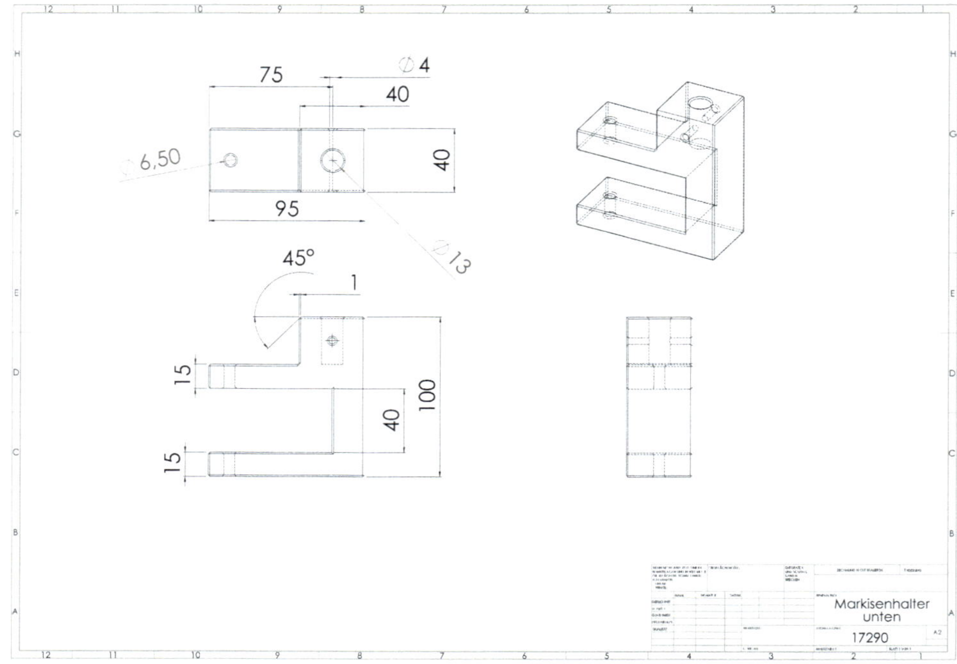

Bild 2.3 Technische Zeichnungen waren lange Zeit der Standard, um Konstruktionen festzuhalten (© Ralf Steck).

Der große Vorteil eines 3D-Modells ist, dass es maschinenlesbar ist und beispielsweise direkt für die Programmierung der Werkzeugmaschine genutzt werden kann. Das 3D-Modell läuft durch den gesamten Prozess durch, Daten und Geometrien werden immer wieder weiterverwendet und eine Änderung des Modells in der Konstruktion wird unmittelbar auch in den anderen Bereichen sichtbar. So lässt sich das CNC-Programm (Computerized Numerical Control), das eine CNC-Fräse steuert, in einer CAM-Software (Computer-Aided Manufacturing, zu Deutsch rechnerunterstützte Fertigung) mit einem Klick auf die neue Geometrie anpassen (Bild 2.4).

3D-Modelle werden erst seit einigen Jahren flächendeckend eingesetzt, was sehr viel mit der Rechenleistung der Computer zu tun hat. Bis Mitte der 90er-Jahre waren DOS- beziehungsweise Windows-PCs einfach nicht leistungsfähig genug, um 3D-Modelle flüssig darstellen zu können. Bis mit SolidWorks 1996 das erste echte, für Windows entwickelte 3D-CAD-System herauskam, liefen 3D-Systeme fast ausschließlich auf sehr teuren und exotischen UNIX-Workstations. Das hatte zur Folge, dass ein CAD-Arbeitsplatz mit Hard- und Software mehrere Hunderttausend Euro beziehungsweise Mark kostete.

Heute kostet ein gut ausgestatteter CAD-Rechner mit Profi-Grafikkarte um die 3000 Euro. Die Lizenz eines Profi-CAD-Programms wie SolidWorks oder Autodesk Inventor bekommt man ab etwa 5000 bis 6000 Euro. Der komplette Arbeitsplatz wird etwa 10 000 Euro kosten. Damit war es Unternehmen möglich, viel mehr Arbeitsplätze zu kaufen, woraufhin sich 3D-Modellierung in der produzierenden Industrie schnell verbreitete.

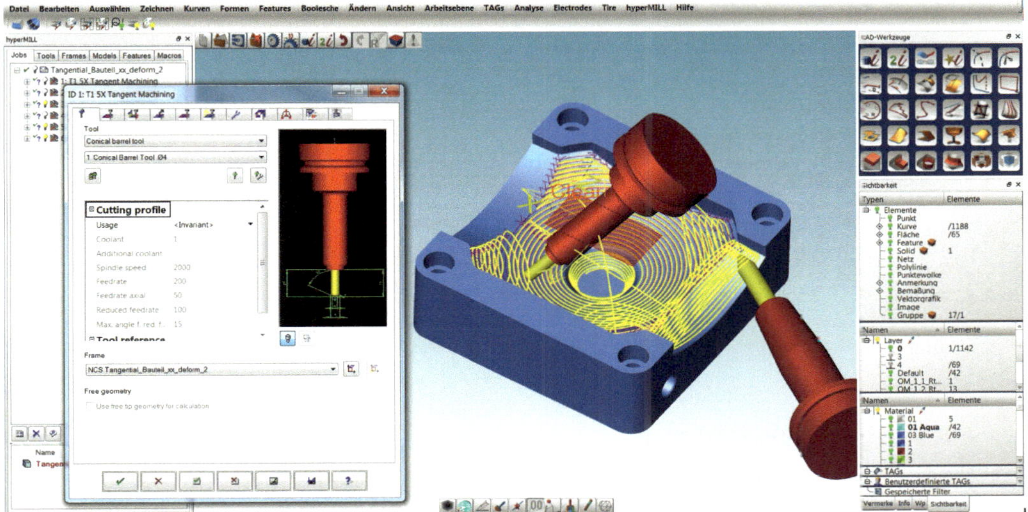

Bild 2.4 Die CAM-Software (hier: hyperMILL von Open Mind) erzeugt aus einem 3D-CAD-Modell Programme für Fertigungsmaschinen (© Open Mind).

Heute laufen alle Profi-CAD-Systeme unter Windows (Bild 2.5) und bis auf spezielle Grafikkarten und einige Peripheriegeräte wird Standard-Hardware eingesetzt – allerdings eher aus dem oberen Leistungsspektrum. Trotzdem lassen sich Systeme wie Inventor, Solid Edge oder SolidWorks auch auf potenteren Laptops benutzen, vor allem, wenn diese eine zusätzliche Grafikkarte besitzen.

Preiswertere CAD-Systeme besitzen im Bereich der Modellierung inzwischen praktisch keine Nachteile mehr gegenüber teureren High-End-Systemen. Die Unterschiede liegen eher in der Einbindung der Modellierung in weitere Prozesse, die aber für den Maker weniger interessant sind.

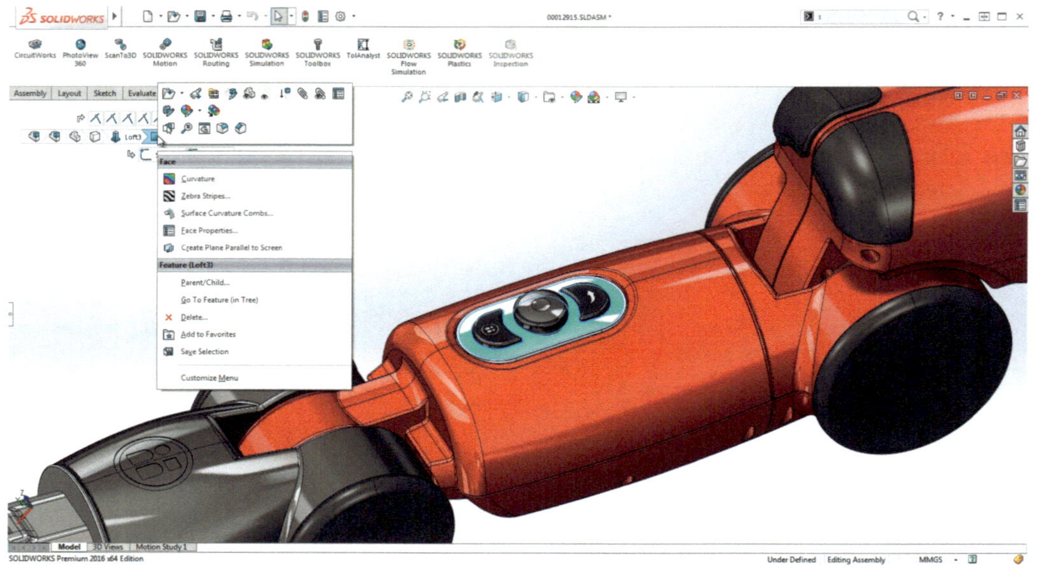

Bild 2.5 Inzwischen laufen alle Profi-CAD-Systeme unter Windows (© SolidWorks).

2.3 Was taugt CAD-Freeware wirklich?

Auch wenn preiswerte oder kostenlose CAD-Systeme es mittlerweile durchaus mit Profi-Systemen aufnehmen können, stellt sich die Frage: Taugen sie in der praktischen Anwendung wirklich etwas? Darauf kann man mit Ja und Nein antworten. Es ist wie so oft eine Frage der Ansprüche. Professionelle CNC-Fräser verspotten Hobbyfräsen wie die Shapeoko als „Käsefräsen“, weil diese so weich und instabil seien, dass man nur Käse damit fräsen kann. Und überhaupt, die Genauigkeit ...

Diese Einwände sind durchaus berechtigt. Wenn man tausend Teile pro Tag fertigen, gehärteten Stahls bearbeiten oder eine Genauigkeit im Hundertstel-Millimeterbereich erreichen will, kommt man mit der Käsefräse nicht weit. Ebenso wird eine professionelle Produktentwicklung sinnvollerweise auf einem professionellen CAD-System stattfinden, denn die kostenlosen Alternativen haben viele Einschränkungen, die das Arbeiten mit komplexeren Modellen und die Weiterverarbeitung der Daten schwierig machen.

Der Funktionsumfang professioneller Systeme geht weit über die reine Modellierung hinaus. So bieten Systeme wie Solid Edge oder SolidWorks je nach Ausbaustufe Funktionen zur Festigkeitsberechnung, zum Animieren und fotorealistischen Darstellen von Modellen oder für die Kostenanalyse von Bauteilen. High-End-Systeme sind eine komplette Entwicklungsumgebung, die viele Bereiche des Unternehmens mit Daten versorgen und in den Entwicklungsprozess einbinden.

Die kostenlosen CAD-Systeme konzentrieren sich dagegen überwiegend auf die Modellierung. Doch schon hier wird man nicht den Funktionsumfang erwarten können, den ein Profi-Programm bietet. Dies betrifft beispielsweise die Modellierung von Rundungen mit variablen Radien. Einfache Systeme haben hier ganz klar ihre Grenzen. Die kostenlosen Systeme haben darüber hinaus noch weitere Einschränkungen, die einen professionellen Einsatz be- oder verhindern. Wichtigste Einschränkung: Keines der freien Programme, die ich getestet habe, kann wirklich gut mit Baugruppen umgehen. Man kann zwar mehrere Teile in einer Datei modellieren, aber eben keine Struktur aus Einzelteil- und Baugruppendateien aufbauen (Bild 2.6). Das hat den gravierenden Nachteil, dass der Kontext des Bauteils nur schwer zu untersuchen ist. In einer Baugruppe, in der die Bauelemente wirklichkeitsnah miteinander verknüpft sind, lassen sich Bewegungen nachvollziehen, sodass man ungewollten Kollisionen mit anderen Bauteilen schnell auf die Schliche kommt.

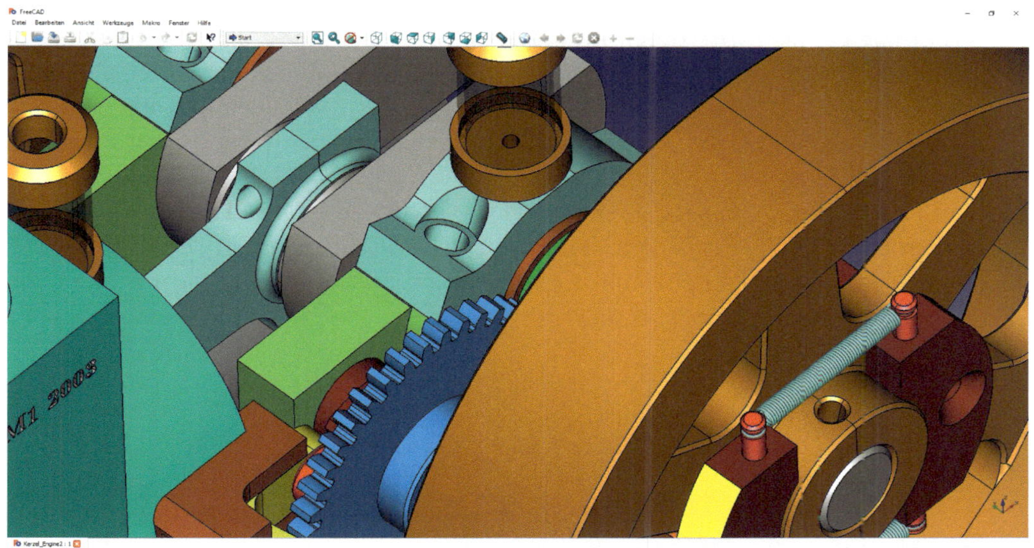

Bild 2.6 Mit kostenloser Software können durchaus komplexe Modelle erstellt werden, allerdings sind hier alle Bauteile in einer Datei gespeichert (© Modell: User „ppemawm" auf *http://forum.freecadweb.org*).

Eine weitere Einschränkung ist die Datenverwaltung. Als Maker wirst du allerdings eher selten in die Lage kommen, dass du deine CAD-Modelle nicht mehr in einer sinnvollen Verzeichnisstruktur verwalten kannst. Zudem entstehen durch die nicht vorhandene Baugruppenfunktionalität keine externen Referenzen – also Bezüge eines Modells auf ein anderes Modell. Diese externen Referenzen sind es jedoch, die bei Profisystemen die Verwaltung im Dateisystem so gefährlich und den Einsatz einer Datenverwaltungslösung sinnvoll machen. Denn wenn die Dateistruktur verändert wird, sind die in der Baugruppe gespeicherten Links zu den Bauteildaten kaputt und die Baugruppe lässt sich nur mit Mühe wieder reparieren.

Schnittstellen zu anderen CAD-Systemen sind für den Profi unabdingbar, denn er arbeitet oft mit Zulieferern zusammen, die nicht unbedingt dasselbe System nutzen. Die freien Systeme haben lediglich Schnittstellen zu Neutral- oder standardisierten Datenformaten, da deren Struktur öffentlich ist. Native, also direkte Schnittstellen zu anderen CAD-Systemen bedürfen dagegen meist einer Lizenz des anderen Systemherstellers, die dieser sich gut bezahlen lässt. Dies ist deshalb keine Option bei kostenlosen Systemen.

Wenn dir also die kühne Idee vorschwebt, ein Produkt zu entwickeln, das später einmal kommerziell werden soll, macht es Sinn, direkt mit einem Profi-CAD-System zu beginnen. Die Hersteller haben oft besonders preiswerte oder gar komplett kostenlose Angebote für Startups oder Studenten und Auszubildende im Angebot. Nachfragen lohnt sich hier immer.

Für das Erstellen von Hobby-3D-Modellen bietet der Markt allerdings auch viele interessante Freeware-Alternativen an. Wenn du mit den beschriebenen Einschränkungen leben kannst, sind dem Gestaltungswillen auch hier wenige Grenzen gesetzt. Sei also versichert – mit den in diesem Buch vorgestellten Freeware-CAD-Systemen wirst du durchaus anspruchsvolle und beeindruckende Projekte verwirklichen können. Das in Kapitel 4 vorgestellte FreeCAD basiert immerhin auf dem Open CASCADE-Kernel, der aus einer professionellen Entwicklung stammt, und von SketchUp (Kapitel 5) wird auch eine professionelle Version angeboten. Die Grenzen sind also durchaus fließend.

2.4 Die Technik macht's: direktes vs. parametrisches Modellieren

Praktisch alle CAD-Systeme basieren auf einer von zwei Modelliermethoden: dem direkten, booleschen Modellieren auf Basis von Grundkörpern und dem parametrischen Modellieren, bei dem Skizzen extrudiert und Beziehungen vergeben werden. Allerdings gibt es nahezu keine „reinen" Vertreter der einen oder der anderen Methodik. Auch parametrische Systeme bedienen sich boolescher Operationen, ebenso können Direktmodellierer zum Teil mit Skizzen umgehen.

Direktes Modellieren (Direct Modeling) bedeutet zunächst einmal, dass man jedes Element (Flächen, Kanten oder Punkte) einfach verschieben kann und sich das Modell dadurch ändert (Bild 2.7). Üblicherweise benutzt man geometrische Grundkörper, um diese mithilfe boolescher Operationen miteinander zu verschmelzen oder zu verschneiden. Eine Bohrung wird beispielsweise erzeugt, indem man einen Zylinder, der einen anderen Körper durchdringt, von diesem Zylinder subtrahiert. Dann „zupft" man so lange an der Geometrie, bis diese den Erwartungen entspricht.

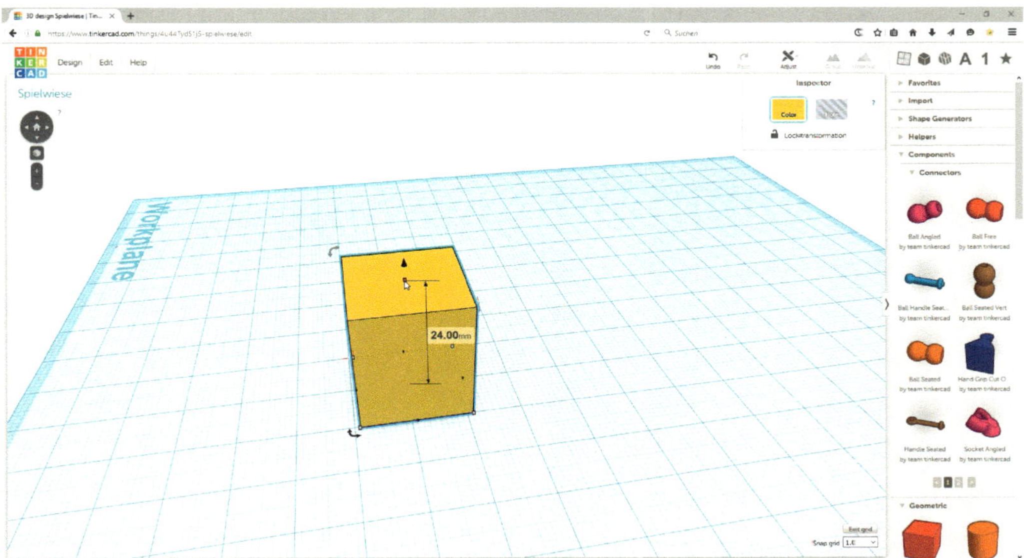

Bild 2.7 Einfach die Oberfläche des Würfels nach oben ziehen – so sieht direktes Modellieren aus.

Der Vorteil des direkten Modellierens ist seine Unabhängigkeit von der Entstehungshistorie. Man kann immer irgendwo an einer Geometrie etwas ändern, ohne dass diese ungültig wird. Nachteil: Es ist schwerer, Abhängigkeiten im Modell zu hinterlegen.

Parametrische Modellierung basiert auf Skizzen, die man auf einer Ebene erstellt. Die Skizzenelemente stehen zueinander in Beziehung – sei es senkrecht, parallel oder konzentrisch zueinander. So wird eine voll bestimmte, beliebig komplexe Skizze aufgebaut, die im zweiten Schritt extrudiert, das heißt, in die dritte Dimension geschoben wird, um einen Volumenkörper zu erzeugen. Man kann dann auf einer neutralen Ebene oder auch auf einer der Oberflächen des entstandenen Körpers eine weitere Skizze (beispielsweise einen einfachen Kreis) anlegen und diesen durch den Körper hindurch extrudieren – dieses Mal aber als Schnitt. So entsteht eine Bohrung. Parametrische Systeme haben immer eine Historie, das heißt, eine festgelegte Reihenfolge der Operationen. Da sich jede Operation auf eine vorherige Operation – beziehungsweise den daraus entstandenen Körper und dessen Elemente – bezieht, ist die Reihenfolge der Operationen wichtig und wird mitgespeichert.

Soll ein Bauteil geändert werden, ruft man dessen Skizze auf und editiert dort die Parameter und Maße (Bild 2.8). Beim Schließen der Skizze wird das Modell neu durchgerechnet, das bedeutet, alle Schritte, die in der Modellierhistorie nach dem geänderten Schritt liegen, werden mit den veränderten Parametern neu berechnet. Das hat den großen Vorteil, dass man Änderungen bei einem gut aufgebauten Modell sehr schnell und sicher durchführen kann.

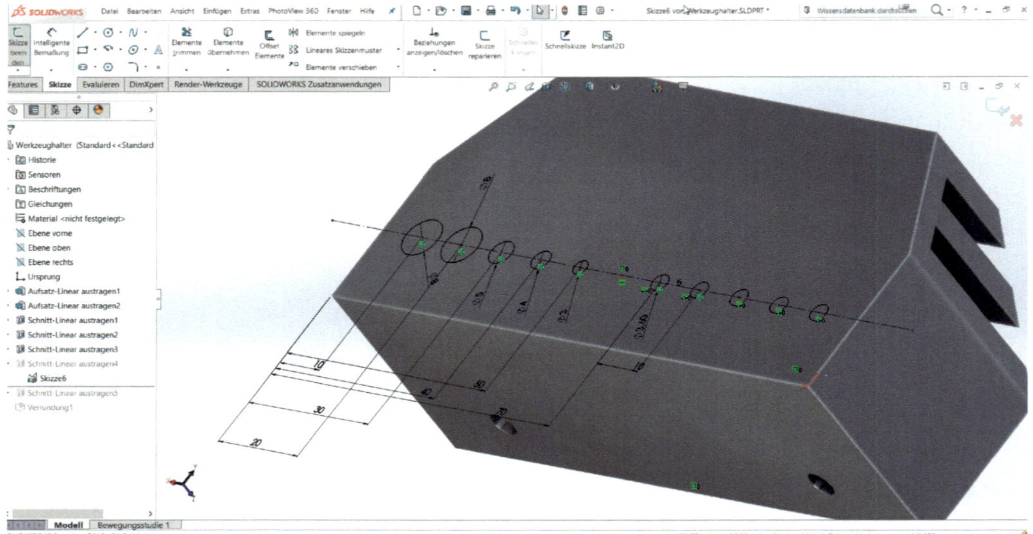

Bild 2.8 Jede Operation im parametrischen System (hier: SolidWorks) beruht auf einer voll bemaßten Skizze.

Man stelle sich beispielsweise eine Teleskop-Autoantenne vor. Durchmesser und Länge des äußersten Rohres werden über Maße festgelegt. Der Durchmesser des zweiten Rohrs wird als „0,1 Millimeter kleiner als der Innendurchmesser des äußeren Rohrs“ definiert, die Länge des zweiten Rohrs als „Länge des ersten Rohrs + 2 Millimeter“ (usw. für die weiteren Teleskopteile). Ändert man nun die Länge des ersten Rohrs, folgen alle anderen Rohre mit und die Konstruktion ist weiterhin logisch. In einem Direktmodellierer müsste man jedes Rohr einzeln auf die richtige Länge ziehen.

So wird sozusagen die Konstruktionsintention in das Modell eingebaut. Die Konstruktion wird – innerhalb bestimmter Grenzen – immer logisch sein. Man kann die Parameter, beispielsweise die Maße, in Profi-Systemen sogar extern steuern, z. B. über eine Excel-Tabelle, umso auf schnelle Weise eine ganze Produktfamilie aufzubauen.

Die parametrische Modellierung hat sich im Profibereich weitgehend durchgesetzt, wobei die parametrischen Systeme heute immer stärker auch Direktmodellierfunktionen erhalten. Dies geschieht unter anderem, um einen der gravierenden Nachteile auszugleichen: Die Operationen basieren wie gesagt immer aufeinander und sind voneinander abhängig. Die erste Operation im anfänglichen Beispiel hängt von der Ebene der Skizze ab; die Skizze der Bohrung liegt auf einer der Flächen des ersten Körpers. Sie hat also, wenn man den ersten Körper löscht, keinen Bezug mehr.

Denken wir noch einmal an die Antenne: Macht man den Durchmesser des äußersten Rohrs immer kleiner und lässt dann die Abhängigkeiten durchrechnen, wird irgendwann der Durchmesser des kleinsten Teleskopteils null oder negativ – und der Neuaufbau des Modells führt in einen mathematischen Fehler hinein, der den Neuaufbau der Geometrie verhindert. Oft schleichen sich im Lauf einer Modellierung Abhängigkeiten ein, die man nicht beabsichtigte und die auch keinen logischen Sinn haben. Genau diese Abhängigkeiten stellen dann ein großes Hindernis für Änderungen dar.

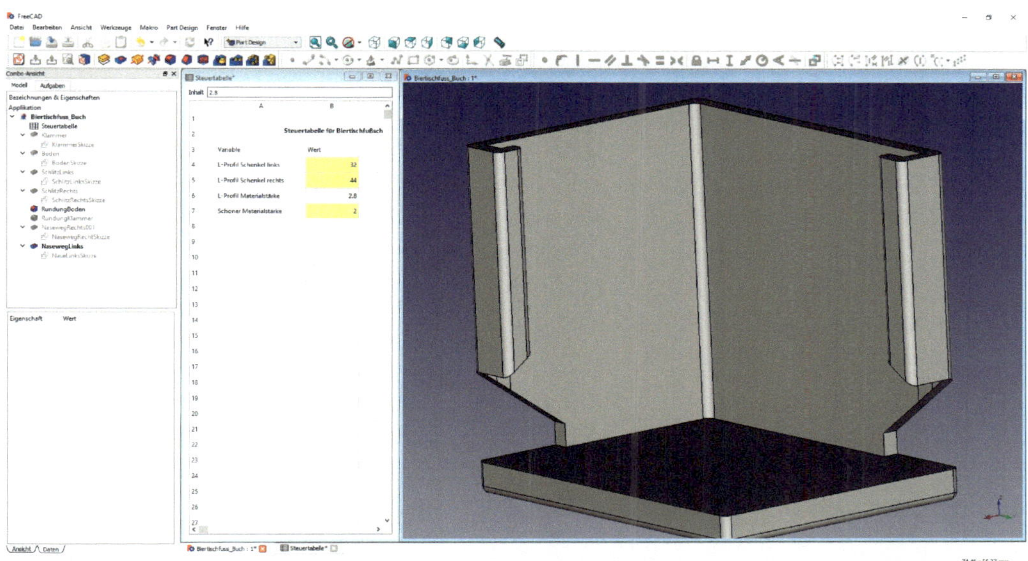

Bild 2.9 Parameter lassen sich auch als Variablen nutzen, die das 3D-Modell von außen steuerbar machen.

Das bedeutet, dass in parametrischen Systemen die Hierarchie von Abhängigkeiten relativ schnell dazu führt, dass bestimmte Änderungen nicht mehr möglich sind, um die Logik der Abhängigkeiten nicht zu gefährden. Irgendwann, wenn das Modell sehr komplex ist, wird es kaum mehr möglich, gefahrlos zu ändern, vor allem, wenn man ein fremdes Modell vor sich hat, dessen Aufbau man nicht kennt. Deshalb bauen viele Hersteller heute direkte Modelliermöglichkeiten in ihre Systeme. So kann man im Notfall die Parametrik abschalten und eine Änderung direkt durchführen.

Langer Rede kurzer Sinn: Bei einem parametrischen System sollte man sich schon zu Beginn der Modellierung relativ klar darüber sein, wie man das Modell aufbaut, um die richtigen Parameter und Abhängigkeiten definieren zu können. Und da auch wir im Laufe der in diesem Buch vorgestellten Projekte in die parametrische Modellierung einsteigen werden, ist es wichtig, diese Gefahr zu kennen, denn sie erzwingt ganz bestimmte Verhaltensweisen und Modelliermethoden, die ich in Kapitel 4 (FreeCAD) erklären werde.

2.5 Welches CAD-System ist das richtige für mich?

Welches CAD-System „das richtige" für dein Maker-Projekt ist, lässt sich nicht pauschal beantworten. Je nach Anwendungsfall wird die Antwort sehr unterschiedlich ausfallen. Oft wird es auch mehrere Optionen geben. Auch die meisten großen Autohersteller arbeiten mit mehreren CAD-Systemen, obwohl man annehmen müsste, dass die dort eingesetzten High-End-Systeme alle Anforderungen abdecken können. Trotzdem findet man oft die Kombination aus Pro/Engineer beziehungsweise Creo von PTC für die Konstruktion des „Drive Train" (dieser umfasst den Antriebsstrang vom Motor bis zum Fahrwerk) und CATIA von Dassault Systèmes für den „Body in White", also die Rohkarosserie. Jedes der beiden Systeme hat seine Vorteile, die in der Kombination eine optimale Entwicklungsumgebung ergeben.

In diesem Buch habe ich mich für vier ganz bestimmte CAD-Systeme entschieden, weil diese exemplarisch für verschiedene Konstruktionsphilosophien stehen. Es ging mir bei der Auswahl um den didaktischen Nutzen der Software für dieses Buch. Es steckt keine subjektive Bewertung hinter der Auswahl.

Ich habe mich für die Vorstellung folgender CAD- und Hilfssysteme entschieden:

- **Tinkercad** der Firma Autodesk (siehe Kapitel 3): sehr einfach gehaltener Direktmodellierer, reines Onlinesystem
- **FreeCAD** (siehe Kapitel 4): weitverbreitetes Open-Source-CAD-System mit direkter und parametrischer Modellierung (Im Exkurs von Kapitel 4 werde ich zudem auf die Software Onshape eingehen.)
- **SketchUp** (siehe Kapitel 5): ebenfalls weitverbreitetes System, das zwischendurch zu Google gehörte. Ein Direktmodellierer mit viel Funktionalität und einer großen Komponentenbibliothek, der seine Wurzeln im Architekturbereich hat.

- **3DF Zephyr, Polycam, Meshmixer, 3D Builder, Fusion 360 und Slicer for Fusion 360** (siehe Kapitel 6): Sammlung verschiedener Applikationen, hervorzuheben ist hier Fusion 360, ein semiprofessionelles Programm, das von Privatanwendern kostenlos genutzt werden kann.

2.6 Nützliche Hinweise zur Hardware

Professionelle CAD-Workstations können schnell mal 3000 und mehr Euro kosten (Bild 2.10). Alleine für den Preis einer professionellen AMD Fire Pro- oder PNY Quadro-Grafikkarte bekommt man im Elektronikmarkt einen gut ausgestatteten PC. Zum einen sind diese Workstations darauf ausgelegt, hohe Leistung über längere Zeit zu liefern und die oft viele Gigabyte (GB) großen CAD-Modelle zuverlässig verarbeiten zu können. Zum anderen werden professionelle CAD-Rechner für bestimmte Softwarepakete und -versionen zertifiziert, das heißt, das Zusammenspiel von Hardware, Software und Treibern wird ausführlich getestet, um eine möglichst hohe Zuverlässigkeit zu erreichen.

Bild 2.10 PC-Boliden wie die Z-Workstations von HP werden im professionellen Bereich eingesetzt (© HP).

Im Privatbereich sind die Anforderungen zum Glück weitaus moderater. Trotzdem gibt es einige Tipps, die ich dir für mehr Komfort und flüssigeres Arbeiten geben kann.

CAD-Systeme sind meistens nicht oder nur bei wenigen Aufgaben multiprozessorfähig, das heißt, sie profitieren mehr von einer hohen Taktfrequenz der CPU als von vielen Prozessoren und Hyperthreading. Der **Arbeitsspeicher** ist wichtig, um komplette CAD-Modelle im schnellen Speicher halten zu können. 8 GB RAM sollten es schon mindestens sein, 16 GB sind sicher auch kein Schaden.

Der Rechner sollte nicht mit der integrierten Grafikeinheit des Prozessors arbeiten, sondern es sollte eine echte **Grafikkarte** eingebaut sein. Nichtsdestotrotz arbeiten die in diesem Buch verwendeten CAD-Programme auch mit der Intel-Prozessorgrafik. Bei komplexeren Geometrien kann dann allerdings das Modell beispielsweise beim Drehen ruckeln. OpenGL 2.0 sollte von Grafikkarte und Grafiktreiber unterstützt werden.

Nicht unbedingt notwendig, aber sehr komfortabel ist eine **3D-Maus**. 3D-Mäuse werden von den Firmen 3DConnexion und Space Control hergestellt und gehen auf eine Technologie zurück, die in Oberpfaffenhofen am Deutschen Zentrum für Luft- und Raumfahrt für die Bedienung von Roboterarmen im All entwickelt wurde.

3D-Mäuse besitzen eine Kappe, die in alle Richtungen geschoben und gedreht werden kann (Bild 2.11). In der gleichen Richtung dreht sich dann auch das Modell am Bildschirm. Zusätzlich haben die Geräte je nach Modell zwei oder mehr Tasten, auf die wichtige Befehle gelegt werden können. Die 3D-Maus ist kein Ersatz für die normale Maus, sondern wird mit der linken Hand bedient. So verteilt sich die Arbeit auf Navigieren mit der linken Hand und Auswählen beziehungsweise Bedienen der Programmoberfläche mit der rechten Hand. Linkshänder können die beiden Geräte tauschen (zumindest die Geräte von 3DConnexion sind symmetrisch).

Bild 2.11 3D-Mäuse wie der SpaceNavigator von 3DConnexion erleichtern die Navigation am CAD-Modell sehr (© 3DConnexion).

Das preiswerteste Modell, der SpaceNavigator von 3DConnexion, kostet ab etwa 120 Euro. Der Treiber der 3DConnexion-Geräte erkennt selbstständig, welche Software gerade aktiv ist, und es lässt sich pro Software eine eigene Konfiguration definieren. Die zwei Tasten des SpaceNavigator lassen sich mit sogenannten Rundmenüs belegen. Beim Druck auf eine Taste erscheint dann am Mauszeiger ein Menü, in dem durch Wischen nach oben, unten, links oder rechts vier Befehle – auf zwei Tasten also acht Befehle – ausgelöst werden können. So kann sehr effizient gearbeitet werden. Die 3D-Maus ist für mich beim Navigieren in komplexen Modellen unersetzbar. Wer die Investition scheut, kann allerdings ebenso gut mit Maus oder Tastatur navigieren.

2.7 Benimmregeln: vom Umgang mit Koordinaten

Eines habe ich in meiner Beschäftigung mit einer Vielzahl von CAD-Systemen gelernt: „Mal rumprobieren“ bringt nichts. Mag es bei Bildbearbeitungssystemen noch Sinn machen, einfach mal ein Bild zu laden und die Regler auszuprobieren, so führt dies bei der CAD-Modellierung zu nichts, denn man beginnt ja mit einem leeren Modell. Man sollte also in etwa wissen, was man modellieren will und wo man es modellieren möchte. Da Bildschirm und Mousepad immer zweidimensional sind, kann man auch nur zweidimensionale Informationen eingeben. Man benötigt also eine Arbeitsebene, die definiert, wo die modellierten Objekte sich im Raum befinden sollen. Dann kann man auf diese Ebene seine Bauteile stellen oder Skizzen zeichnen.

Grundsätzlich arbeiten CAD-Systeme mit einem ***XYZ*-Koordinatensystem** und dem dazugehörigen Nullpunkt, oft auch Ursprung genannt. Man setzt tunlichst einen wichtigen Punkt seiner Konstruktion in den Ursprung, weil es dann einfacher ist, die Maße und die Orientierung verschiedener Elemente besser im Blick zu behalten. So bietet es sich oft an, bei zylindrischen Teilen den Mittelpunkt auf den Ursprung zu setzen. Setzt man ein zweites Element auf den ersten Zylinder, so muss man lediglich den Mittelpunkt des zweiten Elements auf die entsprechende Achse, die vom Nullpunkt ausgeht, setzen. Dann bleiben die Elemente konzentrisch aufeinander, auch wenn man den Außendurchmesser ändert.

Ob die *Y*- oder die *Z*-Achse nach oben zeigt, ist interessanterweise höchst unterschiedlich geregelt. In den meisten Profi-CAD-Systemen ist das Grundkoordinatensystem üblicherweise so gelegt, dass *X* die Breite, *Y* die Höhe und *Z* die Tiefe angibt. Einige Systeme arbeiten aber auch mit *z* nach oben und *Y* in die Tiefe. Die zwischen den drei Koordinatenrichtungspfeilen aufgespannten Ebenen nennt man nach den wichtigsten Ansichten in einer technischen Zeichnung *Oben* (zwischen den Richtungspfeilen *X* und *Z*), *Rechts* (*YZ*) und *Vorn* (*XZ*). Darin verbirgt sich übrigens eine Stolperfalle: Bei Fräsmaschinen oder 3D-Druckern ist *Z* die Höhe des Werkzeugs und *Y* die Tiefe, sodass CAD-Modelle, wenn man sie beispielsweise in ein 3D-Druck-Vorbereitungssystem übernimmt, meist auf der Seite liegen.

Im Maschinenbau definiert man Maße üblicherweise von bestimmten Kanten aus, den sogenannten Bezugskanten. Man vermeidet Kettenmaße, also Maße, bei denen sich ein Maß auf ein anderes bezieht (Bild 2.12). Diese Vorgehensweise zu verinnerlichen, ist vor allem bei parametrischen CAD-Systemen wichtig, denn dort ist, wie zu Beginn des Kapitels erwähnt, eine stabile Hierarchie von Beziehungen sehr wichtig, um später sicher Änderungen anbringen zu können.

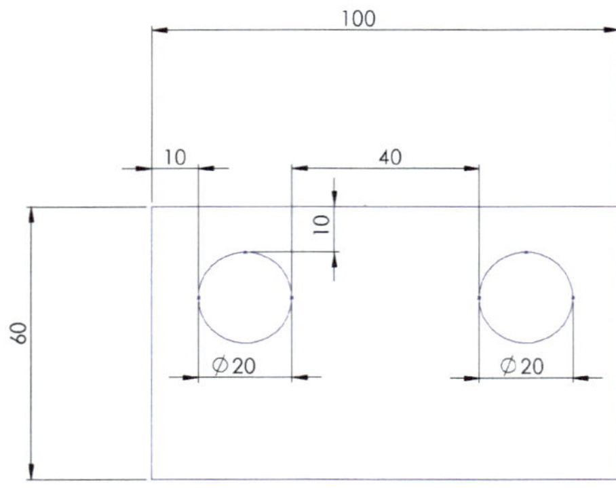

Bild 2.12 So bitte nicht: Die Löcher sind in der Waagerechten mit Kettenmaßen definiert.

Gute Praxis ist es deshalb – wenn das CAD-System es unterstützt –, alle Skizzen auf die drei Basisebenen zu legen oder auf Ebenen, die in Bezug auf die Basisebenen definiert sind (Bild 2.13). So können Skizzen nie „beziehungslos" in der Luft hängen. Ebenso werden die Kanten eines Bauteils wenn möglich parallel zu den Hauptkoordinatenrichtungen gelegt. Damit ist gewährleistet, dass das Modell später wirklich flach auf die Bauplattform gelegt werden kann (beispielsweise für den 3D-Druck).

Ebenso wichtig ist es, sich eine Skizze zu machen. Das darf gern eine Handskizze auf Papier sein (Bild 2.14). In dieser Skizze lassen sich alle Maße eintragen und auf Bezugskanten verrechnen. Möchte man beispielsweise ein bestehendes Teil nachbauen, ist es extrem schwierig, den Abstand von zwei Löchern zu messen. Schließlich müsste man einen nicht vorhandenen Mittelpunkt der Löcher treffen. Einfacher ist es, von einer Kante zum Loch und die Materialbreite zwischen zwei Löchern zu messen. Danach misst man den Durchmesser der Löcher, teilt diesen durch zwei, um den Radius zu berechnen, und addiert dann den oder die Radien zu den gemessenen Abständen. Das bedeutet, dass es schwierig ist zu modellieren, ohne zunächst eine Maßskizze erstellt zu haben. Erstelle also besser zuerst eine Zeichnung. Sie muss nicht schön sein, nur vollständig.

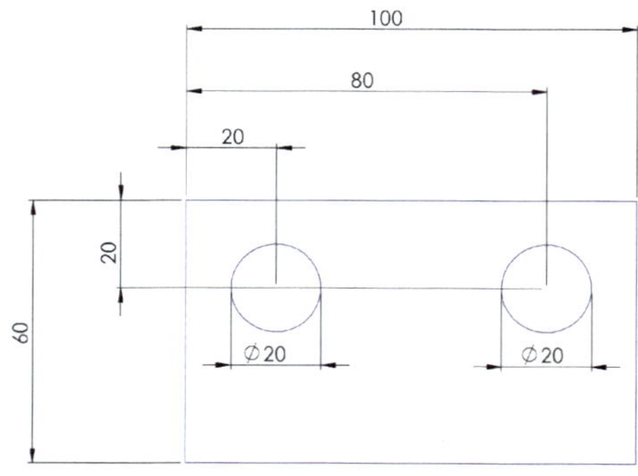

Bild 2.13 Viel besser: Alle Maße gehen von einer Bezugsecke aus.

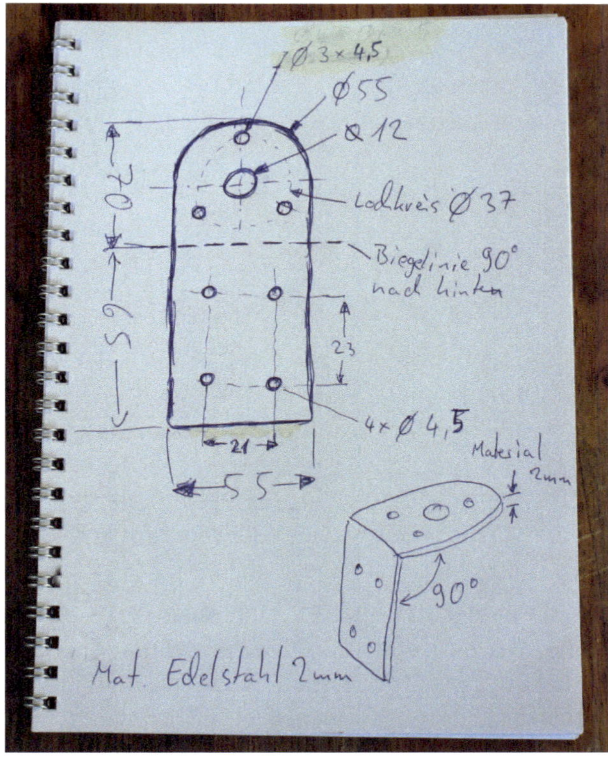

Bild 2.14 Nicht schön, aber vollständig: Eine Handskizze hilft beim Modellieren.

2.8 Ich werde zum Regisseur: Navigation in CAD-Systemen

Alle CAD-Systeme arbeiten mit einer beweglichen Kamera und einem feststehenden Objekt. Wenn du das Modell drehst, dreht sich in Wahrheit die virtuelle Kamera, durch die du das Objekt siehst. Zoomen auf dem Bildschirm entspricht dementsprechend ebenfalls dem Zoomen des Kameraobjektivs. Die Kamera besitzt *XYZ*-Koordinaten und eine Blickrichtung.

Das mag albern klingen, ist aber wichtig für das Verständnis der Navigation auf dem Bildschirm. Beim Drehen dreht sich die Kamera auf einem festen Radius um das Modell. In manchen Systemen ist der Drehmittelpunkt immer ein bestimmter Punkt, beispielsweise der Koordinatennullpunkt. Andere Systeme setzen den Drehpunkt immer dorthin, wo die Maus gerade ist. Ähnlich ist es beim Zoomen: SketchUp hält – wie die meisten Profi-Systeme – beim Hineinzoomen den Mauszeiger immer in der Mitte des Bilds. So kannst du sehr schnell auch an den Rand des Modells hüpfen, indem du herauszoomst, den Mauszeiger woanders hinbewegst und wieder ans Modell heranzoomst.

Zu Beginn mag die Navigation um das Modell herum seltsam erscheinen, aber du gewöhnst dich sicher schnell daran. Es gibt zwar keinen echten Standard, welche Maustasten für Drehen und Zoomen zuständig sind, aber es gibt ein, zwei weitverbreitete Belegungen und einige Systeme lassen sich sogar umstellen.

2.9 Ab auf die Maschine! Ausgabeformate für 3D-Drucker, Fräse und Lasercutter

Du bist nicht selbst im Besitz eines 3D-Druckers, eines Lasercutters oder einer CNC-Fräse? Kein Problem! In allen größeren Städten gibt es Makerspaces oder FabLabs, die solche Maschinen zur Verfügung stellen. Du kannst deine Daten also einfach auf den USB-Stick laden, dort hingehen und deine Projekte fertigen. Lebst du auf dem Land? Auch das ist nicht weiter schlimm, denn es gibt im Internet eine ganze Reihe von Dienstleistern, die 3D-Modelle drucken oder Platten nach Datei fertigen.

Doch welche Daten benötigen die Maschinen und auf was muss man bei der Datenaufbereitung achten? Im Hobbybereich haben sich zwei Datenformate durchgesetzt: STL für 3D-Daten und DXF für 2D-Daten. Die Vor- und Nachteile erläutere ich in den folgenden Abschnitten.

Bildformate wie JPG oder BMP eignen sich praktisch gar nicht für die Datenübertragung, denn sie speichern nur Pixel in zwei Dimensionen. Linien werden aus einzelnen Punkten aufgebaut, damit kann eine Fräse oder ein Lasercutter nichts anfangen.

2.9.1 STL-Format (3D-Daten): Formen aus Dreiecken

Das STL-Format (STereoLithography, Standard Tessellation Language) wurde speziell für die ersten 3D-Druckmaschinen entwickelt, die mit dem Stereolithografieverfahren arbeiteten. Die Geometrie wird in diesem Format aus Dreiecken zusammengesetzt. Das Format besteht, wenn man genau schaut, aus einer Liste von Koordinaten eines Dreiecks plus dem Normalenvektor, der angibt, welche Seite des Dreiecks die Außenseite sein soll.

Erstes Problem von STL-Daten: Gewölbte Oberflächen werden aus ebenen Dreiecksflächen aufgebaut. Je nachdem, wie viele beziehungsweise wie wenige Dreiecke die Oberfläche einer Zylinderwand bilden, kann man diese Facetten im Modell oder sogar im 3D-Druck sehen. Achte also bitte vor dem Druck darauf, wie die Auflösung des Modells ist.

Betrachtet man den Knauf des Laserschwerts aus Kapitel 3 in einem Programm wie **Meshmixer** (*Show Wireframes* im Menü ANSICHT einschalten), sieht man, dass die meisten viereckigen Facetten des Paraboloids aus zwei Dreiecken bestehen, was so auch in Ordnung ist. In der untersten Reihe werden manche Vierecke dagegen aus drei oder vier Dreiecken gebildet, darunter sehr schmale, was zu Fehlern im Modell führen kann (Bild 2.15).

Ein zweiter, oft auftretender Fehler sind verdrehte Dreiecke, die mit der Innenfläche nach außen stehen. Teils fehlen auch Dreiecke oder die Dreiecke liegen nicht direkt aneinander. Dann spricht man davon, dass das Modell nicht wasserdicht ist. Solche Defekte können das Drucken eines Modells unmöglich machen, je nach Defekt kann das Modell im Slicer des 3D-Druckers nicht verarbeitet werden oder der Druck misslingt, weil der Slicer ein Loch im Modell falsch interpretiert hat.

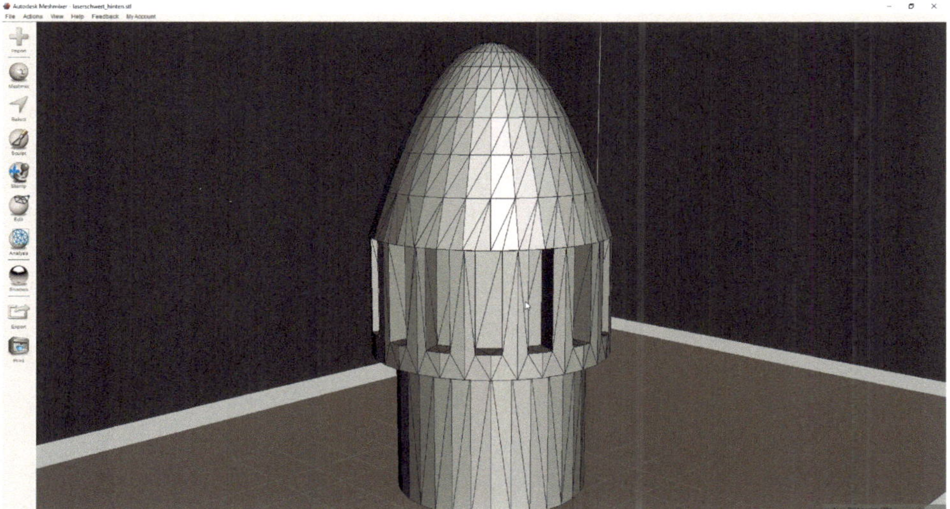

Bild 2.15 In der untersten Reihe des Paraboloids bilden mehrere Dreiecke ein Viereck, was zu Fehlern führen kann.

Mit dem in Windows 10 enthaltenen 3D Builder lassen sich lassen sich defekte STL-Dateien reparieren, Dreiecke drehen, Löcher stopfen und am Ende wieder als repariertes STL-Modell ausgeben. Auch die Auflösung der 3D-Daten kannst du hier schön sehen, wenn du die Kanten sichtbar schaltest.

Aus der Tatsache, dass STL-Modelle aus vielen einzelnen Dreiecken bestehen, ergibt sich auch der Fakt, dass STL-Modelle kaum nachbearbeitet werden können. Die Dreiecke „wissen“ nichts voneinander, eine Fläche besteht also aus vielen unabhängigen Dreiecken und kann nicht am Stück bearbeitet werden. Ebenso existieren Kanten, Ränder einer Bohrung oder andere Geometrieelemente nicht als Objekt in der Datei. Aus diesem Grund können STL-Modelle in CAD-Systemen nur schwer referenziert werden - zumindest nicht in dem Sinne, dass man beispielsweise auf einer Fläche etwas anbaut oder eine Bohrung vergrößert, indem man die Kante des existierenden Lochs als „Anker“ für die neue Bohrung nutzt. STL-Modelle sind leider mehr oder weniger eine Endstation.

2.9.2 DXF-Format (2D-Daten): Plattenfertigung

An einen Lasercutter oder eine Fräse übergibt man seine Daten im DXF-Format. Es handelt sich dabei um 2D-Daten. Wahrscheinlich wunderst du dich nun ein bisschen. Da strengen wir uns an, dreidimensional zu modellieren, und dann geht es doch wieder nur um 2D-Daten? Ja, genau, denn in Kapitel 6 bauen wir beispielsweise aus Sperrholzplatten eine dreidimensionale Skulptur auf und brauchen dazu natürlich die zweidimensionalen CAD-Daten der einzelnen Platten.

Das DXF-Format, das ursprünglich aus Autodesks 2D-CAD-System AutoCAD stammt, hat sich in diesem Bereich durchgesetzt. Allerdings ist DXF bekannt dafür, dass es viele Versionen und Varianten davon gibt, sodass komplexere Daten oft nicht ohne Verlust von einem zum anderen Programm gelangen. Es gibt sogar DXF-DXF-Konverter, die DXF-Dateien zwischen Varianten und Versionen umwandeln können. Selbst Autodesk-Programme schaffen es manchmal nicht, fehlerfreie DXF-Dateien zu schreiben.

Wundere dich also nicht, wenn du beim Öffnen einer DXF-Datei Fehler angezeigt bekommst. Dabei kann es sich beispielsweise um nicht geschlossene Umrisse handeln, die das eine oder andere CNC-Programm für Lasercutter und Fräsen in Schwierigkeiten bringen (Bild 2.16). Andere Softwarepakete lassen sich davon wiederum nicht beeindrucken. Meist ist die Lücke im Hundertstel- oder Tausendstel-Millimeterbereich, also nicht sichtbar, aber eine Software, die stur eine Kontur bearbeiten will, kann davon aus dem Takt gebracht werden.

Arbeitest du mit einem Dienstleister zusammen, dann achte bitte darauf, dass er deine DXFs problemlos weiterverarbeiten kann. Es gibt Reparaturtools für DXF-Daten (teils sogar online). Aber auch diese können „Mist bauen“, deshalb solltest du diese Tools nur mit Vorsicht nutzen. Frage lieber den Dienstleister, ob er die Datei reparieren kann. Er hat damit sicher mehr Erfahrung als du.

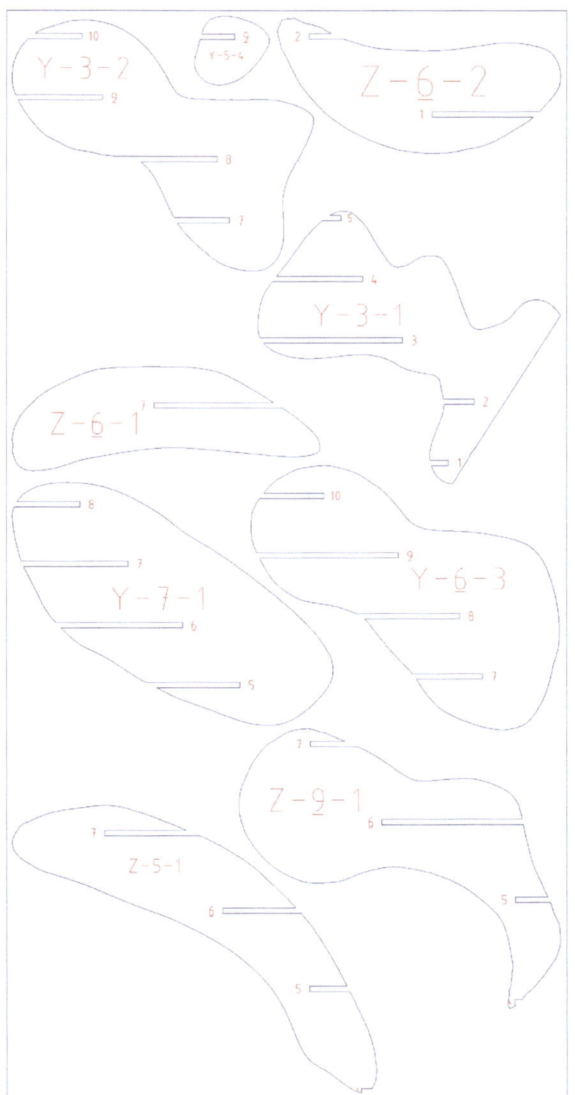

Bild 2.16 Auch die DXF-Datei aus Slicer for Fusion 360 hat nicht geschlossene Konturen, die nicht sichtbar sind, aber beim Weiterverarbeiten Probleme bereiten können.

3 Möge die Macht mit uns sein! Laserschwert-Design mit Tinkercad

Tinkercad ist ein sehr einfach zu bedienendes, browserbasiertes Direct Modeling-System der Firma Autodesk, d.h., es muss keinerlei Software installiert werden. Dies hat zur Folge, dass auch kein Tinkercad-natives Datenformat existiert, zumindest können die Modelle nicht heruntergeladen werden. Das Exportieren, beispielsweise als STL-Datei, ist jedoch jederzeit möglich, sodass sich Tinkercad hervorragend für das Modellieren von Daten für den 3D-Druck eignet. Der eher spielerische Charakter des CAD-Systems zeigt sich unter anderem darin, dass Objekte in Minecraft-Blöcke oder Lego-Steine umgewandelt werden können. 3D-Objekte aus Tinkercad kannst du zudem direkt in Minecraft importieren.

Mit Tinkercad wollen wir nun unser erstes CAD-Projekt in Angriff nehmen. Ziel ist es, eine einfache Geometrie zu modellieren und die Datei an einen 3D-Drucker zu übergeben. Ich habe dafür den Griff eines Laserschwerts ausgesucht, das in ähnlicher Form in Star Wars zum Einsatz kommt. Ziel des Projekts ist es, dir die dreidimensionale Modellierung und die dazu notwendigen Abläufe und Vorarbeiten näherzubringen.

HINWEIS: Tinkercad eignet sich, weil es so einfach zu bedienen ist, sehr gut dafür, grundlegende Technologien der 3D-Modellierung zu erklären. Bitte lies dieses Kapitel deshalb unbedingt durch, auch wenn du später nicht mit Tinkercad arbeiten möchtest. Du musst wie gesagt nichts installieren und, glaub mir, es macht wirklich Spaß, mit Tinkercad zu modellieren!

3.1 Vorbereitungen: Tinkercad-Account erstellen

Wie bereits erwähnt, ist Tinkercad ein Onlinesystem, das in jedem modernen Browser läuft. Voraussetzung ist jedoch die Unterstützung von WebGL. Autodesk empfiehlt folgende Browser und Betriebssysteme:

Browser:

- Google Chrome ab Version 50 (empfohlen)
- Safari ab Version 10
- Microsoft Edge (Chromium) 4

Betriebssysteme:

- Windows 10 (oder eine neuere Version)
- Mac OS X 10.10 (oder eine neuere Version)
- Google Chrome OS auf Chromebook-Rechnern

Der Link zum System lautet *https://www.tinkercad.com*. Auf der Startseite finden sich rechts oben zwei Buttons: ANMELDEN und REGISTRIEREN (Bild 3.1).

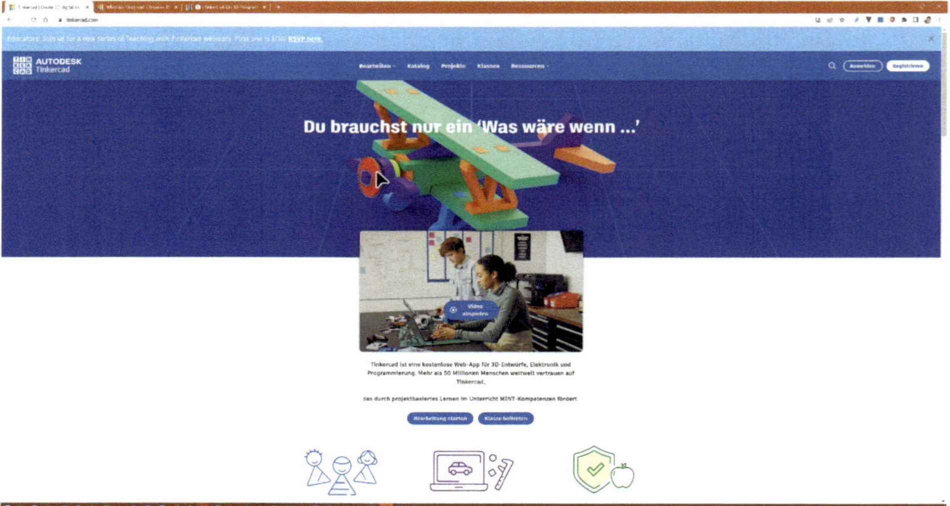

Bild 3.1 Der Startbildschirm von Tinkercad mit den Buttons zum Einloggen und Anmelden (rechts oben)

Mit dem Button REGISTRIEREN erstellst du einen Tinkercad-Account, danach nutzt du den Button ANMELDEN, um dich einzuloggen. Falls du schon einmal mit einem Autodesk-Produkt gearbeitet hast, hast du wahrscheinlich schon eine Autodesk-ID, mit der du dich auch in Tinkercad anmelden kannst. Zudem kannst du dich mit deinem Facebook-, Google-, Apple- oder Microsoft-Account anmelden.

Wir erstellen einen neuen Account. Im ersten Pop-up-Fenster, das nach dem Drücken des REGISTRIEREN-Buttons erscheint, musst du definieren, ob du Lehrer, Schüler oder einfach Maker bist. Wähle die dritte Option und erstelle ein persönliches Konto. Wenn du im nächsten Fenster *mit E-Mail registrieren* auswählst, kommst du zu einer Abfrage nach dem Land, in dem du dich befindest, und deinem Geburtsdatum (Bild 3.2).

Bild 3.2 Die Abfrage des Geburtsdatums dient unter anderem dem Schutz von Kindern.

HINWEIS: Die Eingabe des Geburtsdatums dient dem Jugendschutz. Tinkercad kennt keine Altersbeschränkung, bei Kindern unter 13 Jahren werden jedoch die Eltern in die Anmeldeprozedur eingebunden.

Nachdem du deine E-Mail-Adresse und ein Passwort eingegeben hast, ist die Anmeldeprozedur abgeschlossen und du wirst automatisch in Tinkercad angemeldet. Das Passwort muss mindestens acht Zeichen lang sein und wenigstens je eine Zahl und einen Buchstaben enthalten.

Anfangs wird jedem User ein Fantasiename zugewiesen, den das System aus dem ersten Teil der E-Mail-Adresse erzeugt. Dieser Name, das Profilfoto und eine kleine Biografie dienen dazu, sich in der Tinkercad-Community bekannt zu machen. Tinkercad ist nämlich eine Art soziales Netzwerk, in dem man seine Modelle frei zur Verfügung stellen kann. Andere können diese Modelle jederzeit kopieren und weiterverwenden. Die Freigabe muss man allerdings explizit erlauben, es ist also durchaus möglich, sozusagen im Verborgenen zu arbeiten.

Tinkercad bietet gleich zu Beginn einige Tutorials an, in denen verschiedene Funktionen erklärt werden. Sie sind bewusst einfach gehalten, und es lohnt sich, sich etwas damit zu beschäftigen. Wir halten es jedoch wie echte Maker („Bedienungsanleitungen sind für Feiglinge!“) und legen gleich los.

Dazu drückst du den Button + NEU am rechten Rand der Tinkercad-Seite und wählst *3D-Entwurf* – inzwischen bietet Tinkercad nämlich auch die Möglichkeit, Elektronik und Software zu entwickeln. Jetzt öffnet sich das eigentliche Editorfenster, in dem die Modellierung stattfindet (Bild 3.3).

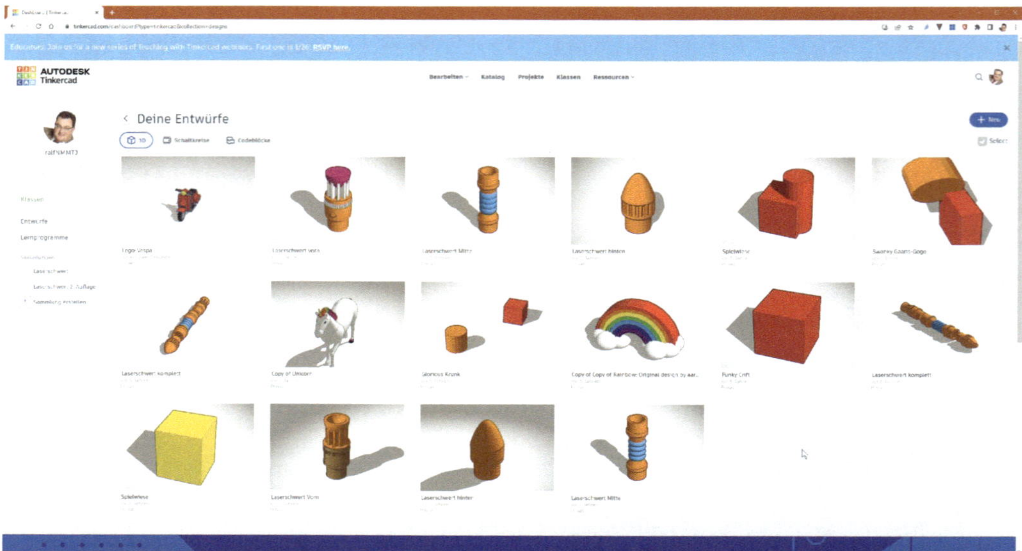

Bild 3.3 Der Button + NEU in der Mitte des Bildschirms startet ein neues Modell.

TIPP: Falls nun – bei der Nutzung von Firefox – ein Warnhinweis erscheint, dass WebGL auf diesem Browser nicht unterstützt wird, kannst du bei nicht allzu alten Rechnern einen Trick anwenden. Mozilla nimmt bestimmte Grafikkarten, deren Treiber nicht stabil genug sind, von der WebGL-Nutzung aus, Tinkercad erfordert aber genau dieses WebGL.

Tippe in der Firefox-Adressleiste *about:config* ein. Nicke den Warnhinweis ab und suche nach *webgl.force-enabled*. Wenn dieser Eintrag gefunden wurde – er sollte auf *false* stehen –, klickst du doppelt auf den Eintrag, und er wechselt daraufhin auf *true*. Führst du nun einen Neustart deines Rechners durch, sollte der Fehler verschwunden sein. Ansonsten wird unter der Fehlermeldung ein Link zur Wiki-Seite von Mozilla eingeblendet. Dort findest du weitere Tipps und Tricks.

3.2 Das Editorfenster – unsere Homebase

Das Editorfenster gliedert sich in fünf Bereiche (Bild 3.4). Den größten Teil des Bildschirms nimmt der Arbeitsbereich ein, der anfangs gleich eine Arbeitsebene anzeigt. In der Leiste oben findet sich links neben dem Tinkercad-Logo eine Menüleiste mit den Buttons KOPIEREN, EINFÜGEN, DUPLIZIEREN und LÖSCHEN sowie RÜCKGÄNGIG und WIEDERHERSTELLEN. Ganz rechts in derselben Leiste sind die Buttons

Importieren, Exportieren und Senden an angeordnet. Über Importieren lassen sich STL-, OBJ- und SVG-Dateien bis zu einer Größe von 25 MB in Tinkercad importieren. Bei der Ausgabe stehen dieselben Formate sowie GLTF zur Verfügung. Mit Senden an kannst du Modelle in verschiedene 3D-Kataloge, beispielsweise nach Thingiverse, hochladen.

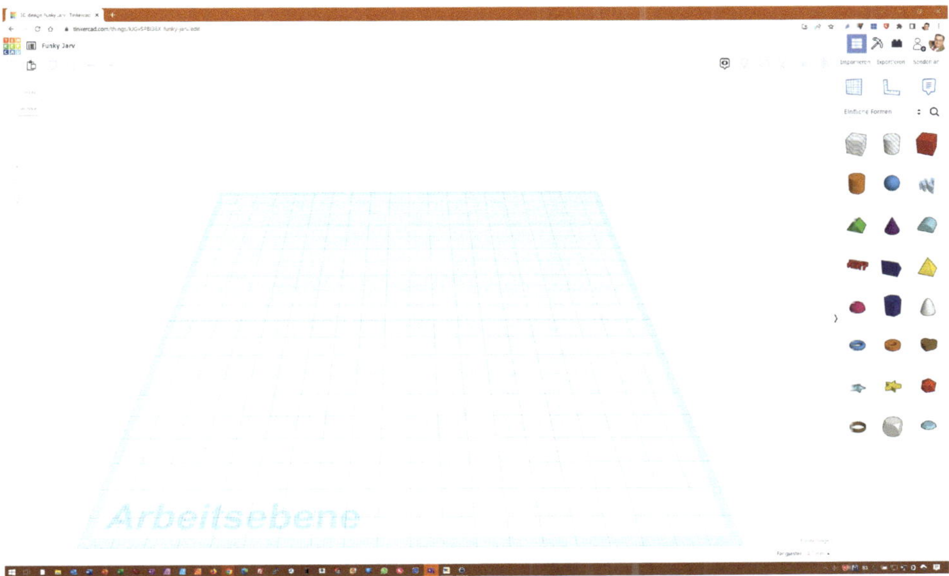

Bild 3.4 Das Editorfenster mit der Menüleiste und den Werkzeugen (oben), den Bibliotheken (rechts) und der Arbeitsfläche (Mitte)

Unter dem Tinkercad-Logo am linken Rand ist die Navigation angeordnet. Der Autodesk-typische Ansichtswürfel wird dir später noch bei anderen Programmen dieses Herstellers begegnen. Er ermöglicht das Drehen des Modells in allen Achsen per Maus. Ein Klick auf eine Ecke, Kante oder Fläche dreht diese nach vorn. Ein Klick auf das Haussymbol bringt das Modell in die ursprüngliche Ausrichtung zurück. Das ist praktisch, wenn man sich im Raum „verlaufen“ hat – was in Tinkercad wiederum fast unmöglich ist.

Darunter befinden sich vier Buttons für das Zoomen: Ausgangsansicht (das ist die, die du gerade siehst), Alles in Ansicht anpasssen, Grösser und Kleiner. Der letzte Button wechselt zwischen orthogonaler und perspektivischer Ansicht. Erstere erscheint seltsam verzerrt, parallele Linien sind jedoch immer parallel und gleiche Längen immer gleich lang. Das ist gut, um Verhältnisse abzuschätzen. Im perspektivischen Modus erscheint die dreidimensionale Darstellung richtig, parallele Linien bewegen sich aber auf einen Schnittpunkt zu.

Ich benutze diese Buttons und den Würfel nur selten, weil sich die Kamera mit der rechten Maustaste viel einfacher bewegen lässt. Wird zusätzlich zur rechten Maustaste Shift gedrückt, kann das Modell in Richtung der Arbeitsebene verschoben werden. Das Mausrad dient dem Scrollen. Die Buchstabentaste F zentriert die Ansicht auf die ausgewählten Objekte.

TIPP: Du solltest dir die Bedienung mit Maustasten und Tastaturkürzeln vor allem im Bereich der Navigation angewöhnen. Du wirst nämlich schnell feststellen, dass man sich beim Modellieren ständig um und durch das Modell bewegt, hinein- und herauszoomt und den 3D-Körper von allen Seiten betrachtet. Dazu immer wieder den Mauszeiger in die linke Ecke zu fahren, ist viel zu zeitraubend. Eine Liste der Tastaturkürzel findest du unter *https://www.tinkercad.com/blog/keyboard-shortcuts-for-the-3d-editor*.

Rechts oben zeigt das Tinkercad-Fenster die Werkzeugleiste (Bild 3.5). Hier sind wichtige Bearbeitungswerkzeuge zu finden: Der Button ALLES AUSBLENDEN bringt Objekte, die man unsichtbar geschaltet hat, wieder zum Vorschein. Daneben befinden sich die Buttons zum Gruppieren und zum Aufheben einer Gruppierung. Diese Buttons werden wir noch ausgiebig nutzen. Der erste Button blendet Anmerkungen ein oder aus. Hier kannst du Notizen direkt am 3D-Modell ablegen und hier zur besseren Übersicht ausblenden.

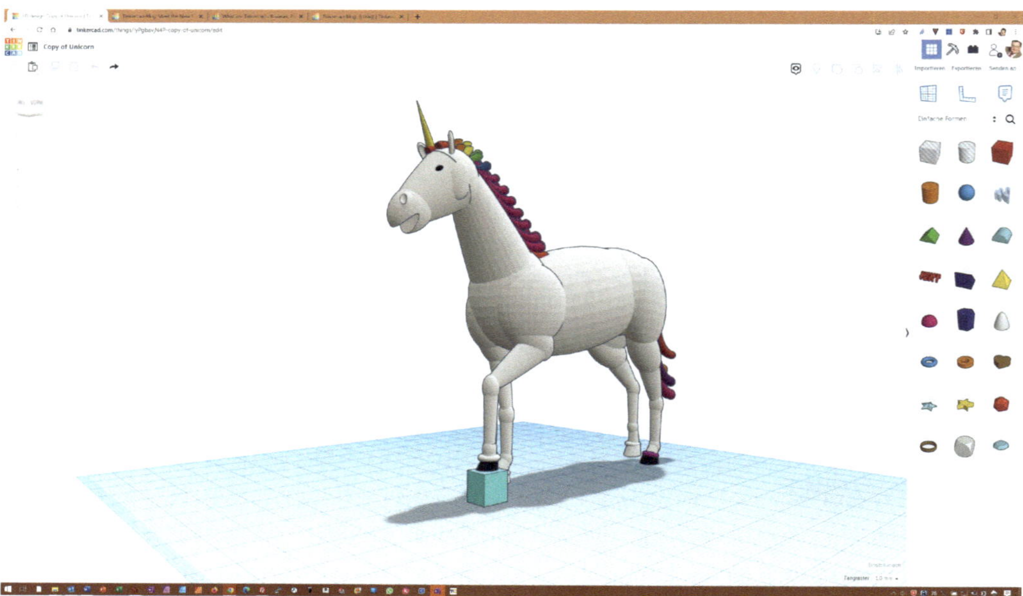

Bild 3.5 Wollten wir nicht alle schon mal ein Einhorn modellieren?

Oben rechts neben deinem Profilbild findest du einige Buttons, mit denen sich zwischen dem normalen Designmodus, in dem modelliert wird, und zwei Modi umschalten lässt, in denen das Modell in eine Minecraft- oder Lego-Geometrie umgewandelt wird. Nach Minecraft konnte man schon in früheren Tinkercad-Versionen exportieren, allerdings waren die Modelle sehr groß, da die Geometrie mit mehr Blöcken genauer abgebildet werden kann. Nun lässt sich die „Blockauflösung“ in drei Stufen regeln, um auch kleinere Objekte erstellen zu können.

Gleiches gilt für den Lego-Modus. Hier wird das Modell in Lego-Steine umgewandelt und auf eine Noppenplatte gesetzt. Mit dem Button LAYER und dem Schieberegler unten in der Mitte kannst du eine Ebene nach der anderen erscheinen lassen und so das Modell in Lego nachbauen. Ruf ruhig einmal den Katalog auf, such dir ein interessantes Modell aus und experimentiere mit dem Lego-Modus.

Oben links, unterhalb des Tinkercad-Logos, wird der Name des aktuellen Modells angezeigt. Tinkercad vergibt beim Erzeugen eines neuen Modells einen meist recht lustig klingenden Fantasienamen, in meinem Fall *Swanky Gaaris Gogo*. Das wollen wir als Erstes ändern. Direkt neben dem Namen und rechts vom Tinkercad-Logo befindet sich der Button MY DESIGNS. Nach einem Klick darauf öffnet sich ein Fenster mit all deinen Modellen und der Möglichkeit, auf deren Eigenschaften zuzugreifen. Klicke auf das Zahnrad beim Modell. Nun öffnet sich ein Fenster, in dem du den Namen ändern kannst (in diesem Fall auf „Spielwiese“, Bild 3.6).

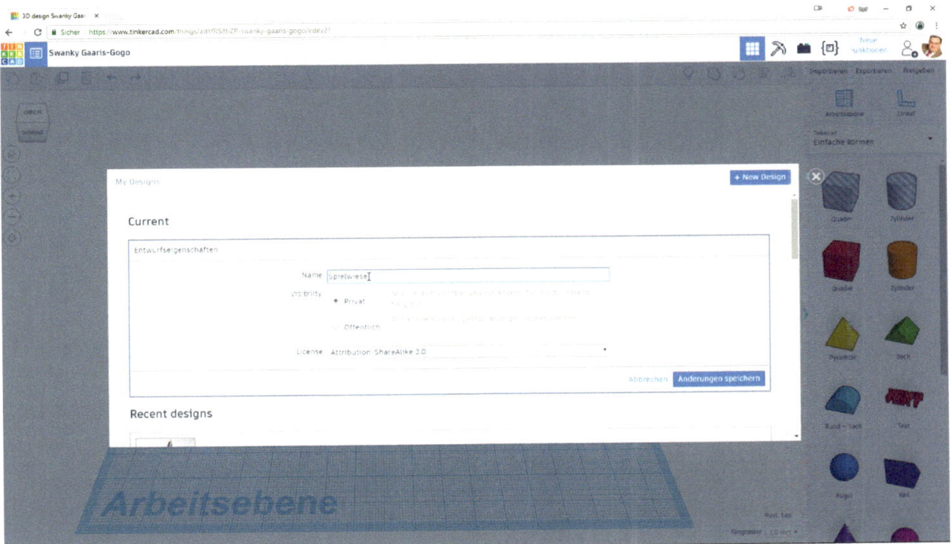

Bild 3.6 Im *My Designs*-Dialogfenster kann ein sinnvoller Name vergeben werden. Zudem finden sich hier verschiedene Optionen zum Veröffentlichen des Modells.

In diesem Fenster findet sich übrigens auch die Einstellung zum Veröffentlichen des Modells. Zudem lässt sich auswählen, wie das Modell weiterverwendet werden darf, also beispielsweise nicht zu kommerziellen Zwecken. Du kannst auch die Option *ShareAlike* wählen, die den Lizenznehmer dazu zwingt, seine Abwandlung deines Designs unter derselben Lizenz freizugeben, unter der du das Ursprungsmodell lizenziert hast. Mehr zum Thema Lizenzierung findest du beispielsweise unter dem Stichpunkt „Creative Commons" auf Wikipedia.

Hier zeigt sich eine Besonderheit des Cloud-Computings: Es gibt keine *Save*-Option, denn die auf den Servern in der Cloud laufende Software speichert die Arbeitsschritte ständig mit. Man muss nicht mit SPEICHERN UNTER ... eine Datei erzeugen und dann regelmäßig speichern, denn die Datenhaltung erfolgt auf den Cloud-Servern – übrigens auch nicht in Dateiform, sondern in einer Datenbank. Ein Umbenennen des Modells ist also jederzeit möglich, denn es muss nicht mit Dateien hantiert, sondern nur ein Datenbankeintrag umbenannt werden.

TIPP: Probiere ruhig alles aus. Du kannst einen Arbeitsschritt jederzeit rückgängig machen, solange du das Modell nicht verlässt. Es kann nichts kaputtgehen. Nur Mut! Das System zeigt nach jeder Änderung unten links den Text *Saving your work ...* an. Dies signalisiert, dass alle Schritte gespeichert wurden.

Du kannst das Modell jederzeit verlassen, indem du auf das Tinkercad-Logo links oben in der Ecke klickst. Dann findest du dich auf der Startseite wieder, wo du in der Mitte des Fensters deine Modelle erneut aufrufen kannst. Der *Eigenschaften*-Dialog jedes Modells ist hier übrigens auch direkt erreichbar: Bewege den Mauszeiger auf das Bild eines Modells, ohne zu klicken. Dann erscheint zum einen der Button DAS BEARBEITEN, mit dem du das Modell laden kannst, zum anderen erscheint daneben ein Zahnrad, unter dem unter anderem der *Eigenschaften*-Dialog zu finden ist. Zudem finden sich hier weitere Einträge, z. B. *Duplizieren*, *In ein Projekt verschieben* und *Löschen*.

3.3 Los geht's! Erste Modellierungsschritte

Nun beginnen wir mit der Modellierung. Unterhalb der Buttons IMPORTIEREN und EXPORTIEREN findest du drei Buttons, mit denen du die Arbeitsebene verschieben, ein Lineal einblenden und Anmerkungen anbringen kannst. Diesen widmen wir uns gleich. Darunter ist ein Dropdown-Menü angeordnet, in dem man den Inhalt der darunterliegenden Bibliotheksleiste auswählt. Wenn das Dropdown-Menü auf *Einfache Formen* steht, stehen dir die richtigen Elemente für die ersten Schritte in Tinkercad zur Verfügung.

In der Bibliothek darunter öffnet sich nun der Bereich der geometrischen Grundkörper (Bild 3.7). Ziehe den roten Würfel auf die Arbeitsebene. Schiebe ihn ruhig etwas umher, das System zeigt dabei auf der Arbeitsebene die Entfernungen an, um die verschoben wird. Hier zeigt sich eine Besonderheit von Tinkercad: Es hat keinen echten Ursprung, sondern die Maße werden immer ab dem letzten Standort des Objekts gemessen.

Aktiviert man das Modell durch einen Klick darauf, werden die Kanten des Objekts blau unterlegt. Es erscheinen die *Manipulator*-Griffe und rechts oben das Inspector-Fenster. Dieses ermöglicht es zum einen, mit einem Klick auf den farbigen Kreis über *Volumenkörper* die Farbe zu ändern (wir wählen ein schönes Gelb) und das Objekt zu fixieren. Zum anderen lässt sich das Objekt hier zum Loch (*Bohrung*) definieren. Es wird dann gestreift-durchsichtig (Bild 3.7). Nun werden auch die beiden Formen neben bzw. vor dem roten Würfel verständlich. Es handelt sich um einen Quader und einen Zylinder im „Bohrungszustand".

Mithilfe des Griffs auf der oberen Quaderfläche ziehst du den Quader höher. Griffe werden durch kleine weiße Rechtecke symbolisiert (Bild 3.7). Vergrößere den Quader, indem du an einem der Griffe ziehst, die an der Basis des Quaders sichtbar sind. Keine Angst, wenn der Würfel zunächst rechteckig wird, drückst du während des Ziehens die Shift-Taste, dann bleibt das Seitenverhältnis der Grundfläche erhalten und der Quader behält seine quadratische Grundfläche. Auch bei diesen Änderungen erscheinen am Objekt die aktuellen Maße.

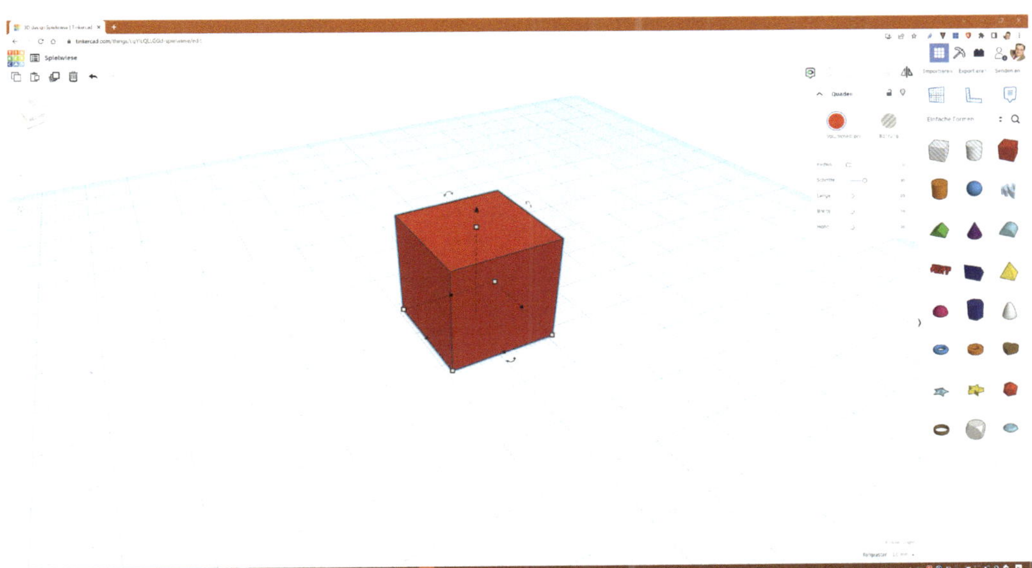

Bild 3.7 Der erste Würfel ist erstellt. Rechts oben in der Ecke erscheint beim Aktivieren des Würfels das Inspector-Menü.

Zudem sind am Objekt drei gebogene Pfeile zu sehen. Sie dienen dem Drehen des Objekts in den drei Grundebenen. Auch hier erscheint beim Bewegen eine Skala, die in diesem Fall den Drehwinkel anzeigt. Der letzte Manipulationsgriff ist ein schwarzer Pfeil oberhalb des Modells, mit dessen Hilfe sich das Objekt von der Arbeitsebene abheben oder nach unten drücken lässt (Bild 3.7).

Im Inspector lassen sich verschiedene Maße und Features des Objekts (beispielsweise Höhe, Breite und Länge) direkt einstellen. Beim Quader kommt noch ein Radius hinzu. Er definiert die „Abschrägung“ aller Kanten. Unter *Radius* stellst du den Radius der Abschrägung ein und unter *Schritte* die Unterteilung. Mit einem Schritt entsteht eine gerade Abschrägung, eine sogenannte Fase. Mit vielen Schritten entsteht ein immer exakter werdendes Kreissegment, eine sogenannte Verrundung.

Ich drücke mich hier um eine exakte Benennung und wähle das krude Wort Abschrägung, weil es im Maschinenbau entweder eine Fase gibt – das ist ein gerades Abbrechen der Kante – oder eine Rundung, bei der ein Kreissegment die scharfe Kante ersetzt.

Bei runden Elementen, wie z. B. Zylindern, kann man nun einstellen, aus wie vielen Flächen die Rundung erstellt wird. Tinkercad verwendet nämlich intern keine mathematischen Kurvenbeschreibungen, um gebogene Flächen zu erzeugen, sondern mehr oder weniger viele flache Elemente – ganz ähnlich wie das STL-Format mit seinen Dreiecken aus Kapitel 2.

Beim Zylinder heißt die Abschrägung *Bevel* und kann wie beim Quader durch Schritte, die jetzt aber Segmente heißen, abgerundet werden. Die Einstellung wirkt sich zudem immer auf die obere und die untere Kante des Zylinders aus. Am besten probierst du alle Regler einmal aus.

In der Grundeinstellung ist es nicht möglich, das Objekt anders als um ganze Millimeter zu verschieben. Dafür ist die *Fangraster*-Funktion verantwortlich, die man rechts unten an- und ausschalten sowie auf bestimmte Werte (0,1/0,25/0,5/1/2/5 mm) oder fünf Einheiten einstellen kann (Bild 3.7).

TIPP: Welche Maßeinheit benutzt wird, lässt sich über den Button EINSTELLUNGEN einsehen und editieren. Im Dialog, der nach dem Anklicken dieses Buttons erscheint, kannst du die Einheiten und die Größe der Arbeitsebene einstellen (Bild 3.8). Für die Größe lassen sich Vorgaben wählen, die der Druckplattengröße verschiedener 3D-Drucker entsprechen, oder auch eigene Werte.

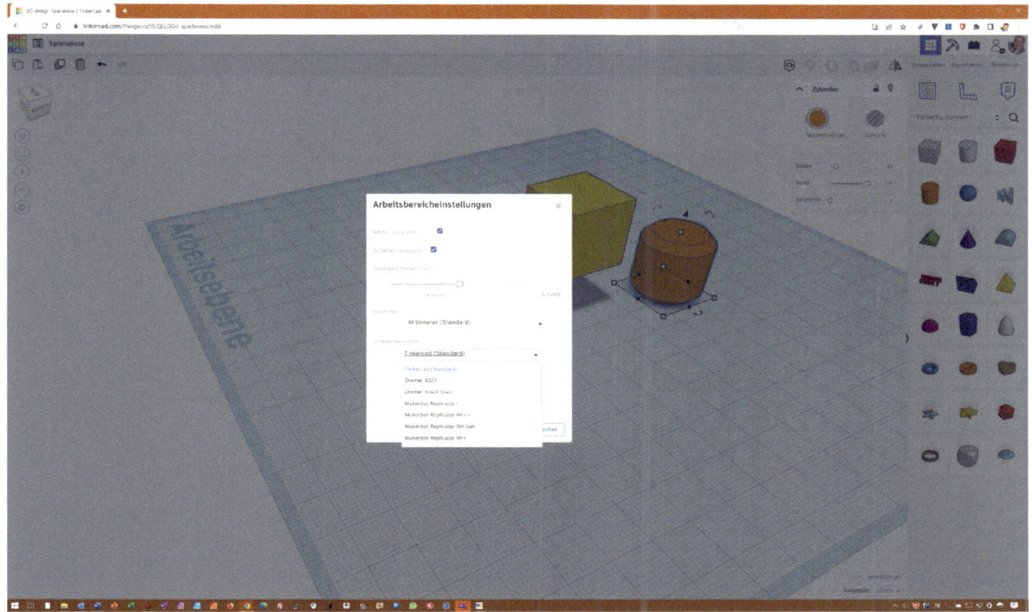

Bild 3.8 Die Arbeitsebene lässt sich der Größe des eigenen 3D-Druckers anpassen. So passt das Bauteil immer in den Bauraum.

3.4 Quader minus Zylinder gleich Bohrung: So definierst du Löcher in deinem Modell

Wir arbeiten in Tinkercad mit Grundkörpern und booleschen Verknüpfungen. Letztere stammen von George Boole, der erstmals algebraische Methoden in der Klassenlogik und Aussagenlogik anwandte. Die mathematischen Feinheiten lassen wir hier mit Freuden beiseite. Wichtig ist nur, dass man Objekte miteinander interagieren lassen kann, indem man sie addiert oder subtrahiert. Zum Beispiel kann man durch die Verwendung eines Quaders und eines Zylinders ein Loch im Quader erzeugen. Dies wollen wir nun versuchen.

Ziehe hierzu einen Zylinder auf die Arbeitsebene, stelle ihn neben den Quader und schiebe ihn dann in den Quader hinein. Jetzt existieren beide Objekte ineinander. Schau dir die Bodenfläche an – hier erscheint das untere Ende des orangefarbenen Zylinders innerhalb des gelben Quaders (Bild 3.9).

Klicke jetzt im Inspector-Fenster des Zylinders auf *Bohrung*. Der Zylinder wird daraufhin grau-durchsichtig. Du hast nun eine Bohrung, also ein Loch, erzeugt, indem du den Zylinder vom Quader subtrahiert hast (Bild 3.10). Man sieht das Loch oft nicht richtig, aber spätestens, wenn du das Modell durch einen Klick auf das

Tinkercad-Logo links oben verlässt, wirst du den durchlöcherten Quader in der Modellanzeige sehen. Schiebe den Zylinder ruhig auch mal an den Rand des Quaders, dann entsteht eine Halbrundung.

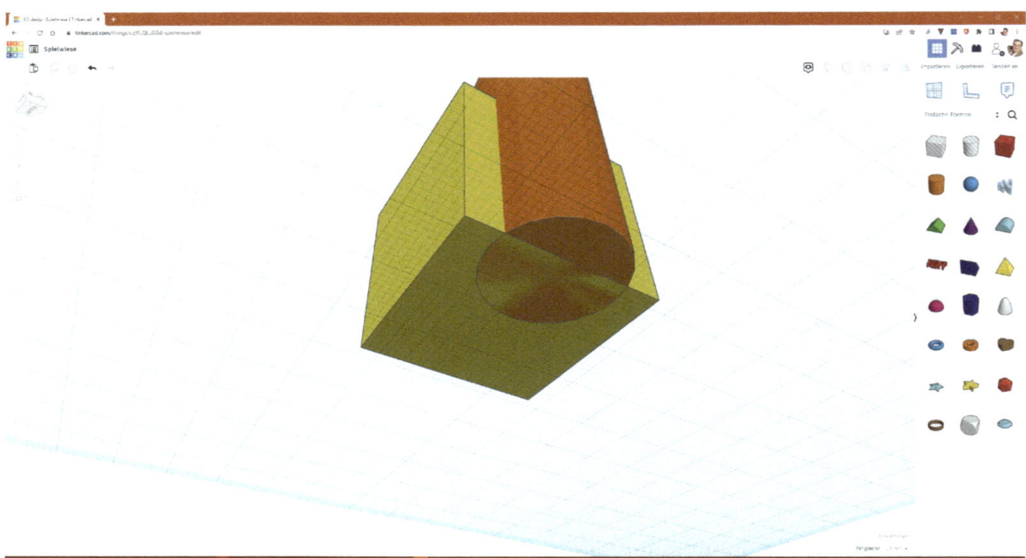

Bild 3.9 Zur selben Zeit am selben Platz: Zylinder und Quader liegen ineinander.

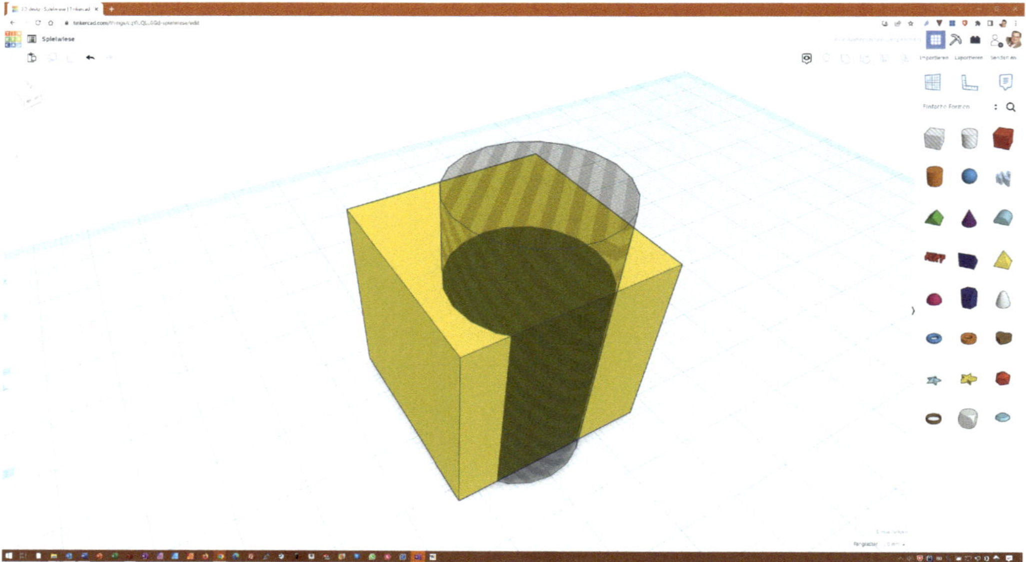

Bild 3.10 Eine Bohrung entsteht, wenn der Zylinder als Loch definiert wird.

Nun wollen wir den Quader und den Zylinder addieren. Definiere hierzu den Zylinder wieder als Objekt, indem du im Inspector-Fenster auf *Volumenkörper* klickst. Markiere nun beide Objekte, indem du erst eines der beiden Objekte und dann mit gedrückter Shift-Taste das zweite Objekt anklickst oder mit gedrückter Maustaste ein Rechteck über beiden Objekten aufziehst. Die beiden Objekte lassen sich nun gemeinsam vergrößern und verkleinern bzw. verschieben und drehen - aber nur, solange du nicht in einen leeren Bereich des Arbeitsbereichs klickst. Dann sind beide Objekte wieder getrennt (sichtbar an den unterschiedlichen Farben der Objekte). Um die Verschmelzung dauerhaft zu machen, klickst du auf den nun nicht mehr ausgegrauten Button GRUPPIEREN oder drückst Strg-G. Jetzt ist aus beiden Objekten eines geworden und das Objekt hat die Farbe des Würfels angenommen (Bild 3.11). Die Gruppierung lässt sich durch GRUPPIERUNG AUFHEBEN (Strg-Shift-G) wieder rückgängig machen.

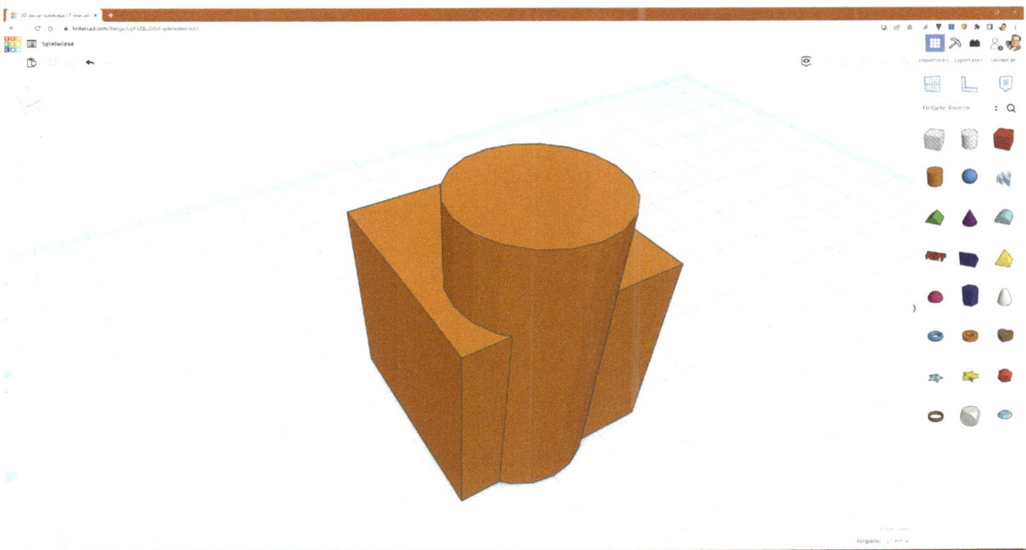

Bild 3.11 Die beiden Grundkörper sind gruppiert und zu einem gemeinsamen Objekt verschmolzen.

Damit soll es erst einmal genug sein mit den Grundlagen. Wir legen nun mit unserem eigentlichen Projekt, dem Laserschwert, los.

3.5 Ein Laserschwert wird gebaut – Teil 1: der Knauf (Hinterteil)

Jeder Anwärter zum Jedi-Ritter muss, um ein echter Jedi zu werden, sein eigenes Laserschwert bauen. So wollen wir es auch halten, allerdings beschränken wir uns auf das Griffgehäuse. Die passende Elektronik, die einen etwa 1 m langen Laserstrahl erzeugt, ist schließlich noch nicht erfunden. Durch kleine Änderungen ließe sich in das Griffgehäuse aber auch eine LED oder die Klinge eines Replika-Lichtschwerts einbauen.

Der Griff soll aus drei Teilen bestehen, dem eigentlichen Griff in der Mitte sowie dem Knauf hinten und dem Handschutz oder Heft vorn (Bild 3.12). Die Teile lassen sich in 3D drucken und ineinanderstecken. Innen sind die Teile hohl, um dort die Elektronik unterzubringen.

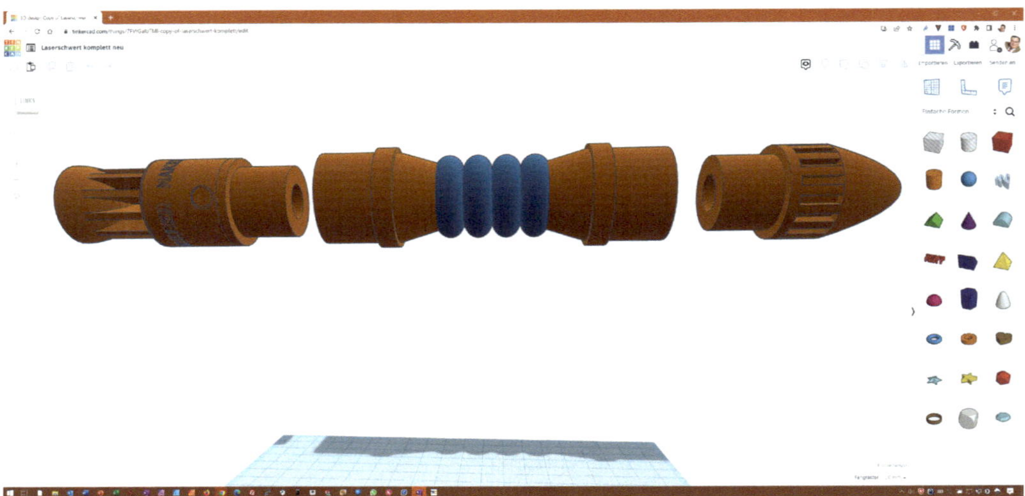

Bild 3.12 Das Laserschwert besteht aus drei Teilen (von links nach rechts): „Laserschwert vorn", „Laserschwert Mitte" und „Laserschwert hinten".

Wir beginnen mit der Modellierung des Knaufs. Dazu startest du zunächst einmal eine neue Sammlung. Auf dem Startbildschirm von Tinkercad findet sich in der Leiste unterhalb des Profilbilds der Button SAMMLUNG ERSTELLEN, auf den du einmal klickst. Nun öffnet sich eine neue Sammlung namens *Collection 1*, die du über das Zahnrad oben und den *Eigenschaften*-Dialog in „Laserschwert" umbenennst. Unterhalb des Projektnamens siehst du nun den Button 3D, mit dem du ein 3D-Modell in Tinkercad erstellen kannst. Daneben finden sich Buttons, um Schaltkreise oder Codeblöcke zu entwickeln.

Das erste Modell ist übrigens nicht verloren, sondern lediglich nicht sichtbar, da du dich eine Hierarchieebene höher im Projekt befindest. Ein Klick auf *Entwürfe* bringt es wieder zum Vorschein.

Nun gehst du erneut ins Projekt und startest ein neues Modell, das du in „Laserschwert hinten“ umbenennst. Wir beginnen mit der Rundung, die später ins mittlere Bauteil eingeschoben wird. Man könnte diese aus einem Rohr erzeugen. Zwei ineinanderliegende Zylinder, von denen der innere zur *Bohrung* deklariert wird, sind aber ebenso möglich. Bei letzterer Vorgehensweise kann ich dir besser zeigen, wie man Elemente positioniert.

Wenn du die Zylinder nun auf die Arbeitsebene ziehen und auf ein bestimmtes Maß bringen willst, wirst du schnell feststellen, dass das gar nicht so einfach ist. Die Maße sind nur sichtbar, wenn man die Geometrie zieht. Das konzentrische Platzieren des inneren Zylinders ist praktisch unmöglich. Hier hilft uns ein Lineal. Du findest es in der rechten Bibliotheksleiste ganz oben neben der Arbeitsebene.

Das Lineal ist ein L-förmiges Objekt, das immer auf der Arbeitsebene liegt. Ziehe es in die Nähe des ersten Zylinders. Daraufhin werden alle Maße, die den Zylinder betreffen, sichtbar – und vor allem anklick- und veränderbar. Die Kreuzung der beiden Achsen, die das L-förmige Lineal symbolisiert, ist nun der Nullpunkt des Modells. Nach hinten und rechts werden die Abstände der Zylinderbasisfläche zum Nullpunkt sowie die Breite, Tiefe und Höhe des Zylinders angezeigt (Bild 3.13).

Das runde Symbol nahe dem Nullpunkt schaltet zusätzlich die Bemaßung bis zum Mittelpunkt ein (Bild 3.13, grün markierte Maße). Das ermöglicht es, die Bemaßung zum Ursprung umzuschalten, entweder wird bis zur näheren Ecke der Grundfläche oder zur Mitte der Grundfläche gemessen. Letzteres ist praktisch, wenn man Objekte konzentrisch anordnen möchte wie hier.

TIPP: Manchmal reicht das Maß auch bis zur entfernteren Kante. Dann helfen zwei Klicks auf das Mittelpunktdreieck, um das Maß auf die nähere Ecke zu setzen.

Der orangefarbene Zylinder soll im Durchmesser 40 mm und in der Höhe 30 mm messen, der graue Zylinder 20 mm im Durchmesser und zunächst 50 mm in der Höhe.

Zum Positionieren des Lochzylinders in der Mitte des ersten Zylinders schaltest du mithilfe des Symbols auf *Mittelpunkt verwenden* um. Merke dir die angezeigten Maße – in diesem Fall jeweils 20 mm zwischen Nullpunkt und Zylindermitte – und aktiviere den Lochzylinder durch einen Klick darauf. Nun kannst du die Maße, die zwischen der Mitte des Lochzylinders und dem Nullpunkt angezeigt werden, auf dieselben Werte bringen, und der Zylinder wandert in den Mittelpunkt des ersten Zylinders.

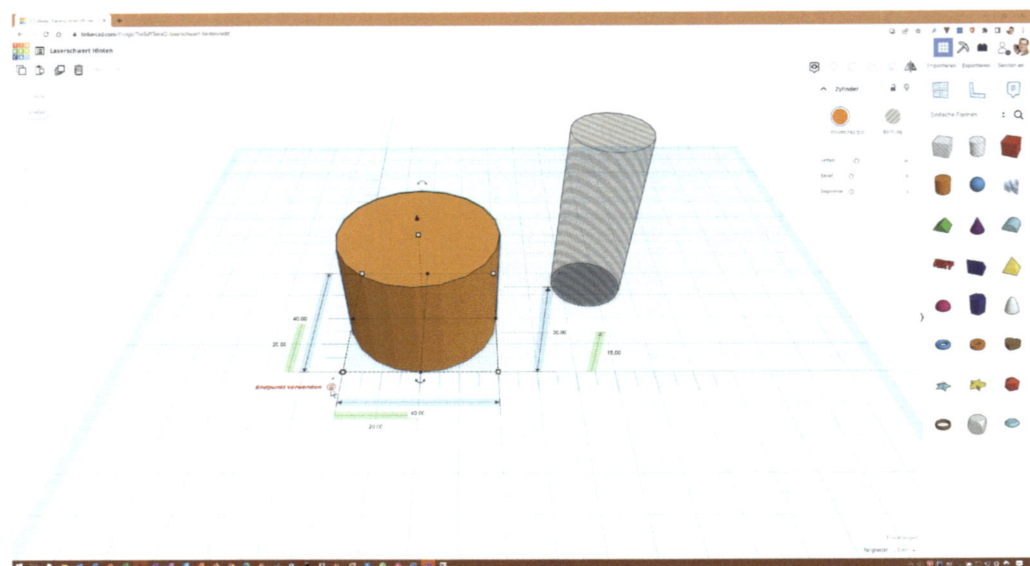

Bild 3.13 Ein Lineal erzeugt einen Nullpunkt und liefert Maße, die sich anklicken und bearbeiten lassen.

TIPP: Natürlich kannst du den Lochzylinder mit der Maus auch so verschieben, dass beide Maße auf 20 mm stehen, aber das ist relativ schwierig. Zudem ist es sinnvoll, sich von Anfang an daran zu gewöhnen, mit exakten Maßen zu arbeiten. Je komplexer das Modell ist, desto wichtiger wird das - vor allem wenn man einmal mit Zehntelmillimetern arbeitet.

Nun legen wir die Höhe des ersten Zylinders auf 30 mm, die des zweiten auf 90 mm fest. So reicht das Loch auch durch die nächsten Teile hindurch.

Nun kommt das erste Teil hinzu, das später sichtbar ist - der hintere Knauf des Laserschwertgriffs. Dazu setzt du einen weiteren Zylinder auf die Arbeitsebene. Ich versuche bewusst nicht, den Zylinder schon dort zu platzieren, wo er später landen soll, sondern setz ihn so weit außerhalb, dass die Abstände zum Nullpunkt gut sichtbar sind. Dann stellst du wieder auf *Mittelpunkt* um und stellst jeweils 20 mm ein.

HINWEIS: Es fällt auf, dass der Zylinder nicht mehr koaxial mit den ersten beiden ist, denn die Messung ist auf die Ecke zurückgesprungen, und die eingegebenen zweimal 20 mm verschieben den Zylinder nach rechts hinten. Also ist es nicht einerlei, in welcher Reihenfolge man die Werte eingibt. Ein zweiter Nachteil ist, dass zwischendurch der standardmäßig mit 30 mm Durchmesser entstandene Zylinder im anderen Zylinder innen verschwindet. Diesen wieder zu markieren, wenn der Fokus durch einen Zufall verloren geht, wäre schwierig. Bereite ihn also immer erst in der richtigen Größe vor und setz ihn dann an den richtigen Platz.

Der neue Körper sitzt nun unten und nicht am oberen Ende des ersten Zylinders, wo er eigentlich sitzen soll. Das senkrecht stehende Maß (wenn der Modus auf *Endpunkte nutzen* steht) zeigt die Höhe des Objekts an. Direkt daneben steht 0,00. Das ist der Abstand des Objekts von der Arbeitsebene. Hier gibst du 30 mm ein. Die Höhe des Zylinders setzt du auf 5 mm. Der Durchmesser beträgt in diesem Fall 50 mm.

Der nächste Zylinder soll gerippt werden. Wir müssen also mit mehreren Elementen auf einer Ebene arbeiten. Deshalb setzen wir nun eine neue Arbeitsebene. Diese erzeugt man, indem man auf den entsprechenden Eintrag oben in der Bibliotheksleiste klickt. Die neue Arbeitsfläche passt sich immer der Fläche an, die gerade unter dem Mauszeiger sichtbar ist. Bewegt man sie auf die obere Fläche des Modells, bleibt sie genau dort liegen (Bild 3.14).

Bild 3.14 Zwischen den Ebenen: Die Arbeitsebene wurde nach oben verlegt, die Grundebene ist noch ganz leicht zu sehen.

TIPP: Zur Kontrolle, ob ein Element richtig sitzt, lohnt es sich, immer wieder einmal das Modell in die unterschiedlichen Richtungen zu drehen. Dann sieht man schnell, ob alles an seinem Platz ist. Nicht vergessen: Wir arbeiten mit 2D-Werkzeugen an einem 3D-Modell, können also in der Tiefe senkrecht zur Bildschirmoberfläche nichts sauber definieren.

Um zu vermeiden, dass aus Versehen einer der bisherigen Zylinder verschoben wird, fixierst du zwischendurch die unter der Arbeitsebene liegenden Zylinder und den Hohlzylinder. Dazu markierst du alle Zylinder und klickst im Inspector-Fenster auf das Symbol des geöffneten Vorhängeschlosses. Nun kann man die einzelnen Objekte zwar noch aktivieren, aber nicht mehr bewegen. Äußerliches Zeichen der Fixierung ist die violette Unterlegung der Objektkanten, wenn eines angeklickt wird.

Wir benötigen nun wieder ein Lineal. Auch das ziehst du von der Bibliotheksleiste auf die neue, orangefarbene Arbeitsebene. Das Lineal lässt sich bewegen, wenn man es mit der Maus im Nullpunkt anfasst. Indem du die Schenkel vorn und links an die Rundung des unter der Ebene liegenden Zylinders anlegst, passt du die Position des Nullpunkts an. Nutze das Zoomen mit dem Mausrad, um genauer positionieren zu können.

Setz den nächsten Zylinder auf die Arbeitsebene, und zwar in derselben Größe wie den darunterliegenden, also mit einem Durchmesser von 50 mm. Hier ist es einfacher, die Maße zum Nullpunkt auf der Ecke zu lassen und jeweils auf null zu setzen, um den Zylinder wiederum konzentrisch auf den darunterliegenden zu setzen. Die Höhe dieses Teils ist 20 mm.

Wir wollen nun eine Rillenoberfläche erzeugen, bei der wir die Musterkopie benutzen. Ziehe hierzu einen Quader auf die Arbeitsfläche, sodass dieser knapp in den Zylinder hineinragt (Bild 3.15). Die Breite des Quaders ist 20 mm, die Tiefe 5 mm. An der breitesten Stelle des Zylinders soll der Quader 5 mm in diesen hineinragen, also muss der *Y*-Abstand zum Nullpunkt 22,5 mm (25 mm zum Mittelpunkt des 50 mm durchmessenden Zylinders minus die halbe Quadertiefe), der *X*-Abstand muss -15 mm betragen.

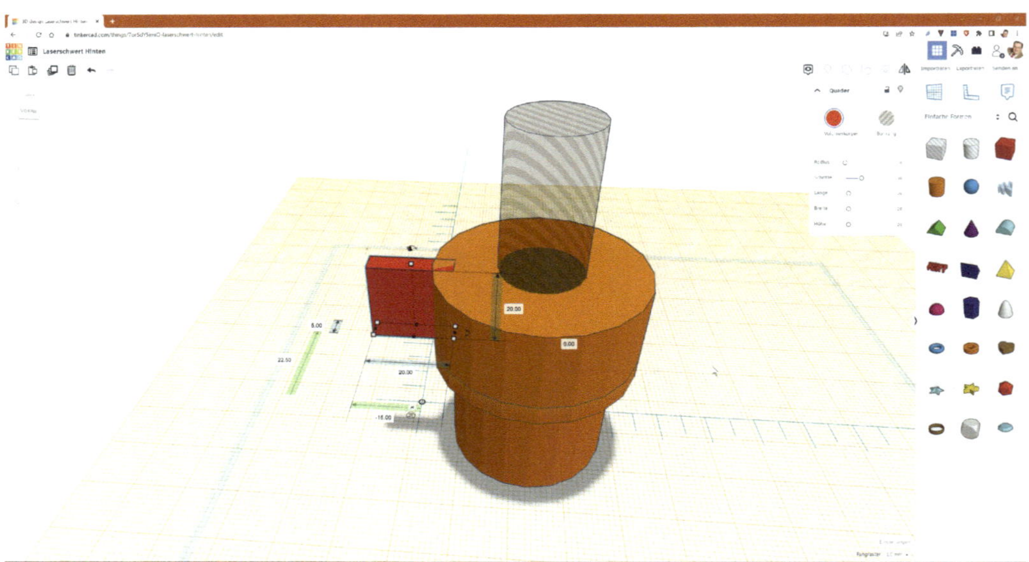

Bild 3.15 Mithilfe schmaler Quader erzeugen wir Rillen am Schwertgriff. Die Positionierung der ersten Quader erfordert etwas Rechenarbeit.

TIPP: Es macht Sinn, zu Beginn der Modellierung eine Skizze (ruhig per Hand) zu machen, auf der man solche Maße schon einmal im Voraus ausrechnen kann.

Nun wollen wir einen zweiten Quader gegenüber einfügen. Leider kann Tinkercad nicht um externe Achsen – wie die Mittelachse unserer Zylinder – spiegeln, deshalb bauen wir einen zweiten Quader gegenüber ein. Um die Maße nicht nochmals eingeben zu müssen, kopierst du den Block mithilfe der Windows-Tastenkombination Strg-C und fügst ihn mit Strg-V wieder ein. Nun musst du den Quader auf die andere Seite ziehen und die Längen zum Nullpunkt auf 22,5 und 45 mm setzen (Bild 3.16). Langsam wird das zur Routine, nicht?

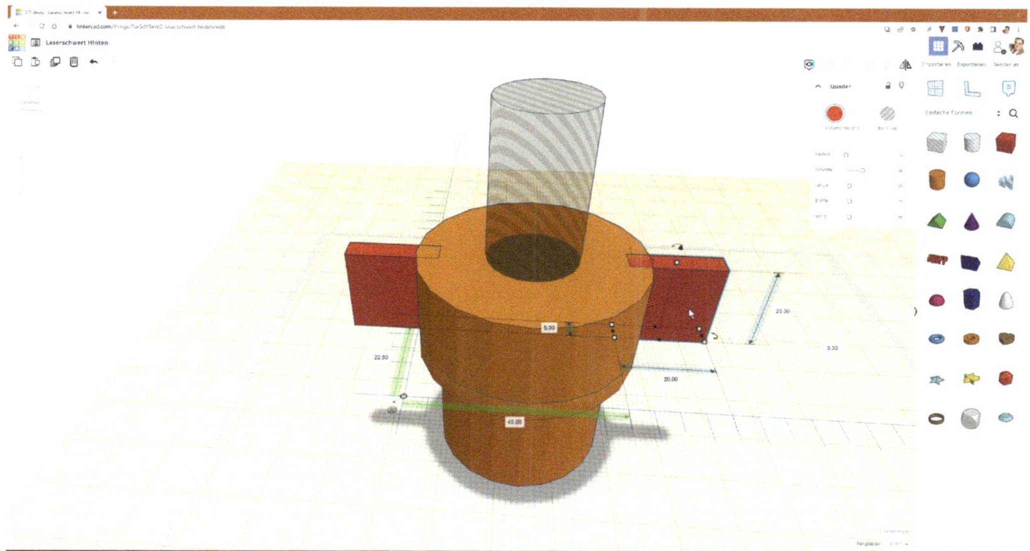

Bild 3.16 Inzwischen hat der Zylinder zwei Flügel, die mit exakten Maßen positioniert sind.

Nun wollen wir die Quader in Löcher umwandeln und gleichmäßig rund um den Zylinder verteilen. Dazu klickst du beide Flügel an, während du die Shift-Taste gedrückt hältst. Nun sollten beide Quader markiert sein. Ein Klick auf GRUPPIEREN und ein weiterer Klick im Inspector auf *Bohrung* – und schon ist aus den Quadern eine Schnittform geworden.

Um diesen Vorgang bei allen Quadern gleichzeitig auszuführen, kannst du das *Duplizieren und wiederholen*-Feature nutzen, für das es in Tinkercad links oben einen Button und einen Tastaturbefehl gibt. Markiere die Gruppe und drücke die Tasten Strg-D. Es passiert nicht viel, außer dass die Kanten des Quaders kurz gelb aufblitzen. Ziehe nun an dem gebogenen Pfeil auf der Arbeitsebene – und siehe da, eines der Quaderpaare bleibt stehen und das zweite dreht sich. Lass es bei 22,5 Grad einrasten.

TIPP: Bleibt man mit dem Mauszeiger innerhalb des blauen Winkelkreises, schnappt die Drehung alle 22,5 Grad ein. Zieht man die Maus aus dem Kreis heraus, so lassen sich beliebige Drehwinkel einstellen.

Drücke nun noch einmal Strg-D. Tinkercad erkennt, welches Muster wir erzeugen wollen, und setzt das nächste Paar gleich mit weiteren 22,5 Grad Drehung ein. Ein paar Tastendrücke später haben wir 16 Schnitte (bzw. acht Doppelschnitte) erzeugt (Bild 3.17).

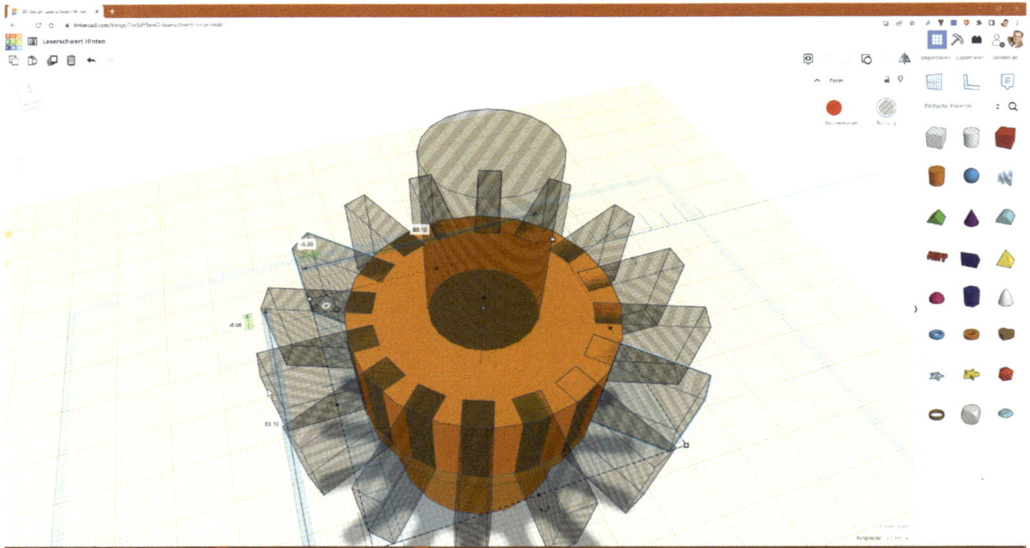

Bild 3.17 Mithilfe von Smart Duplicate lassen sich Muster schnell und einfach erstellen.

TIPP: *Smart Duplicate* funktioniert nicht nur im Kreis, sondern auch in der Geraden. So lassen sich Rechteckmuster schnell erstellen und man ist sicher, dass alle Objekte regelmäßig zueinander stehen.

Auf das geriffelte Bauteil setzen wir nun einen Abschluss. Hierfür nutzen wir das Paraboloid. Erzeuge eine neue Arbeitsebene auf der obersten Ebene und ein Lineal an den Kanten des darunterliegenden Zylinders. Ziehe nun ein Paraboloid aus der Geometrie-Bibliothek und setz es mittig auf den Rest des Schwertknaufs. Auch hier ist der Durchmesser wieder 50 mm. Für die Höhe stellst du zunächst einmal 40 mm ein.

Doch wie sieht das dann aus? Des Rätsels Lösung ist der Hohlzylinder, der mit 90 mm etwas zu lang geraten ist (Bild 3.18). Optimal ist die Höhlung, wenn sie etwa bis zur Hälfte ins Paraboloid eintaucht. Klicke den Hohlzylinder dazu an und ändere die Höhe auf 70 mm. Um den Hohlzylinder ändern zu können, musst du allerdings zunächst die Fixierung der Zylinder auflösen.

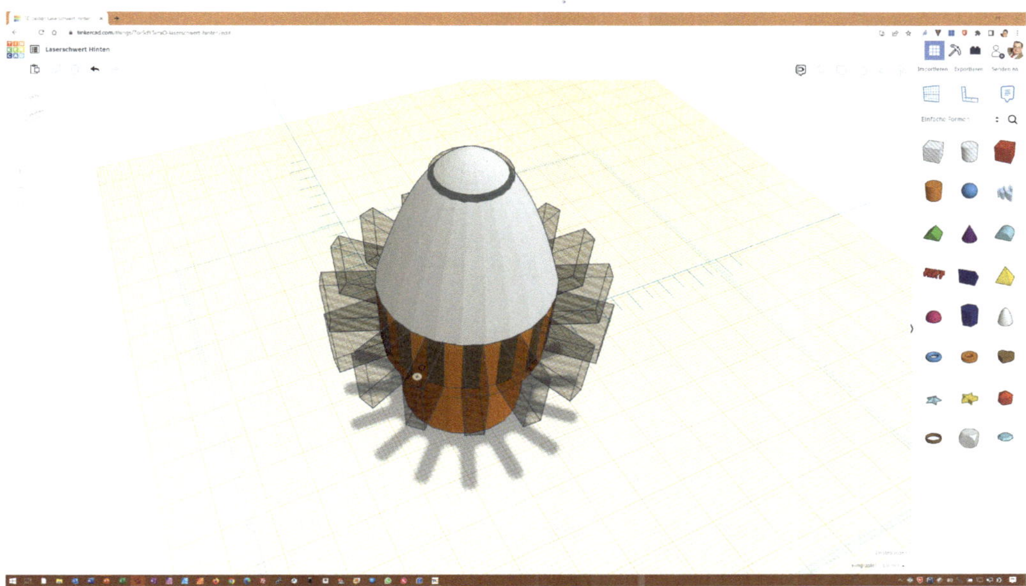

Bild 3.18 Huch, was kommt denn da zum Vorschein? Der Hohlzylinder schneidet uns die Spitze des Knaufs ab.

Wenn du jetzt alles markierst und gruppierst, verschwindet die Bohrung im unteren Teil des Knaufs, denn die beiden unteren Zylinder sind nach wie vor fixiert, und der Hohlzylinder wirkt nicht mehr auf sie. Die Fixierung löst sich, wenn du den Hohlzylinder anklickst – und zwar nicht komplett, sondern nur teilweise. Du musst also erst die unteren beiden Zylinder jeweils einzeln anklicken und auch dort das Schloss im Inspector öffnen, um dann mit Strg-A alles zu markieren und zu gruppieren. Mit dem Gruppieren verschwindet auch der Ring von Quadern im Mittelteil.

HINWEIS: Hier zeigt sich der Unterschied zwischen Gruppieren und Fixieren. Gruppieren fasst die markierten Objekte zu einem Objekt zusammen, Fixieren verhindert zwar das Bearbeiten und Verschieben, fasst die Objekte aber nicht zusammen. Deshalb muss jedes Teil einzeln entsperrt werden.

Um den Knauf in voller Pracht bewundern zu können, musst du auf den Button ARBEITSEBENE und dann irgendwo seitlich auf die gelbe Arbeitsfläche klicken. Damit wird die Zwischenebene unsichtbar, und das Bauteil steht frei auf der Hauptarbeitsfläche (Bild 3.19). Der erste Teil des Schwertgriffs ist jetzt fertig.

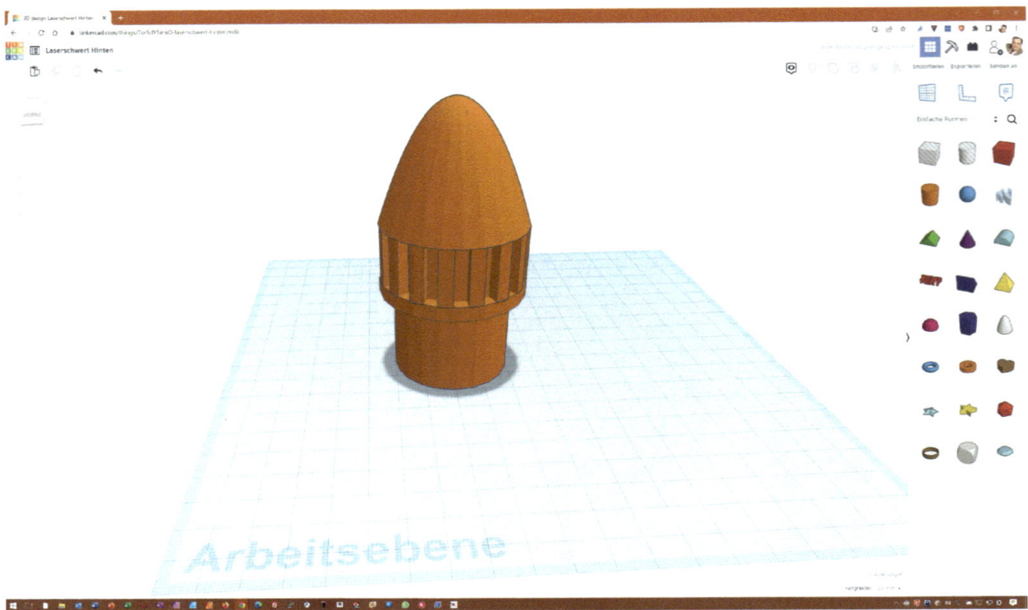

Bild 3.19 Hurra! Wir sind fertig. Der Schwertknauf ist modelliert.

Um nun eine für den 3D-Druck verwendbare Datei zu erhalten, klickst du rechts oben auf den Button EXPORTIEREN. Im erscheinenden Menü lassen sich verschiedene Formate anwählen. Bei den meisten 3D-Druckern für den Heimgebrauch ist STL das Format deiner Wahl. Der Download startet automatisch (Bild 3.20).

Neben dem STL-Format gibt es noch folgende weitere Dateiformate:

- OBJ kann im Gegensatz zu STL auch Polygone mit mehr als drei Ecken abbilden, Flächen gruppieren und Materialeigenschaften transportieren. Es wird gerne für die Übergabe von Daten genutzt und stammt ursprünglich aus dem Visualisierungsprogramm Alias Wavefront, das heute zu Autodesks Portfolio gehört.
- SVG ist ein Sonderfall, denn es handelt sich um ein 2D-Format, in dem der Schnitt des Modells in der Arbeitsebene hinterlegt wird. In unserem Beispiel wäre das ein Ring. SVG lässt sich beispielsweise nutzen, um Daten für einen Lasercutter zu generieren.

Im letzten Schritt schließt du das Teil mit einem Klick auf das Tinkercad-Logo.

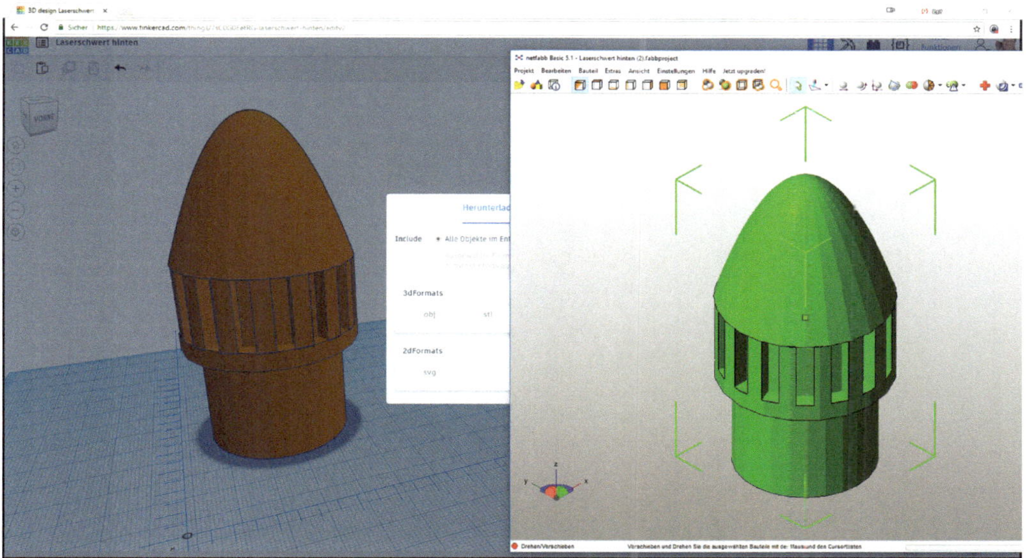

Bild 3.20 Links: Tinkercad mit dem *Exportieren*-Dialog; rechts: das Ergebnis in einem STL-Viewer. Die STL-Datei ist nun bereit zum Drucken.

3.6 Ein Laserschwert wird gebaut – Teil 2: der Griff (Mittelteil)

Nun machen wir uns an die Modellierung des mittleren Teils des Laserschwerts, den eigentlichen Griff. Du klickst wieder auf CREATE und benennst das Projekt in „Laserschwert Mitte" um. Das müsstest du jetzt schon ohne weitere Erklärungen meinerseits hinbekommen. Übrigens kannst du im Editorfenster auch direkt den Namen anklicken und ändern. Das mittlere Bauteil des Laserschwerts benötigt unten und oben Bohrungen mit 40 mm Durchmesser und Tiefe, in die das vordere und das hintere Ende des Schwertgriffs eingesteckt werden. Normalerweise müsste man hier mit einer Toleranz arbeiten, also beispielsweise die Enden einen Zehntelmillimeter kleiner machen, damit die beiden Teile ineinander rutschen. Da weder die STL-Daten, die Tinkercad exportiert, noch die Ausdrucke der meisten 3D-Drucker auf den Zehntelmillimeter genau sind, verzichte ich darauf und überlasse es dir, nach dem Ausdrucken Heft und Knauf mit Schmirgelpapier so anzupassen, dass alles ineinandergreift. Die STL-Daten, die Tinkercad in der Grundeinstellung liefert, sind derart grob, dass man die Facettierung auch im gedruckten Bauteil sehen wird (Bild 3.21). Deshalb lohnt es sich hier nicht, mit allerfeinster Genauigkeit zu arbeiten. Nichtsdestotrotz ermöglicht Tinkercad durchaus die Eingabe von

Zehntel- oder sogar Hundertstelmillimetern. Wenn du die Facettenzahl entsprechend hoch einstellst, werden die Ausdrucke sogar rund.

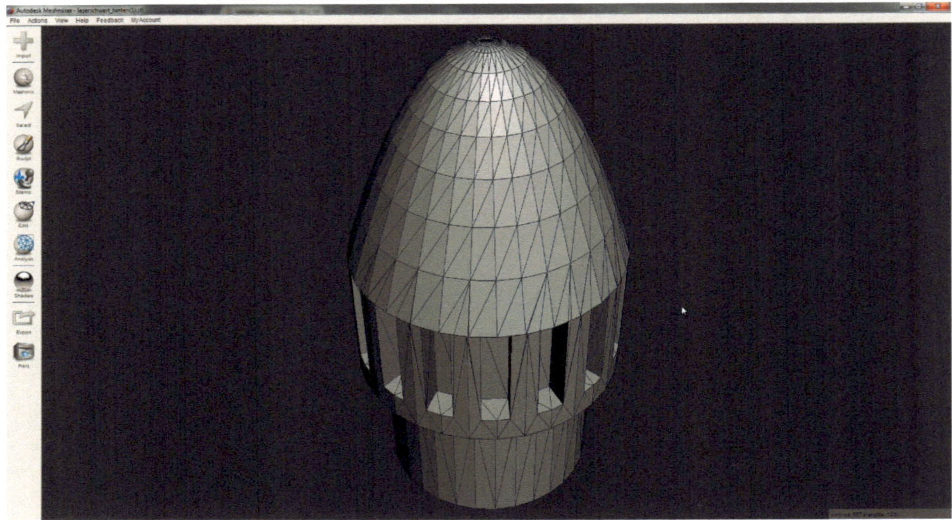

Bild 3.21 Die grobe Facettierung der STL-Dateien in Tinkercad macht es sinnlos, allzu genaue Toleranzen anzugeben.

Auf der Hauptarbeitsebene platzierst du nun – neben einem Lineal, um die Maße anzeigen zu lassen – drei Zylinder: je einen mit 55, 50 und 40 mm Durchmesser. Die drei Zylinder sind 10, 30 und 40 mm hoch.

HINWEIS: Vergiss nicht, ein Lineal auf die Arbeitsfläche zu legen, damit du die Maße ändern kannst. Die Position der Zylinder und des Lineals ist unwichtig.

Nun setzt du die Höhe des ersten Zylinders über der Arbeitsebene auf 30 mm fest und definierst den 40-mm-Zylinder als Hohlkörper. Das Ganze sollte in etwa so aussehen wie in Bild 3.22, wobei die genaue Positionierung der Zylinder unwichtig ist. Nur die Höhe des ersten Zylinders sollte stimmen.

Markiere alle drei Zylinder mit der Maus und gedrückter Shift-Taste. Alternativ kannst du Strg-A für *Alles markieren* nutzen. Dann wählst du im Menü oben rechts den Button AUSRICHTEN. Im Hauptfenster erscheinen auf der Arbeitsfläche und senkrecht Linien mit jeweils drei Punkten an den Enden und in der Mitte. Das sind die Ausrichtwerkzeuge, mit denen sich mehrere Objekte zueinander positionieren lassen. Mit ihnen lassen sich mehrere Objekte in allen drei Richtungen des Koordinatensystems anordnen (links- oder rechtsbündig bzw. mittig). Berührt man einen der Punkte mit der Maus, ohne zu klicken, erscheint in hellem Orange eine Voransicht, wie sich die Objekte zueinander verschieben werden (Bild 3.23). Ein Klick auf den Punkt führt die Verschiebung dann aus.

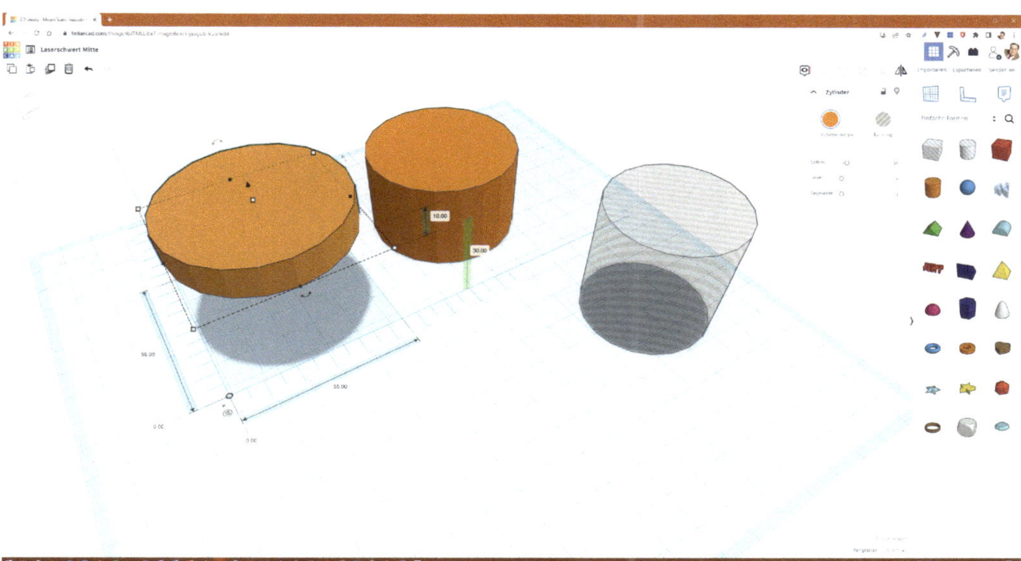

Bild 3.22 Drei Zylinder stehen auf der Arbeitsfläche und warten darauf, konzentrisch angeordnet zu werden.

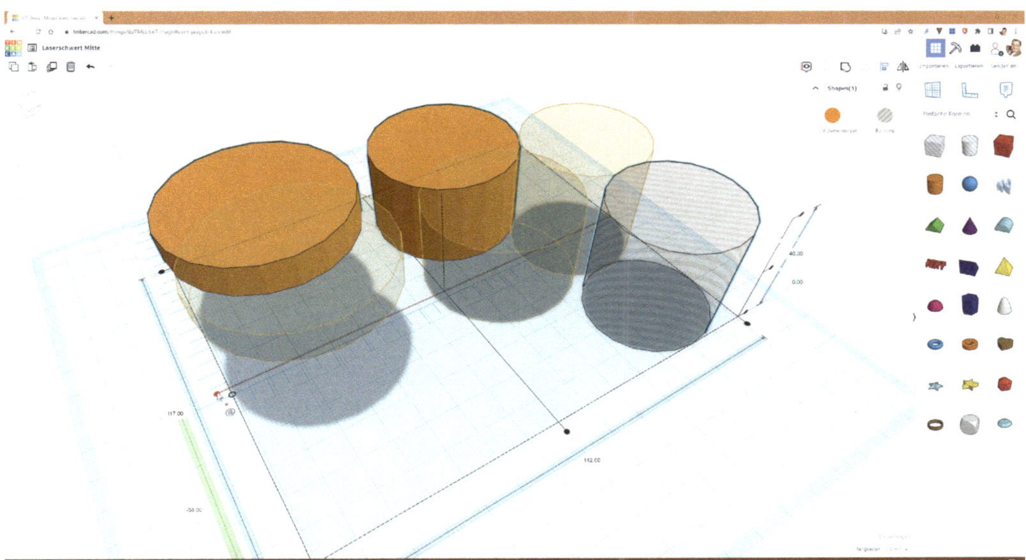

Bild 3.23 In hellem Orange zeigt Tinkercad an, wie die Elemente nach dem Klick auf den linken hinteren Punkt zueinander stehen werden.

Die Körper sollen konzentrisch zueinander angeordnet sein. Du klickst also in *X*- und *Y*-Richtung auf die mittleren Punkte, woraufhin die Zylinder zu einer Säule zusammenrutschen. Nun ist das untere Ende des Mittelteils schon fertig.

HINWEIS: Die *Ausrichten*-Funktion lässt sich auch zur Kontrolle verwenden. Wenn die Teile richtig zueinander stehen, sind die jeweiligen Ausrichtepunkte ausgegraut. Das ist vor allem bei komplexeren Bauten interessant, wenn man zwei relativ weit auseinanderstehende Elemente zueinander ausgerichtet haben möchte.

Das eigentliche Griffteil erzeugen wir aus Kegeln, um einen guten Griff zu ermöglichen. Das Lichtschwert soll schließlich gut in der Hand liegen. Ziehe einen Kegel aus der Geometrie-Bibliothek auf die Arbeitsfläche und wähle eine Höhe von 80 mm. Die weiteren Maße sind ein Durchmesser von 50 mm und eine Höhe über der Arbeitsebene von 40 mm.

Markiere alle Objekte mit Strg-A und setz sie konzentrisch zueinander. Nun gruppierst du die Elemente zu einem Objekt. Der Tastenbefehl hierzu ist Strg-G. Mit Strg-C und Strg-V kopierst du das gesamte Gebilde und ziehst die beiden Objekte etwas auseinander, sodass sie sich nicht mehr berühren.

Nun verwendest du erstmals den SPIEGELN-Befehl, der sich neben dem AUSRICHTEN-Button befindet. Markiere eines der Objekte und aktiviere den SPIEGELN-Befehl. Daraufhin erscheinen Doppelpfeile an den Maßzahlen des Objekts. Klicke auf den Doppelpfeil an der *Z*-Achse. Der Körper stellt sich nun auf den Kopf (Bild 3.24). Auch hier zeigt Tinkercad vor dem Klicken eine Vorschau.

HINWEIS: Die beiden anderen Pfeile zeigen keine Wirkung, weil das Objekt in diesen Richtungen symmetrisch ist. Es wird zwar gedreht, sieht aber aus wie zuvor.

Nun markierst du wieder alles und setzt die beiden Objekte konzentrisch. Dann verschiebst du den oberen Kegel um 60 mm nach oben und gruppierst die Kegel wieder (Bild 3.25).

Der Griff sieht nun schon ganz gut aus, ist aber in der Mitte sehr dünn geraten.

Dass man so vorgeht, wie beschrieben, sprich eine Hälfte erstellt, dann kopiert und zusammenfügt, hat nichts mit Faulheit zu tun, sondern sorgt dafür, dass beide Hälften absolut identisch sind. In professionellen parametrischen CAD-Systemen lassen sich die Kopien darüber hinaus auch noch mit dem Original verknüpfen, was für Änderungen praktisch ist. Würde man beispielsweise in SolidWorks den unteren Teil des Griffs ändern, würde sich der obere, gespiegelte Teil automatisch mitändern. Wenn gewünscht ist, dass beide Teile identisch sind, stellt die Software das sicher.

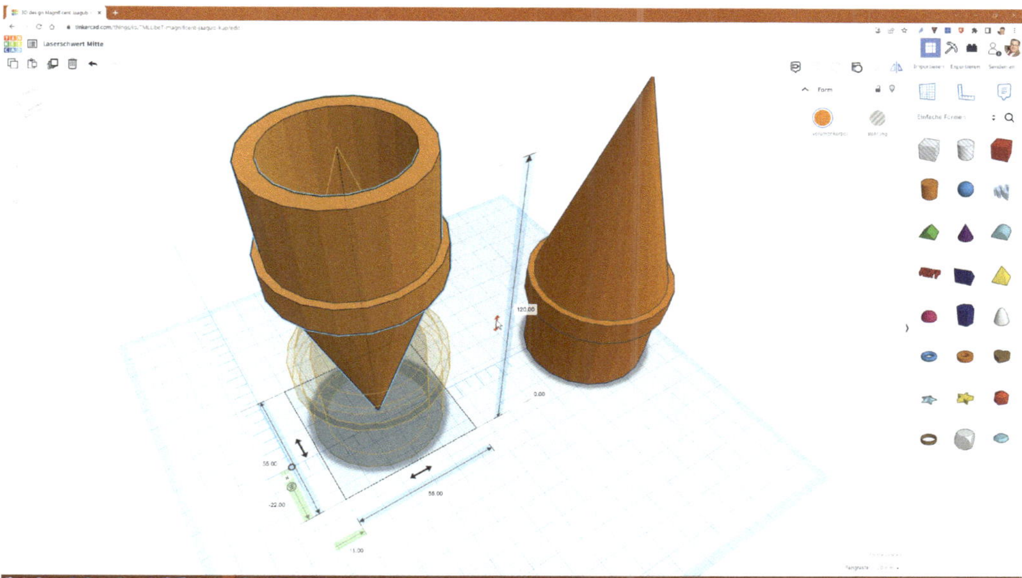

Bild 3.24 Einer rauf, einer runter – die Hälften des Griffs sind schon fertig.

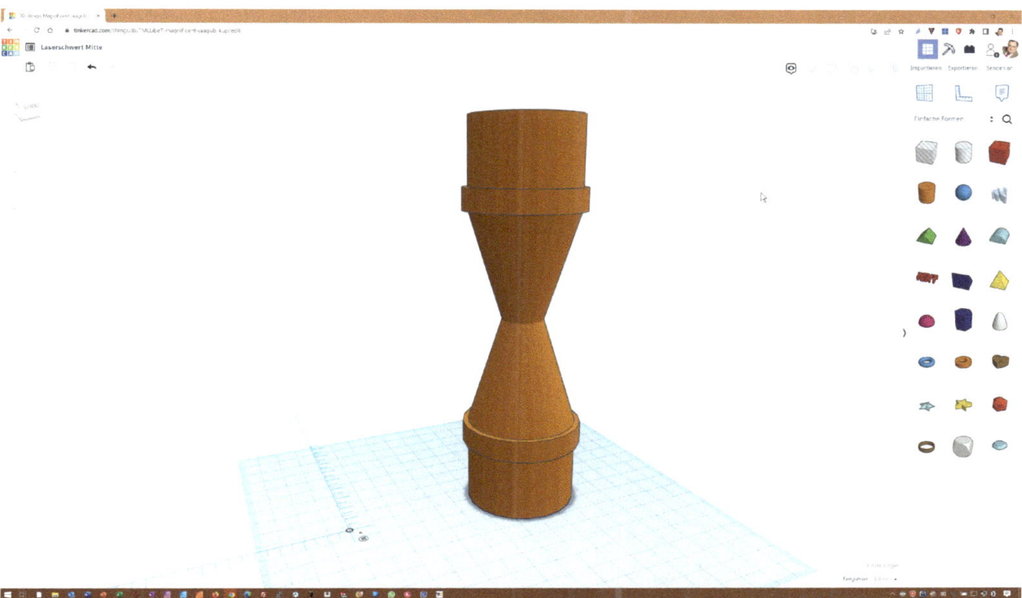

Bild 3.25 Der Griff nimmt Gestalt an, ist aber in der Mitte noch etwas dünn und schmucklos. Ringe werden das ändern.

Als Nächstes kümmern wir uns um die Mitte des Griffs. Meine Idee ist eine Reihe von Ringen, die den schmalen Bereich auffüllen. Dazu bietet Tinkercad das Geometrieelement *Torus* an. Wir legen uns einen Ring auf die Arbeitsfläche. Die Maße sind hier ein Durchmesser von 45 mm und eine Höhe von 15 mm.

Nun versuchen wir nochmals unser Glück mit dem *Duplizieren*-Werkzeug. Dreh die Szene so, dass der Griff nicht hinter dem Ring zu sehen ist. Sonst kann es passieren, dass die Maus das falsche Werkzeug trifft. Markiere den Ring und drücke Strg-D für *Duplizieren* (Bild 3.26).

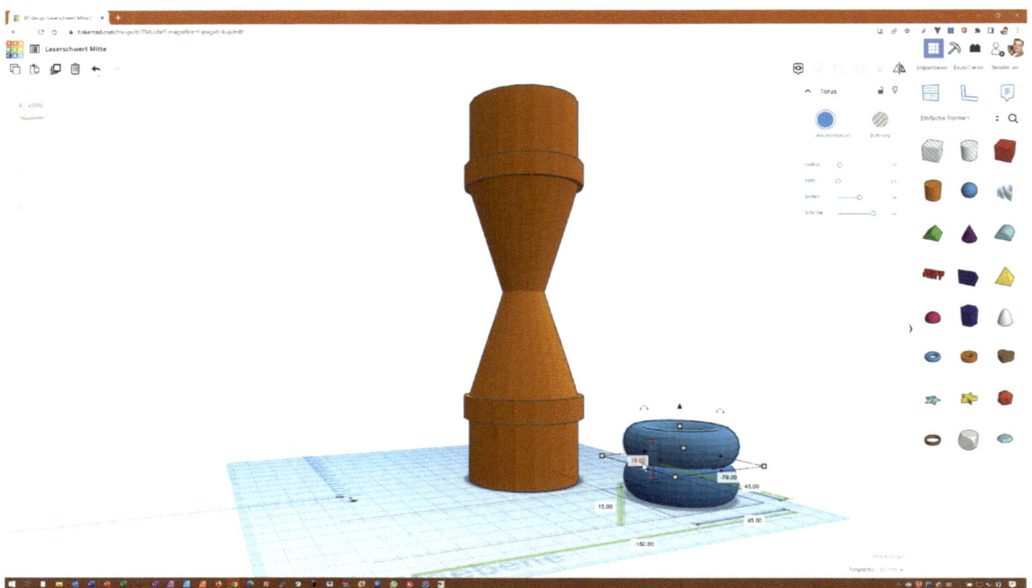

Bild 3.26 Der zweite, per *Duplicate*-Funktion erstellte Ring wird 15 mm über dem ersten Ring positioniert.

Zunächst ändert sich das Bild auf dem Bildschirm nicht. Wenn du jetzt aber den Torus anklickst und mit der Maus nach oben ziehst, siehst du, dass da eigentlich zwei Ringe ineinanderliegen. Nun kannst du die Höhe des zweiten Ringes (15 mm) einfach über die Arbeitsfläche definieren, damit Tinkercad versteht, dass dies ein Muster wird. Drückst du jetzt wieder Strg-D und dann noch ein weiteres Mal, so entsteht ein Stapel von vier Ringen. Diesen Stapel positionieren wir nun im Griff. Dazu gruppierst du die Ringe und markierst alles. Dann positionierst du die beiden Gruppen mit AUSRICHTEN in allen drei Ebenen mittig. Bitte prüfe vorher, dass der Griff eine Gruppe ist, sonst verschieben sich die Hälften gegeneinander (Bild 3.27).

Im letzten Schritt können wir noch eine mittige Bohrung einbringen. Dazu müssen wir aber wissen, wie groß der kleinste Durchmesser des Griffstücks ist, sonst wird eventuell die Wandstärke zu gering. Die Ringe geben einen Hinweis: Offensichtlich sind die Rillen zwischen ihnen die engste Stelle. Wenn der Ring insgesamt 45 mm Durchmesser hat und der Durchmesser des Rings an sich 15 mm umfasst, dann beträgt der Durchmesser des Kreises, auf dem sich die Ringe berühren, 30 mm. Wenn wir also eine 20-mm-Bohrung einbringen, bleiben rundherum 5 mm Wandstärke übrig, was ausreichen sollte.

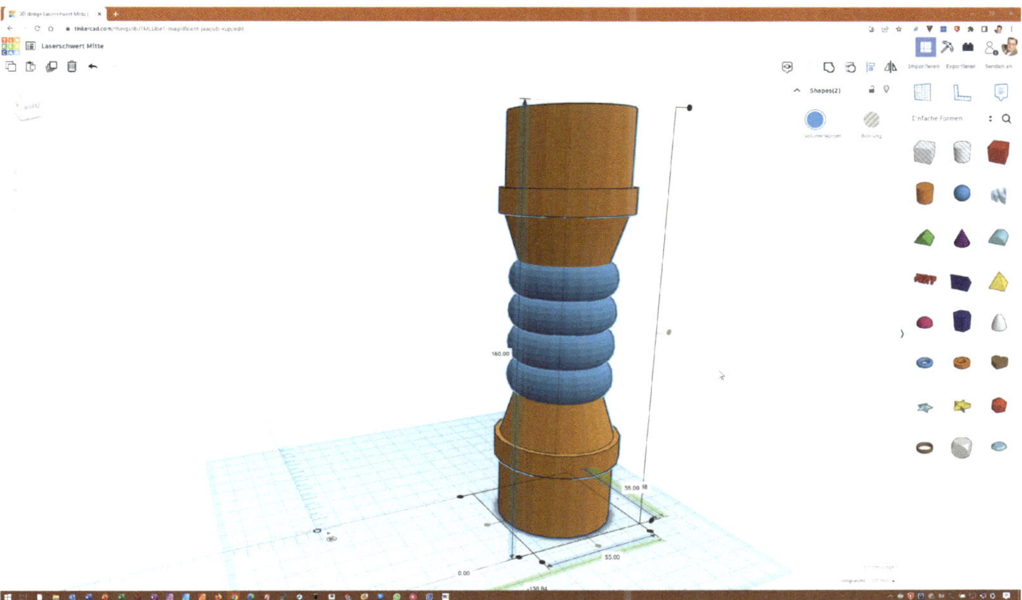

Bild 3.27 Vier Ringe geben dem Griff ein gefälliges Aussehen.

TIPP: Leider hat Tinkercad kein Messwerkzeug, mit dem man solche Maße bestimmen kann. Man kann aber an interessante Stellen beispielsweise einen Quader schieben und diesen so lange in der Größe anpassen, bis er genau mit den zu messenden Punkten übereinstimmt. Dann kann man an den Maßen des Quaders die gewünschten Werte ablesen.

Der Durchmesser liegt wie berechnet bei 20 mm. Die Länge setzen wir der Einfachheit halber auf 180 mm und damit über die gesamte Länge (Bild 3.28).

TIPP: Ist dir aufgefallen, dass wir bei diesem Teil ganz anders modelliert haben als beim ersten, nämlich ohne Zusatzebenen? Und dass wir eher mit dem AUSRICHTEN-Befehl als mit Maßen gearbeitet haben? Das zeigt: Es gibt keinen einzig richtigen Weg, etwas zu modellieren. Viele Wege führen zum Ziel!

Damit ist auch das zweite, mittlere Teilstück unseres Laserschwerts fertig. Sichere das Modell nun wieder als STL-Datei (Bild 3.29) und schließe es.

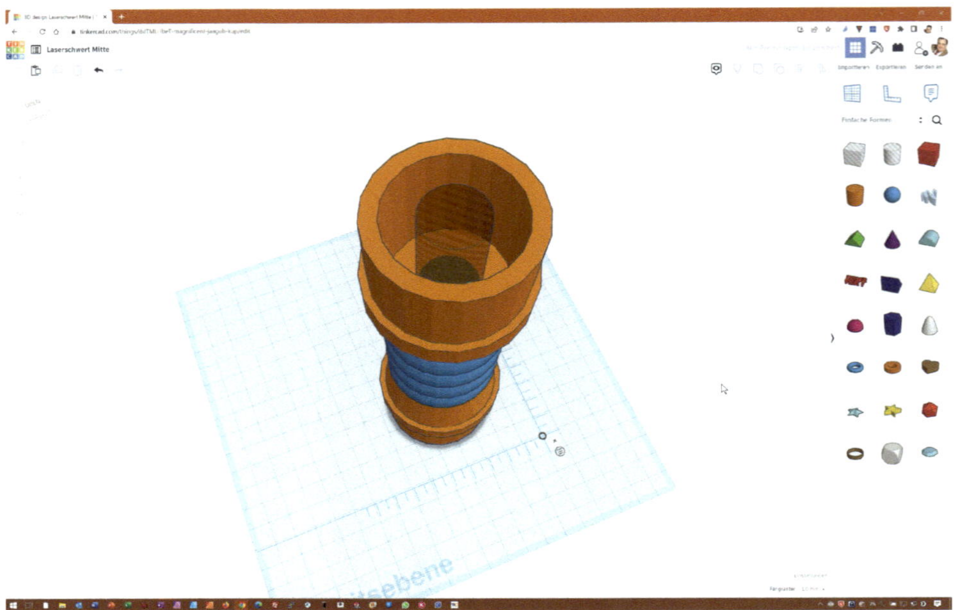

Bild 3.28 Die Mittelbohrung ist modelliert, damit ist auch das mittlere Teilstück des Lichtschwerts fertig.

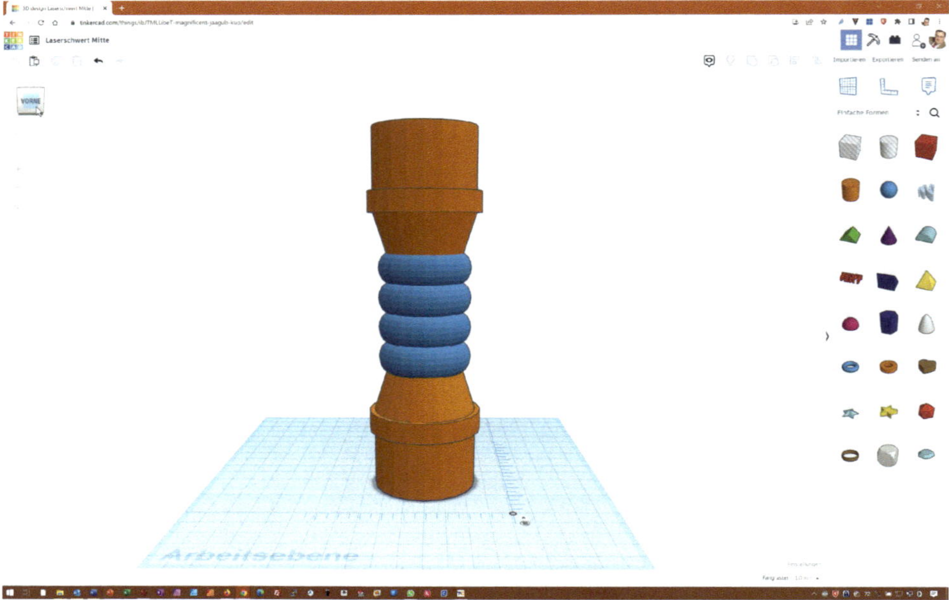

Bild 3.29 Fertig! Der mittlere Teil des Lichtschwerts kann gedruckt werden.

3.7 Ein Laserschwert wird gebaut – Teil 3: der Handschutz (Vorderteil)

Am vorderen Ende des Lichtschwerts sitzt ja, wie jeder Star-Wars-Fan weiß, der adeganische Kristall, der Energie in eine Klinge bündelt. Jeder Jedi muss sich seinen Kristall selbst suchen, beispielsweise in den Höhlen des Eisplaneten Ilum. Da bisher weder Ilum entdeckt noch die restliche Elektronik erfunden ist, wollen wir nun eine Aufnahme anbringen, in die wir jederzeit einen Kristall einsetzen können. Durch kleine Änderungen ließe sich alternativ auch eine LED oder die Klinge eines Replika-Lichtschwerts einbauen. Ich finde ja, dass der Schwertgriff auf einem schönen Ständer im Regal am besten aussieht.

Wir beginnen wieder mit einem neuen Modell und dem 30-mm-Anschluss zum Griffteil. Natürlich braucht das Schwert auch einen Einschalter, der am Vorderteil angebracht ist.

Als Erstes widmen wir uns dem Anschlussstück. Der einfachste Weg, dies zu tun, ist das Kopieren. In diesem Fall klickst du auf der Dashboard-Seite auf das Zahnrad bei „Laserschwert hinten" und wählst *Duplizieren* aus. Die Kopie wird nicht im Projekt abgelegt, sondern auf der Seite, auf der alle Modelle sichtbar sind. Doch das stellt kein Problem dar. Klicke an der Kopie wieder auf das Zahnrad, wähle *In Projekt verschieben* und wähle das richtige Projekt aus (Bild 3.30). Nun öffnet sich die Kopie zum Editieren. Zuerst änderst du den Namen von *Copy of Laserschwert hinten* auf „Laserschwert vorn".

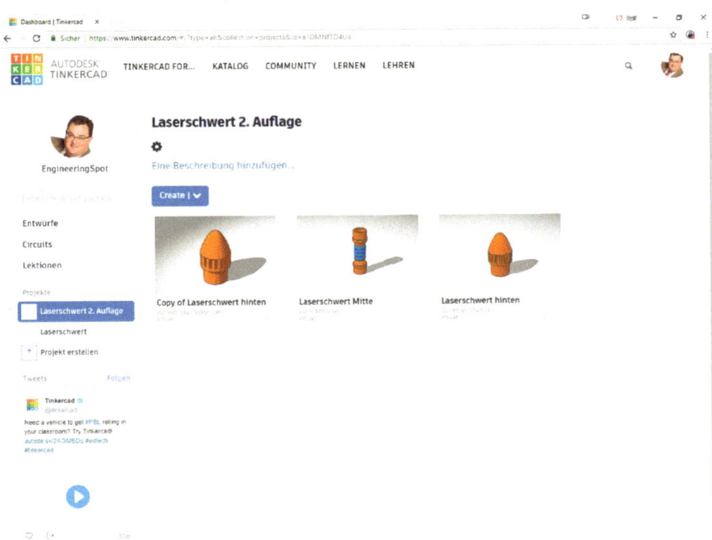

Bild 3.30 Warum neu erfinden, wenn man bei sich selbst klauen kann? Wir kopieren das hintere Ende, um den vorderen Teil des Lichtschwerts zu modellieren.

Hinter dem Kopieren steckt, wie schon besprochen, der Gedanke, eine einmal richtige Konstruktion – in diesem Fall den Anschlusszapfen für den Griff – wiederzuverwenden, um sich Arbeit zu sparen und erneute Fehler zu vermeiden. Zum Löschen der Teile, die wir nicht brauchen, nutzen wir diesmal eine Auswahlbox. Zunächst lösen wie die Gruppierung des gesamten Knaufs auf. Klicke dann mit der Maus neben das Modell und ziehe den Mauszeiger bei gedrückter Maustaste über den hinteren Teil des Knaufs mit dem Paraboloid und dem Ring mit den Rillen. Wenn du dies in der Ansicht schräg von oben machst, wirst du feststellen, dass auch die Zylinder, die wir behalten wollen, markiert wurden. Die Auswahlbox in Tinkercad aktiviert nämlich alle Elemente, die sie berührt.

HINWEIS: Auswahlboxen funktionieren je nach Programm unterschiedlich: In manchen Programmen werden nur die Teile ausgewählt, die vollständig innerhalb der Box sind. Andere Programme – darunter Tinkercad – wählen alle Teile, die die Auswahlbox berührt.

Das wollen wir uns zunutze machen, indem wir einen großen Sicherheitsabstand zu den Elementen halten, die stehen bleiben sollen. Ziehe deshalb, wie in Bild 3.31 dargestellt, eine Box über den unteren Bereich des Paraboloids und den oberen Teil des geriffelten Zylinders und drücke die Entf-Taste.

Dabei wirst du schnell feststellen, dass leider auch der Hohlzylinder ungewollt gelöscht wurde. Klicke also wieder auf RÜCKGÄNGIG, sodass die Löschung rückgängig gemacht wird. Zum Glück lassen sich Auswahlen bearbeiten, und zwar mit der Shift-Taste, mit der man ja auch manuell mehrere Elemente auswählen kann. Beim Klick mit gedrückter Shift-Taste auf ein nicht aktiviertes Element wird dieses aktiviert, ein aktiviertes Element dagegen wird deaktiviert.

Ziehe dieselbe Auswahlbox wie beim ersten Versuch über das Modell. Schwenke nun die Kamera mit gedrückter rechter Maustaste so, dass du die Unterseite des Modells siehst. Der Hohlzylinder ist in der Mitte sichtbar und eine blaue Umrandung zeigt, dass er tatsächlich mit ausgewählt wurde (Bild 3.32).

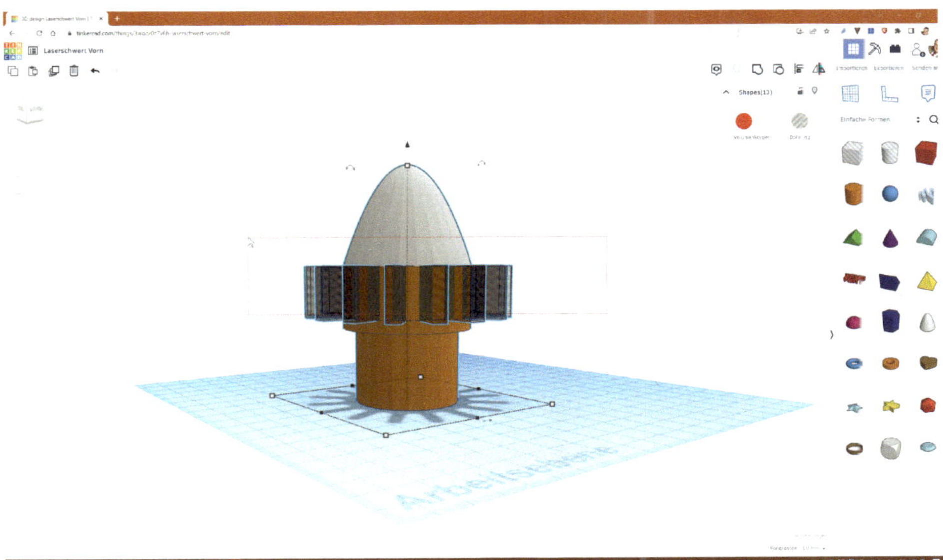

Bild 3.31 Markieren von Elementen mit der Auswahlbox: In diesem Fall werden alle Elemente bis auf die beiden unteren Zylinder ausgewählt und können mit einem Tastendruck gelöscht werden.

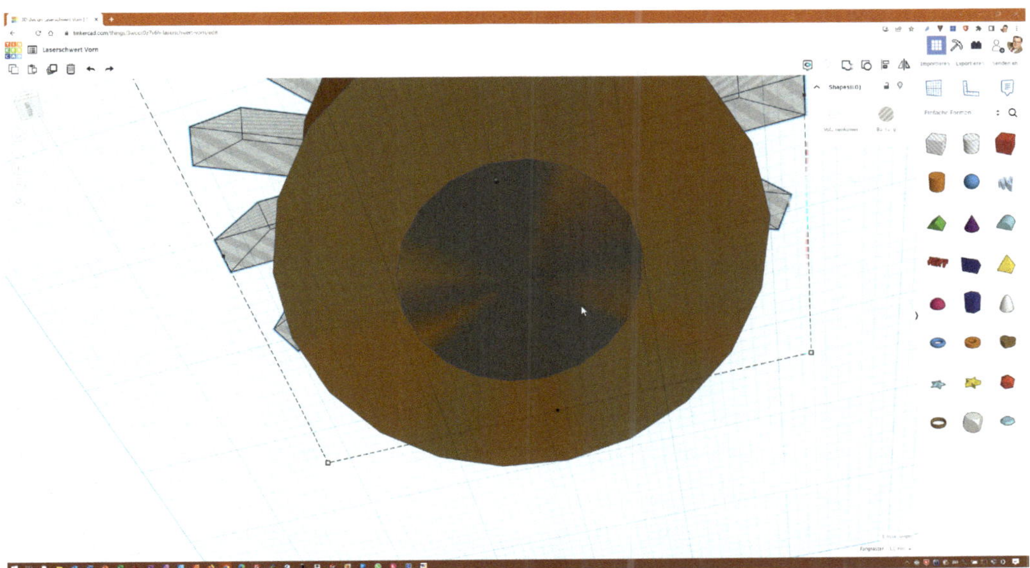

Bild 3.32 Ungewollt wurde der Hohlzylinder ebenfalls markiert, was durch die dicke Umrandung angezeigt wird.

Nun klickst du mit gedrückter Shift-Taste auf den Zylinder und betätigst die linke Maustaste. Achte darauf, dass der äußere Zylinder dabei nicht aktiviert wird. Wenn dies passiert, klicke einfach nochmals, und das ungewollte Element ist wieder deaktiviert. Am besten gelang mir das Auswählen des inneren Zylinders, als ich relativ genau von unten auf das Modell blickte und relativ nahe heranzoomte. Wenn der Hohlzylinder richtig erwischt wird, verschwindet durch einen linken Mausklick die Begrenzung, und der Hohlzylinder ist wie gewünscht deaktiviert. Nach dem Löschen bleibt die in Bild 3.33 gezeigte Form übrig.

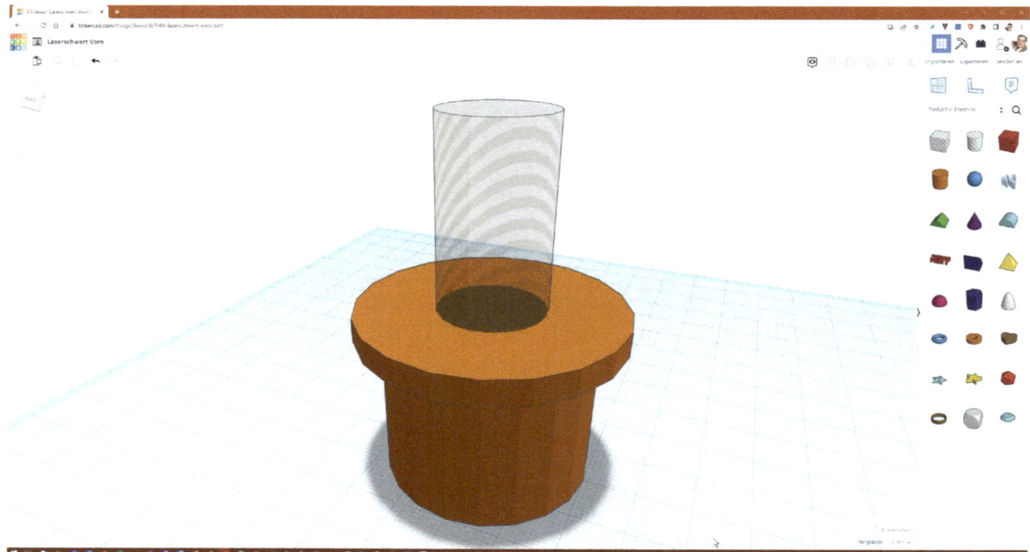

Bild 3.33 Das Ergebnis des selektiven Löschens: das Anschlussteil für den Lichtschwertgriff

Zunächst ist noch das herausragende Ende des Hohlzylinders im Weg. Kürze ihn deshalb in der Höhe auf 40 mm.

Den Körper, in dem die Elektronik des Lichtschwerts untergebracht ist, erzeugen wir aus einem dicken Ring. In der 1. Auflage dieses Buches (ISBN 978-3-446-45 020-2) musste ich dafür noch einen Formgenerator bemühen. Inzwischen steht uns ein Rohr als Grundform zur Verfügung. Ziehe eines auf die Arbeitsebene (Bild 3.34).

Das Außenmaß ist 50 mm und die Höhe 40 mm. Die Wandstärke müssen wir uns selbst ausrechnen, um sie im Inspector-Fenster eingeben zu können: Wir nehmen die 50 mm Außendurchmesser und die 20 mm Innendurchmesser, bilden die Differenz und teilen den Wert durch 2, um eine einzelne Wandstärke zu erhalten. Die Lösung ist 15 mm.

Gibt man nun diese 15 mm als Wandstärke im Inspector-Fenster ein, dann hat das Rohr einen winzigen Hohlraum in der Mitte. Das lässt sich auch nicht mit dem Radius-Schieber reparieren, da der irgendwelche seltsamen Werte zeigt. Ich habe am Ende das Rohr gelöscht, den Hohlzylinder wieder auf 75 mm Länge und den 5 mm hohen Zylinder auf 45 mm Höhe gesetzt. Dann sieht alles so aus, wie es soll (Bild 3.34).

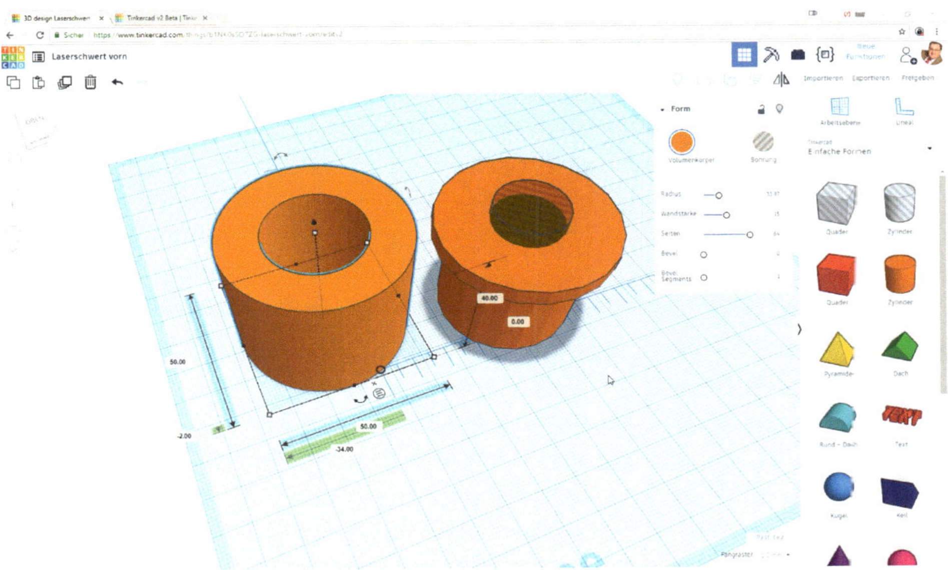

Bild 3.34 Das Rohr in Tinkercad hat ein seltsames Eigenleben – am Ende ist es einfacher, die bestehenden Zylinder anzupassen.

Ich erwähne dies, um zu demonstrieren, dass eine Form in Tinkercad alle möglichen Macken aufweisen kann. Man darf sich nicht darauf verlassen, dass immer alles so funktioniert, wie man es sich vorstellt. Dies betrifft vor allem die Community-Objekte, die von „Tinkerern" zugeliefert werden.

Am besten lässt du dich nicht lange ärgern, sondern suchst einen anderen Weg – Hauptsache, am Ende stimmt das Ergebnis (Bild 3.35).

Jetzt ist der Moment gekommen, das Jedi-Schwert zu individualisieren. Für die nächsten Teile rufen wir die Rubrik *Formen-Generator* in der Bibliothek auf. Formgeneratoren lassen sich in JavaScript programmieren und bieten die Möglichkeit, beliebige eigene Formen zu erstellen, hochzuladen und zu veröffentlichen. Wie die mitgelieferten einfachen Formen zeigen viele Shape Generators im Inspector-Fenster neben Farbe und Bohrung zusätzliche Optionen zum weiteren Individualisieren an. In der Rubrik *Formen-Generator* steht eine Vielzahl solcher programmierter Formgeneratoren zur Verfügung, die von Usern eingestellt wurden.

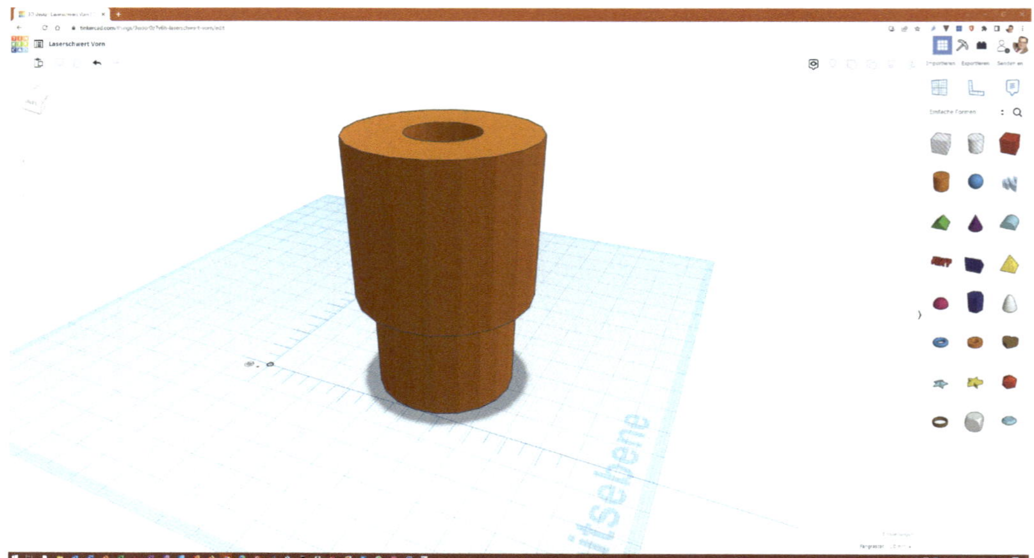

Bild 3.35 Geschafft! Der erste Teil des Schwertoberteils ist modelliert.

Unter *Formen-Generator > Empfohlen* findest du den *Text Ring mit benutzerdefinierter Schriftart*, den du nun auf die Arbeitsoberfläche ziehst (Bild 3.36). Trotz des Namens lässt sich die Schriftart nicht einstellen – wieder so ein seltsames Bauteil. Im obersten Feld kannst du den Text eingeben, der auf dem Schwert erscheinen soll. Ich habe mich für „Starwanderer Makerschwert" entschieden. Du wählst natürlich deinen ganz persönlichen Wunschtext. Die Textgröße passt sich so an, dass der Text den eingestellten Bogen genau ausfüllt. Ich habe hier auf 355 Grad eingestellt, um zwischen Textende und -anfang noch etwas Luft zu haben. Die Dicke (Stärke) stellst du auf 3 mm.

Der Schriftring dürfte nun recht groß sein. Du kannst ihn aber mithilfe der normalen Maße verkleinern. Setz dazu den *X*- und *Y*-Wert jeweils auf 52 mm. Der Durchmesser von 52 mm bei einer Textdicke von 3 mm bewirkt, dass der Text 1 mm aus dem Rohr herausragt und 2 mm hinein. Setz den Schriftring nun wieder konzentrisch auf das Modell und stelle die Höhe über der Ebene auf 60. Zum Schluss setzt du den Status noch auf *Bohrung*, sodass die Schrift 2 mm tief eingraviert wird (Bild 3.36). Lässt du den letzten Schritt aus, ragt die Schrift erhaben über die Oberfläche. Eingravierte Buchstaben lassen sich auf dem 3D-Drucker allerdings besser ausgeben, weil sie auch ohne Stützmaterial sauber gedruckt werden können.

Die nächste Aufgabe ist der Einschaltknopf, für den wir zum ersten Mal die waagerechte Arbeitsebene verlassen. Klicke in der Bibliothek die Arbeitsebene an und fahre mit der Maus auf die Außenfläche des Zylinders. Die Arbeitsfläche kippt automatisch in *Z*-Richtung, und du kannst sie auf der Seitenfläche absetzen. Damit können wir sehr schön eine gerade Fassung modellieren. Zunächst brauchen wir die Mitte des Zylinders, um den Knopf schön mittig setzen zu können. Ziehe ein Lineal auf die Arbeitsfläche und richte die *Z*-Richtung an dem blauen „Abdruck“ des Modells aus. Dieser wird sichtbar, wenn du mit Strg-A alles markierst. Im Notfall kannst du den Abstand zum Nullpunkt auf „0“ stellen (Bild 3.37).

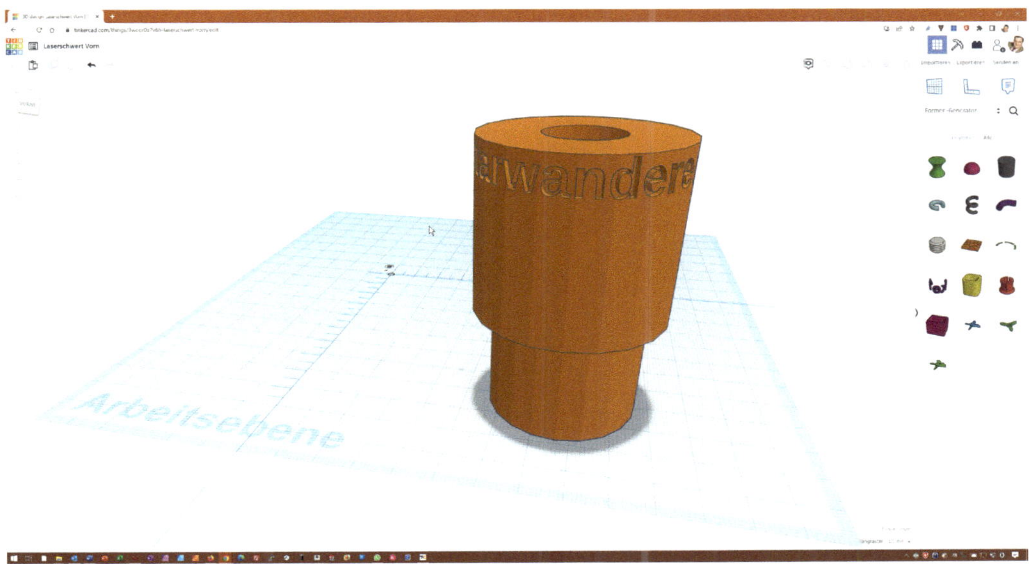

Bild 3.36 Die Schrift des „Textringes“ ist später als vertieftes Relief auf dem Schwert zu sehen.

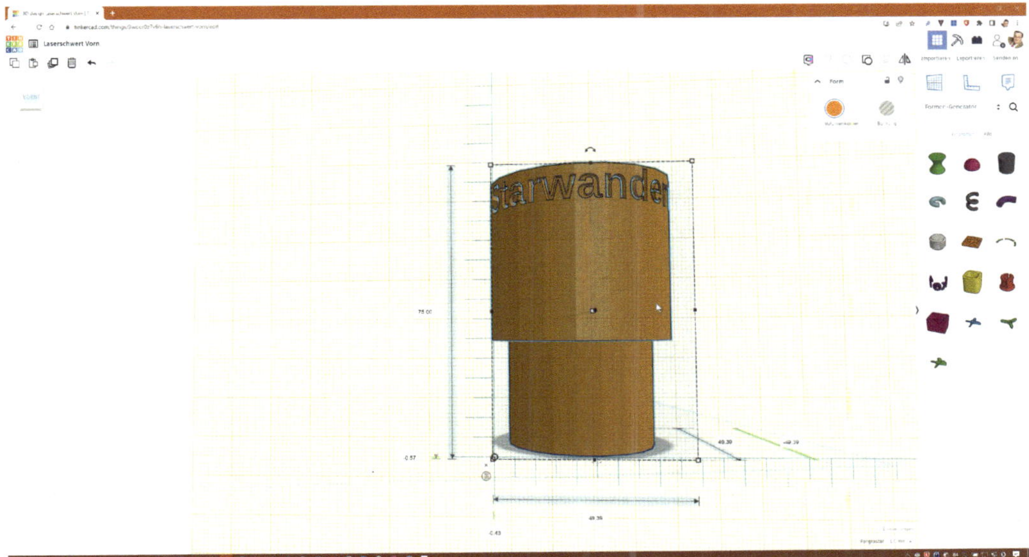

Bild 3.37 Richte das Modell am Lineal aus. Dazu stellst du den waagerechten Wert auf „0“.

Da wir wissen, dass der Zylinder 50 mm dick ist – in meinem Fall aus unerfindlichen Gründen 49,39 mm –, liegt die Mitte des Zylinders bei 25 mm (zum richtigen Positionieren musst du das Lineal auf *Mittelpunkt verwenden* einstellen). Nimm einen Zylinder aus der Bibliothek und setz ihn auf die Arbeitsfläche. Gib ihm den Durchmesser 12 und die Höhe 10. Wenn du das Modell nun von oben oder unten (bezogen auf die Hauptarbeitsebene) betrachtest, sitzt der Zylinder nur mit der Mitte auf dem Hauptteil auf. Der Hauptteil ist an dieser Stelle ja auch rund und hat keine ebene Oberfläche zur orangefarbenen Ebene hin (Bild 3.38).

Bild 3.38 Das starke Zoom zeigt es: Der kleine Zylinder sitzt nur mit einer Linie auf dem Hauptteil auf.

Um einen schönen Übergang zu erhalten, nutzen wir die Vorteile der booleschen Modellierung: Es ist egal, wie tief wir den kleinen Zylinder im großen Zylinder versenken, sobald beide Körper verschmolzen sind. Der orangefarbene Zylinder sollte nur nicht in den Innenraum des Rohrs ragen. Setz also die Höhe zur Arbeitsebene auf –9 mm. Der orangefarbene Zylinder sitzt nun sauber in der Rundung und erhebt sich an der tiefsten Stelle 1 mm über die Oberfläche.

HINWEIS: Aus unerfindlichen Gründen ändert Tinkercad bei mir manchmal Maße. Kontrolliere also ab und zu, ob noch alles stimmt.

Der eigentliche Knopf ist ein weiterer Zylinder mit einem Durchmesser von 10 mm und einer Höhe von 2 mm. Am besten ordnest du diesen zunächst konzentrisch mit dem 12-mm-Zylinder an, gruppierst die beiden Zylinder und setzt den gesamten Knopf dann wieder so, dass er sich auf einer 25 mm vom Lineal entfernten Position befindet. Setz den Knopf nun in der Senkrechten ungefähr auf 40 mm Höhe. Damit ist er fertig, und du kannst zur Hauptebene zurückkehren, indem du eine neue Arbeitsfläche auf die blaue Ebene wirfst (Bild 3.39).

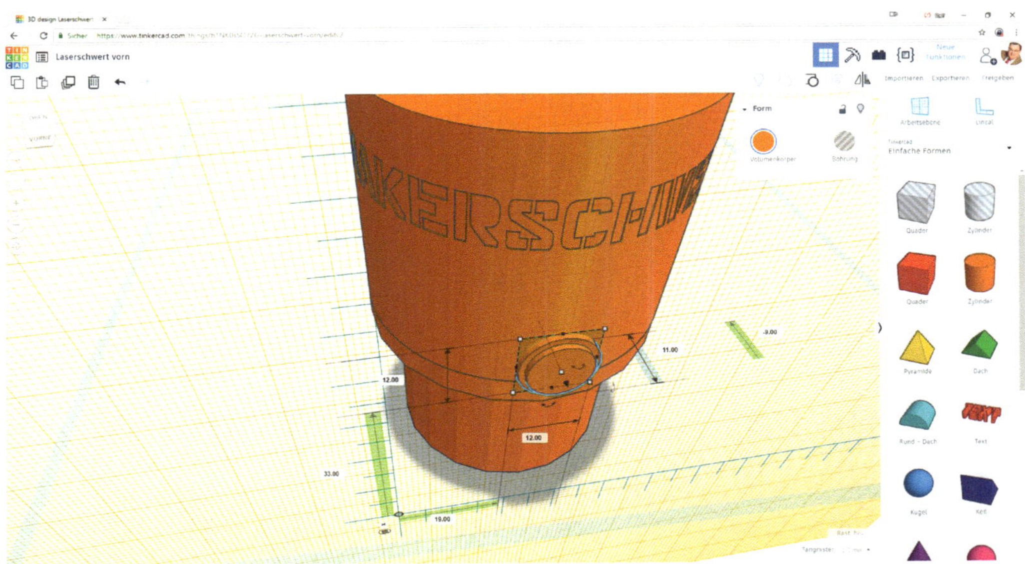

Bild 3.39 Du solltest immer wieder gruppieren, damit die Teile des Modells nicht aus Versehen verrutschen.

Nun erstellen wir die Verbindung zum vorderen Teil. Ich habe mich für die sehr interessant aussehende *Rohrverbindung* entschieden, die unter der Rubrik *Formen-Generator* zu finden ist (Bild 3.40). Dazu klickst du auf die Lupe rechts des Buttons *Formen-Generator* und suchst – ganz logisch – nach *tube joint*, um die rote „Shape“ *Rohrverbindung* zu finden – ganz offensichtlich ist in Tinkercad nur die Oberfläche übersetzt, nicht aber die Datenbank. Die Form hat die Anmutung eines Kühlkörpers, was ja irgendwie Sinn macht, denn der Laseremitter dürfte heiß werden.

Auch dieser Formgenerator bietet wieder einige Einstellungsoptionen. Stelle den inneren Radius auf 8 mm und den äußeren Radius auf 20 mm. Setz die Anzahl der Lamellen (Zangen) auf 10 mm und die Höhe auf 40 mm. Den Winkel belassen wir bei 30 Grad und die Dicke bei 30 mm. Denk daran, jede Eingabe eines Wertes mit der Enter-Taste zu bestätigen, sonst werden die Werte nicht angenommen. Das neue Bauteil setzt du in 75 mm Höhe wieder konzentrisch auf das orangefarbene Bauteil. Ich habe noch die Farbe auf Weiß gesetzt, das ist aber nicht notwendig.

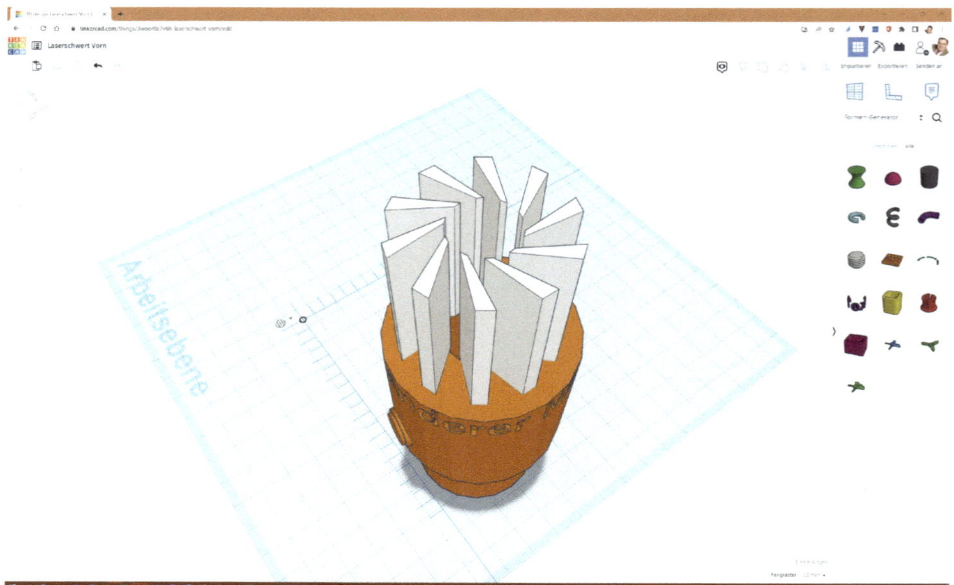

Bild 3.40 Eine interessante Form – das Tube Joint bildet die Verbindung zum Emitter.

Jetzt geht es in den Endspurt. Hole eine Halbkugel aus der Geometrie-Bibliothek und drehe sie um 180 Grad, damit die flache Seite nach oben zeigt. Der Durchmesser ist 45 mm und die Höhe 30 mm, wodurch ein Halbellipsoid entsteht. Eine zweite Halbkugel wird in gleicher Weise gedreht. Der Durchmesser beträgt hier 35 mm und die Höhe 20 mm. Diese Halbkugel machst du nun zur Bohrung und setzt sie 10 mm über die Ebene, damit die beiden flachen Seiten auf derselben Höhe liegen (Bild 3.41). Dann setzt du die beiden Halbkugeln konzentrisch zueinander und gruppierst sie – und fertig ist die Kristallfassung bzw. der Emitter!

Diese Form soll nun oben auf den Hauptteil aufgesetzt werden. Doch wie hoch muss der Emitter dafür sitzen? Für die Berechnung kannst du folgenden Trick anwenden: Markierst du das orangefarbene und das weiße Bauteil mit einer Auswahlbox, dann zeigt Tinkercad die Gesamthöhe von 115 mm an. Setz also den Emitter etwas höher, wobei immer die Emitterhöhe von 30 mm abgezogen werden muss. 115 mm – 30 mm = 85 mm ist die untere Höhe der Schale, wenn die Oberseiten von Schale und weißem Bauteil gleich hoch sind. Der Emitter soll etwas höher sitzen. Setz die Höhe über der Plattform deshalb auf 95 mm.

Nach Auswahl des Emitters müssen nun noch das Vorderteil und die Kühlrippen markiert werden. Mit der Shift-Taste und der gedrückten linken Maustaste kannst du eine Auswahlbox aufziehen, die beide Bauteile der Auswahl hinzufügt. Nun musst du noch ein letztes Mal feierlich den ALIGN-Befehl ausführen – und dann ist auch das dritte Teilstück des Lichtschwerts fertig (Bild 3.42).

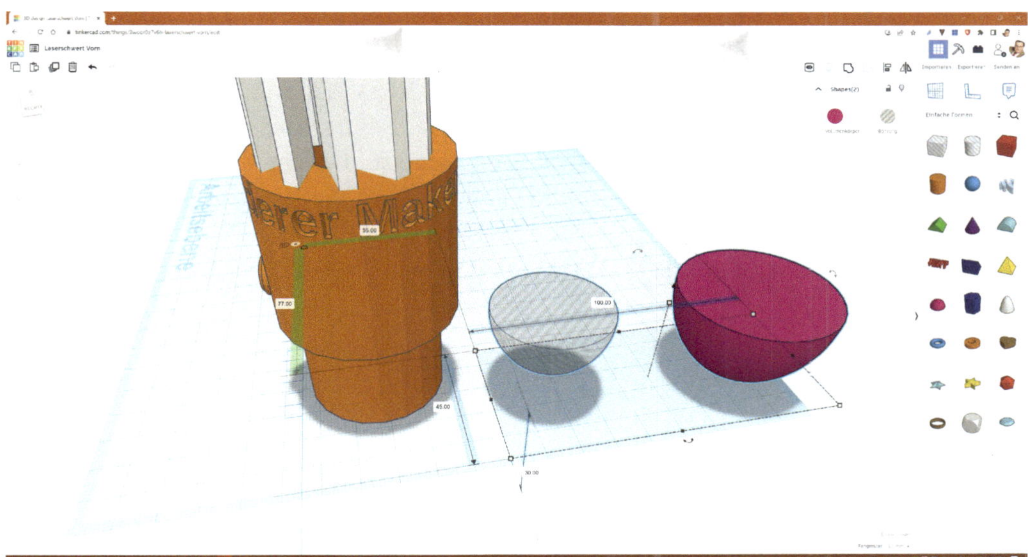

Bild 3.41 Der vordere Teil des Lichtschwerts ist fast fertig. Er muss nur noch zusammengesetzt werden.

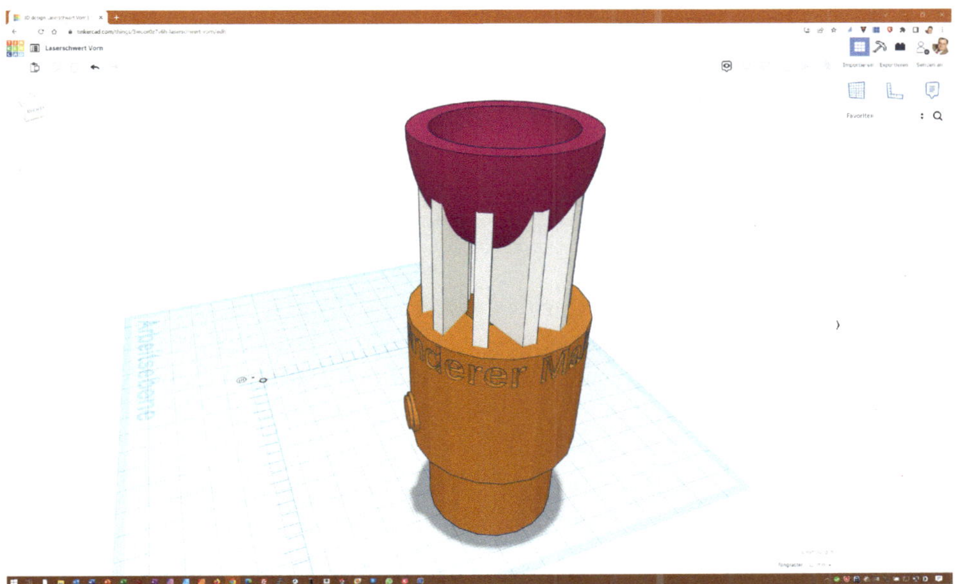

Bild 3.42 Geschafft! Auch der dritte Teil des Lichtschwerts ist nun fertig. Ein zweiter Blick zeigt jedoch, dass wir noch nachbessern müssen.

Doch sind wir wirklich schon fertig? Nein! Wenn man von oben in die Emitterhöhlung hineinschaut, ragen die Rippen des Kühlkörpers oben in die Schale und unten in die innere Höhlung des gelben Teils (Bild 3.43). Das war so nicht gewünscht! Außerdem fällt auf, dass das untere Ende des Emitterbechers in der Luft hängt, sodass das Bauteil ohne Stützstrukturen nicht zu drucken sein wird – und eine Stützstruktur ließe sich an dieser Stelle nur schwer wieder entfernen.

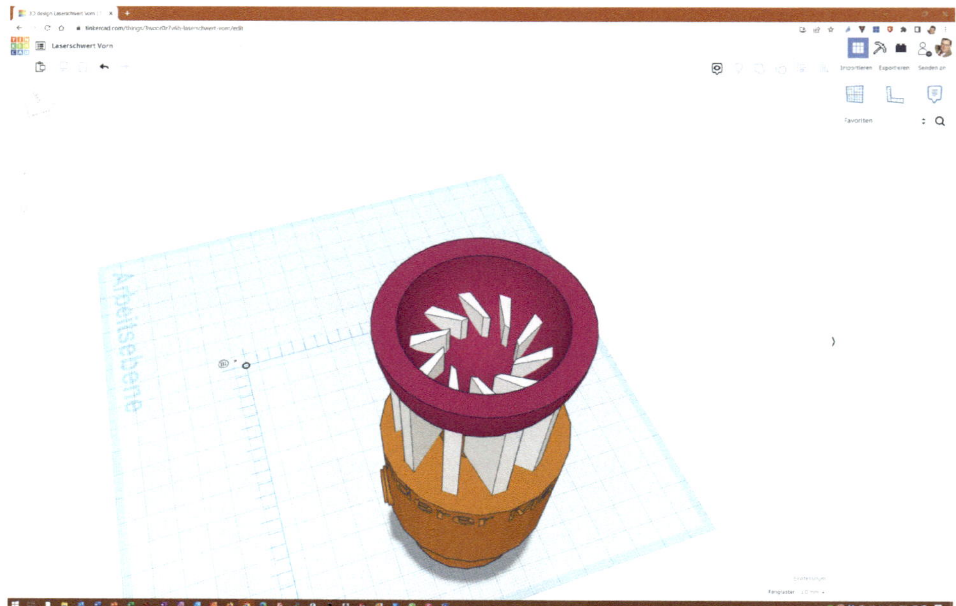

Bild 3.43 Doch nicht fertig! Die Kühlrippen ragen oben in den vorderen Becher und unten in den Innenraum. Ersteres sieht nicht schön aus, und das zweite Problem stört beim 3D-Druck.

Das erste Problem zeigt, dass es beim booleschen Modellieren eben doch auf die Reihenfolge ankommt, in der Elemente zusammengesetzt werden. Da wir zuerst den Hohlraum ausgeschnitten haben und dann den Becher auf den Kühlkörper stellten, berechnete Tinkercad die zweite Aktion als Verschmelzung und ließ richtigerweise die oberen Enden des Kühlkörpers stehen.

Anders ausgedrückt: Die Modellieraktionen werden von Tinkercad in einer bestimmten Reihenfolge ausgeführt. Es wurde zunächst die erste Halbkugel erzeugt und dann die zweite. Durch das Definieren von *Bohrung* erfolgte im nächsten Schritt die „Schneideaktion" bzw. die boolesche Subtraktion und danach das Kombinieren bzw. die Addition der Körper. Die Schneideaktion bezieht sich immer auf das, was gerade da ist – und die Kühlrippen waren zur Zeit des Schneidens an dieser Stelle nicht vorhanden. Um das richtige Ergebnis zu erhalten, müssen die Körper erst zusammengeführt und dann gemeinsam geschnitten werden.

Die Lösung ist ganz einfach: Man muss erst die gefüllte Halbkugel aufsetzen, dann verschmelzen Halbkugel und Kühlrippen in der Logik des booleschen Modellierens. Erst in einem zweiten Schritt wird die zweite Halbkugel aufgesetzt und zum Loch definiert. Dann schneidet Tinkercad mit der Form der kleinen Halbkugel die vorher verschmolzene Geometrie. Dazu musst du die innere Halbkugel nicht einmal bewegen. Löse die Gruppe mit Shift-Strg-G auf, markiere die innere Kugel und gib ihr eine beliebige Farbe, womit du die Schneideaktion rückgängig machst. Ich habe die innere Halbkugel vorher mit einer Höhe von 20,01 mm versehen, damit sie minimal aus der magentafarbenen größeren Halbkugel herausragt und besser angewählt werden kann. Markiere sie jetzt wieder und definiere sie als *Bohrung*. Am Ende muss noch das gesamte Modell gruppiert werden. Dann wird die Schneideaktion richtig berechnet und der Becher sieht aus, wie er soll. Aber das Gruppieren heben wir uns noch auf, bis wir das zweite Problem gelöst haben.

Das zweite Problem sind die nicht abgestützten Geometrieelemente. Klicke den Kühlkörper an und verstelle den *Tong angle* von 30 auf 0 Grad. Jetzt siehst du, dass der Becher in der Mitte frei nach unten hängt (Bild 3.44). Schneide in Gedanken das Modell waagerecht durch, und zwar genau auf der Höhe, auf der die Halbkugel beginnt. 3D-Drucker bauen die Teile schichtweise auf. Deshalb würde der Drucker an dieser Stelle versuchen, erst die Rippen zu drucken, was erfolgreich wäre, und dann den kleinen Punkt in der Mitte, der zum unteren Ende der Schale werden soll. Das geht nicht, denn der Punkt hängt frei in der Luft.

Bild 3.44 Ändert man den Winkel der Rippen auf 0 Grad, sieht man, dass die Mitte des Bechers frei nach unten hängt. So kann sie nicht ohne Stützen gedruckt werden.

Anstatt nun die gesamte Höhlung innen mit Stützmaterial zu füllen, bauen wir das Modell so um, dass die Halbkugel gestützt wird. Ändere den inneren Radius auf 1 mm, sodass das Modell innen praktisch komplett gefüllt ist. Es kann passieren, dass etwas Material abstürzt, aber das 1-mm-Loch kleistert der 3D-Drucker schnell zu. Allerdings siehst du jetzt auch, dass die unteren Enden der Rippen frei über der zentralen Höhlung hängen (Bild 3.45).

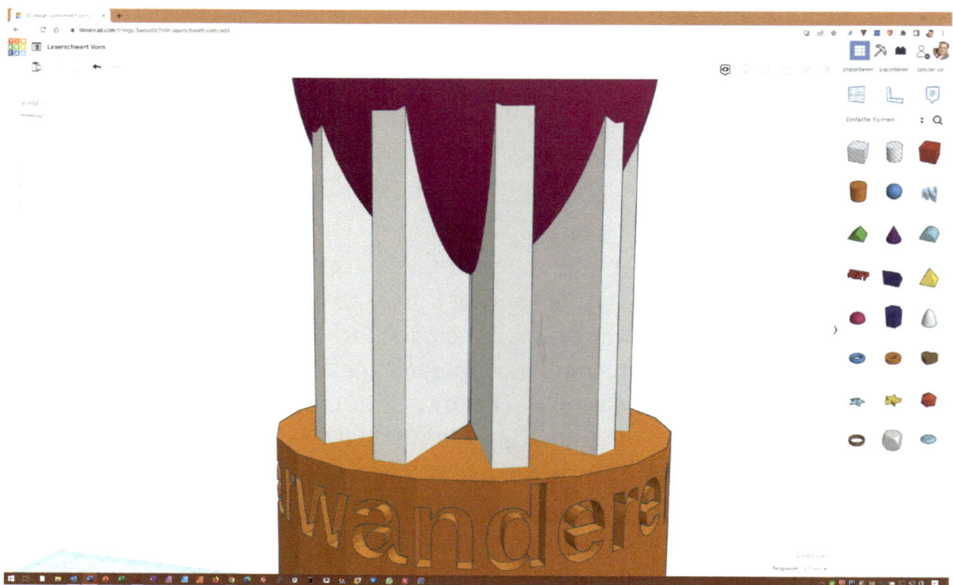

Bild 3.45 Oben hui, unten pfui! Oben ist der Becher abgestützt, dafür ragen die Rippen jetzt unten ins Leere.

Auch hier machen wir kurzen Prozess: Ziehe eine Arbeitsebene auf die Oberseite des orangefarbenen Rohrs. Dann fügst du mit einem Lineal einen Zylinder mit einem Durchmesser von 50 mm und einer Dicke von 1 mm hinzu. Mit dieser dünnen Scheibe verschließen wir nun die Öffnung und stützen damit die Rippen ab. Rundum geschlossene Löcher können 3D-Drucker nämlich durchaus schließen, indem sie den Faden in der Luft ziehen. Sie benötigen nur an beiden Enden des Lochs eine Basis, an der sie den Faden sozusagen ankleben können.

Beim Ausrichten des oberen Teils – den ich der Sicherheit wegen mitsamt der Scheibe gruppiert habe – mit dem unteren Teil fällt dir bestimmt auf, dass das nicht gelingt. Die Scheibe sitzt nicht genau auf dem Rohr, sondern ist leicht verschoben. Daran schuld ist der Einschaltknopf, denn Tinkercad benutzt nicht den Rand des Zylinders zum Ausrichten, sondern sozusagen den senkrechten Schattenwurf des Teils auf der Grundarbeitsfläche – und der Knopf schaut ja genau

2 mm seitlich heraus. Am einfachsten lässt sich dieses Problem lösen, indem du die Gruppe, die das untere Bauteil bildet, auflöst. Die Gruppenbildung geschieht hierarchisch und kann ebenso wieder abgebaut werden. Durch einmaliges GRUPPIERUNG AUFHEBEN zerfällt die Gruppe also in ihre Untergruppen. Eine davon ist der Knopf mit Umrandung, die andere Gruppe ist der ganze Rest. Markiere jetzt das orangefarbene Rohr und die obere Gruppe und führe den AUSRICHTEN-Befehl aus. Jetzt passt alles genau aufeinander. Der dritte Teil des Lichtschwerts ist nun fertig (Bild 3.46), und damit hast du auch dein erstes CAD-Projekt erfolgreich abgeschlossen. Herzlichen Glückwunsch!

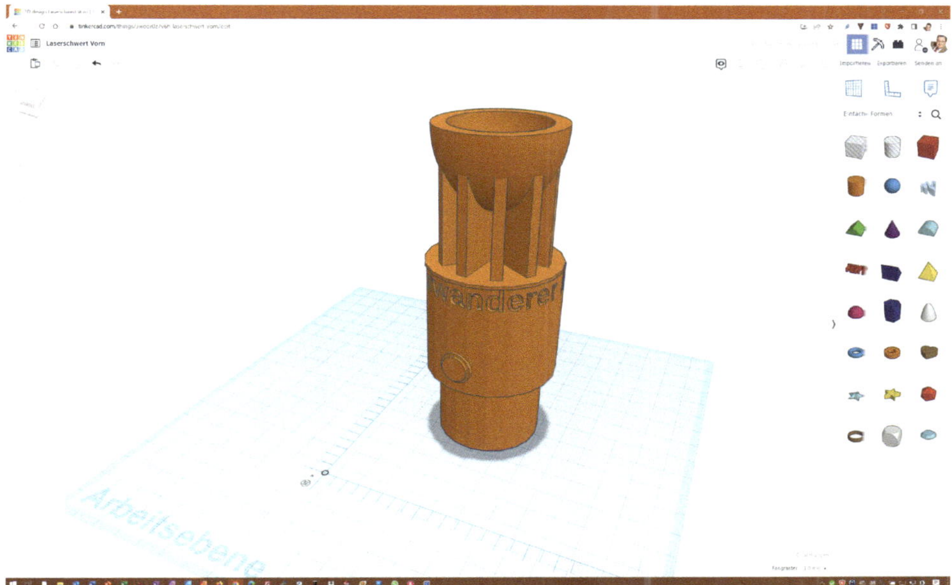

Bild 3.46 Nun entspricht das Modell unseren Vorstellungen, und dem Drucken steht nichts mehr im Weg.

Zum Abschluss erstellst du noch die STL-Datei, und dann können die Teile auch schon auf den 3D-Drucker geschickt werden. Beim Verkleben der Teile kannst du noch ein Gewicht ins hohle Innere des Schwerts einbauen, beispielsweise einen Rundstab aus Holz oder Metall. Dann liegt der Griff satter in der Hand.

Das Tinkercad-Modell zum Laserschwert-Projekt findest du unter *plus.hanser-fachbuch.de*.

Bild 3.47 Auf Tatooine gefunden oder doch selbst modelliert? Unser Laserschwert ist vom Original kaum zu unterscheiden.

3.8 Exkurs: Lego-Steine und Minecraft-Blöcke in Tinkercad erstellen

Tinkercad kann mehr, als STL-Daten für den 3D-Drucker zu liefern. Zwei Funktionen machen es möglich, das eigene in Tinkercad erzeugte 3D-Modell mit Lego-Steinen nachzubauen oder in die eigene Minecraft-Welt zu importieren. Letzteres war schon in früheren Versionen möglich. Dabei konnte sogar die Auflösung fast beliebig eingestellt werden. Dafür gibt es in der aktuellen Version eine Vorschau.

Das Grundproblem beider Modi ist das Basismaterial: Minecraft-Blöcke und (Basis-)Lego-Steine gibt es eben nur in Quaderform. Rundungen sowie feingliedrige und spitz zulaufende Geometrien lassen sich nur schwer nachbilden (Bild 3.48). Dafür bietet Tinkercad drei Auflösungsstufen an. Je feiner die Auflösung, desto genauer wird die Abbildung, desto größer wird aber auch das Modell. Die Blöcke und Steine haben ja eine feste Größe.

Deshalb sind relativ schlichte, grobe und flächige Strukturen am besten für die Umwandlung in Lego- oder Minecraft-Blöcke geeignet. Eine solche Struktur suchen wir nun im sogenannten *KATALOG* (Bild 3.49). Beim Katalog handelt es sich um die Sammlung der freigegebenen Geometrien aller Tinkercad-Nutzer. Ich habe dort ein nettes Modell eines Vespa-Rollers gefunden, an dem ich einen typischen Workflow demonstrieren möchte. Das Modell wird zu dem Zeitpunkt, an dem du dieses Buch in Händen hältst, im Katalog schon weit nach hinten gerückt sein, weil in der Zwischenzeit viele neue Designs veröffentlicht worden sein werden. Du findest das Modell jedoch mithilfe der Suchfunktion im Katalog. Suche nach dem Modell „Vespa Piaggio“ des Users „El Andrew“. Oder suche dir ein anderes, möglichst einfaches Modell aus dem Katalog aus. Ich erläutere die weiteren Schritte so allgemeingültig wie möglich.

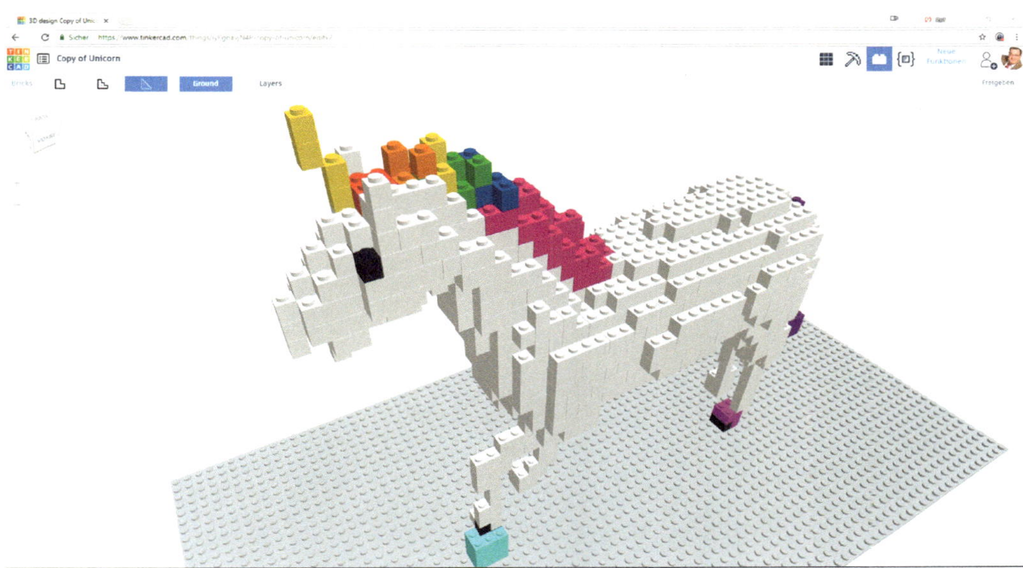

Bild 3.48 Das Einhorn aus dem Katalog zeigt es: Bei langen, dünnen Geometrien wie dem Horn versagt die Lego-Stein-Umsetzung.

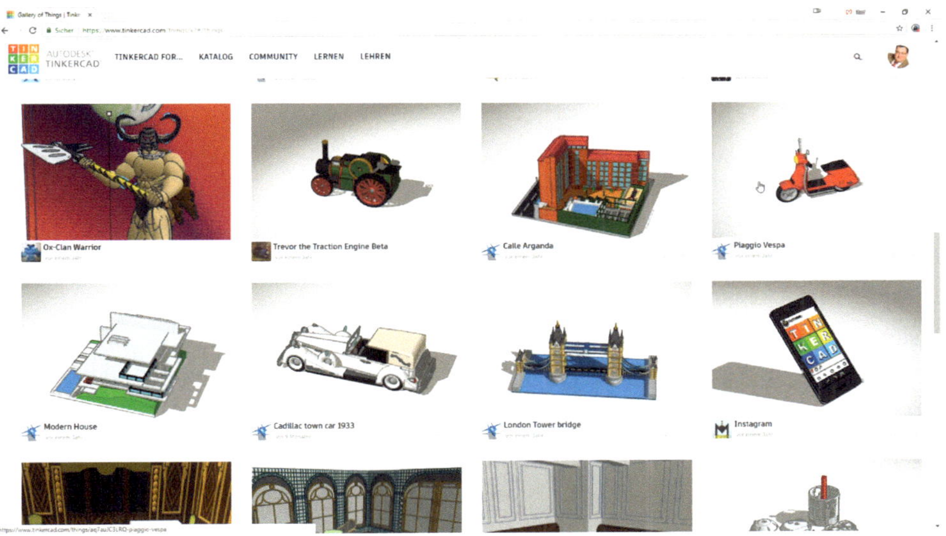

Bild 3.49 Im *KATALOG* stehen Tausende von Modellen anderer Nutzer zur Auswahl.

Klicke auf das Modell, das du dir ausgesucht hast. Nun öffnet sich ein ähnliches Fenster, wie wenn du eines deiner eigenen Designs öffnest. Statt DAS BEARBEITEN steht auf dem rechten blauen Button allerdings COPY AND TINKER (Bild 3.50). Ab sofort findest du das Modell jetzt als *Copy of Piaggio Vespa* in deinem Dashboard – außer du benennst es um. Ich habe mich für die Bezeichnung „Lego-Vespa“ entschieden.

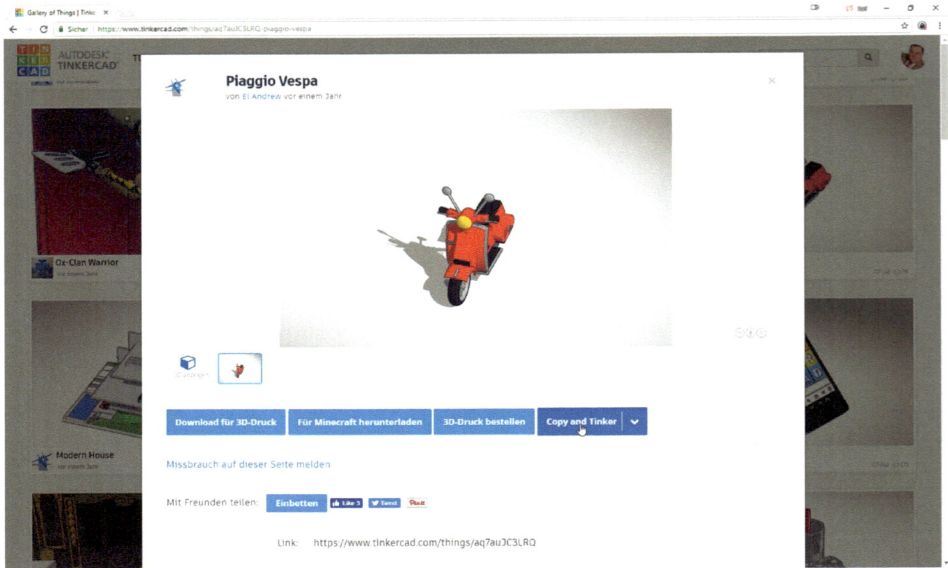

Bild 3.50 Mit Copy and Tinker erzeugst du eine Kopie eines Modells in deinem eigenen Dashboard.

Schauen wir uns das Modell nun einmal an. Es hat zwar viele Vespa-typische Rundungen, aber nur in einer Richtung. Die Außenflächen der Seitendeckel am Hinterrad stehen beispielsweise senkrecht. Das ist vorteilhaft für die Umsetzung, da die Software nicht zwei Rundungen gleichzeitig abbilden muss, sondern nur waagerechte und senkrechte Flächen berücksichtigen muss.

Probleme bereiten filigrane Details wie die Spiegel oder der schön modellierte Vorderachsaufbau mit der Federung, aber auch die Chromverzierung auf dem vorderen Kotflügel und der Vespa-Schriftzug auf dem Beinschild. Hier lohnt es sich, das Modell etwas abzuspecken, um ein schönes Ergebnis beim „Legofizieren“ zu erhalten.

Grundsätzlich gilt: Du kannst jederzeit vorwärts- und zurückgehen. Klicke also ruhig einmal den Button Bricks rechts oben an und schaue dir das Ergebnis der Umrechnung an. Sei jedoch nicht enttäuscht. Tinkercad rechnet beim Umschalten immer erst einmal in der groben Auflösung, in der die Vespa kaum zu erkennen ist (Bild 3.51).

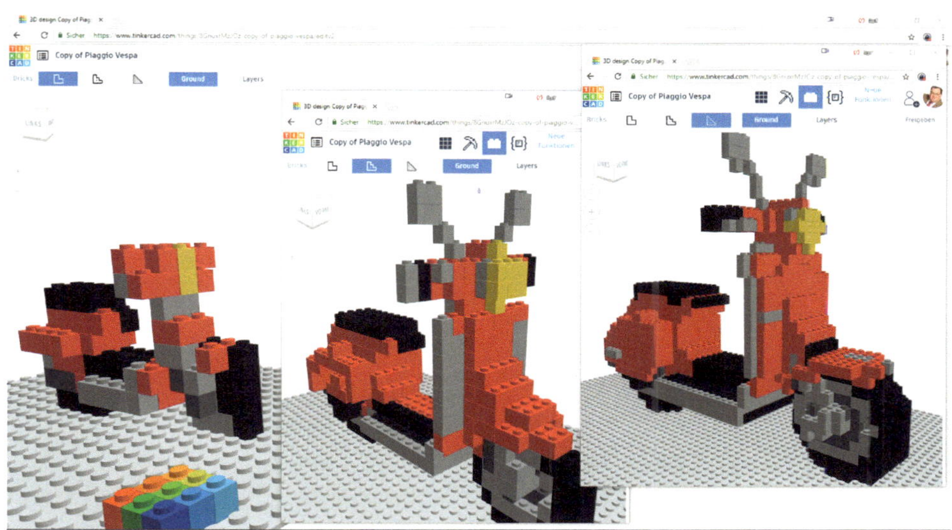

Bild 3.51 In der groben Auflösung (links) ist die Vespa kaum zu erkennen. In der mittleren Auflösung (Mitte) und der feinen Auflösung (rechts) lassen sich mehr Details darstellen.

Oben links unterhalb des Modellnamens findest du das BRICKS-Menü mit drei Schaltern zum Umschalten der Auflösung. Mit GROUND schaltest du die Grundplatte sichtbar. Hinter LAYERS befindet sich sozusagen die Bauanleitung. Wenn du auf diesen Button klickst, verschwindet das Modell bis auf die unterste Schicht der Lego-Steine und es taucht in der Mitte unten ein Menü auf, über das du die Lagen nacheinander einschalten kannst. Das ist sehr praktisch, wenn du das Modell tatsächlich nachbauen willst. Wundere dich nicht über graue Bausteine im Inneren. Tinkercad füllt Bereiche, die nicht sichtbar sind, mit grauen Steinen. Du kannst stattdessen natürlich jede Farbe verwenden, die du im Vorrat hast.

Dass diese Vorgehensweise sehr realistische Ergebnisse liefert, zeigen Fotos, die ich in der Autodesk Gallery in San Francisco geschossen habe. Dort sieht man, wie die Figuren hergestellt werden, die im Legoland zu sehen sind. Auch hier kommt eine Software zum Einsatz, die 3D-Geometrien in Lego-Steine umrechnet, sowie eine graue Struktur im Inneren (Bild 3.52 und Bild 3.53).

Beim ersten Umschalten haben wir die „Problemzonen" identifiziert. Diese wollen wir jetzt angehen und entschärfen. Lösche dazu die Spiegel. Diese bestehen aus je zwei Teilen: Spiegelgehäuse und Halter. Auch die Nase auf dem vorderen Kotflügel muss verschwinden. Markiere das gewünschte Teilstück und drücke die Entf-Taste. Ich habe auch den Vespa-Schriftzug am Beinschild und die weiteren Schriftzüge auf den hinteren „Backen" entfernt. Nun sieht das Lego-Modell schon ziemlich gut aus.

Bild 3.52 In der Autodesk Gallery in San Francisco sind Produkte zu sehen, die mithilfe von Autodesk-Software entstanden sind, z. B. der abgebildete Lego-Dinosaurier.

Bild 3.53 Der Blick ins Innere zeigt: Auch die Profis arbeiten mit grauen Strukturen im Innern der Figuren.

Nicht gefallen hat mir die Umsetzung der vorderen Felge des Vespa-Modells. Die Aussparungen der Felge führen zu seltsamen Ausbuchtungen im Lego-Modell (Bild 3.54). Wie bei den Schriftzügen hat das Modell an dieser Stelle zu kleine Details, die sich in Lego nicht umsetzen lassen. Hier kommt uns folgende Tinkercad-Eigenschaft zu Hilfe: Jeder der vielen Grundkörper, aus denen das 3D-Modell sich zusammensetzt, bleibt bestehen. Klickst du die Felge an, dann zeigt sich im Inspector, dass der Felgenstern aus dem Grundkörper „Zahnrad" besteht, bei dem sich der innere und äußere Radius sowie die Zahl und die Breite der Zähne ändern lassen.

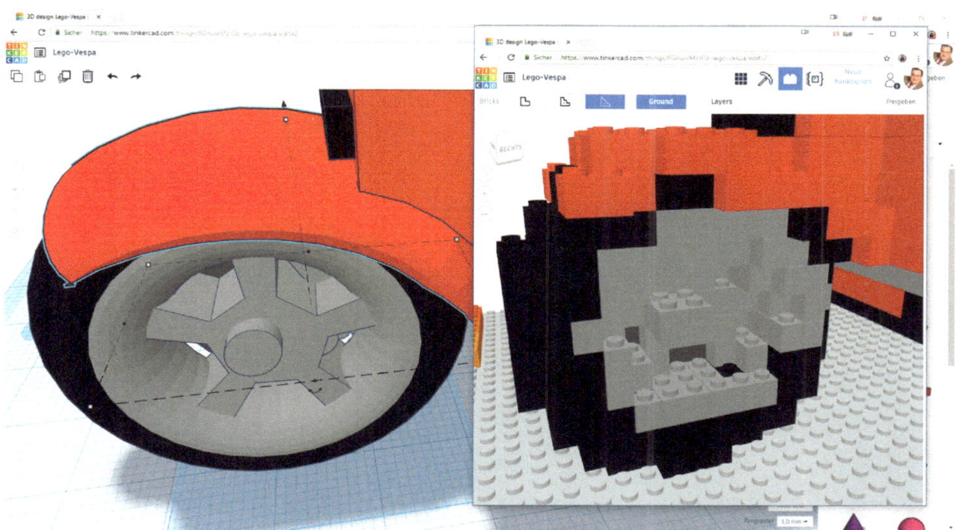

Bild 3.54 Der Felgenstern ergibt seltsame Formen im Lego-Modell.

Mit etwas Herumprobieren – du kannst jederzeit den Button RÜCKGÄNGIG benutzen – findest du schnell heraus, dass der innere Radius des Zahnrads hilfreich ist. Ziehst du den Regler für diesen Wert auf etwa 10, dann verschwinden die Zahnzwischenräume in der Felge und es entsteht eine runde Fläche anstelle der durchbrochenen Felge. Die Nabe stört noch, allerdings ist diese auch auf der anderen Seite sichtbar und bildet dort einen Teil der Aufhängung. Einfach löschen ist also keine Option. Klicke den Wellenstumpf an und schiebe ihn in die Felge hinein, bis er verschwindet. Beim nächsten Test zeigt sich, dass die Felge immer noch nicht schön aussieht. Ich habe die Fläche des Felgensterns etwas herausgezogen. Danach entstand eine sehr schöne, glatte Lego-Felge (Bild 3.55).

Auf der anderen Seite habe ich noch das äußerste ovale Schwingenteil gelöscht. Danach hatte ich ein wunderschönes Vespa-Modell vorliegen. Man darf allerdings nicht verschweigen, dass Tinkercad keine Rücksicht auf die statistische Verteilung der verschiedenen Lego-Steintypen nimmt und das Modell mit extrem vielen, eher seltenen Bausteinen aufbaut. Der typische Grundstein mit acht Noppen ist eher selten zu finden. Viel häufiger werden schmale Steine mit vier Noppen in Reihe oder Ähnliches verwendet. Zudem macht die Software immer wieder Fehler und positioniert Steine „in der Luft". Auf eine stabile Bauweise, bei der die Steine in den Lagen unterschiedlich miteinander verbunden werden, nimmt Tinkercad erst recht keine Rücksicht.

Deshalb habe ich die Layer-Darstellung der Vespa nur als Empfehlung verstanden und habe zwar die Außenkontur möglichst genau nachgebaut, die Aufteilung der Steine jedoch verändert – ganz nach dem Maker-Motto: „Eine Bedienungsanleitung ist kein Gesetz, sondern eher ein Denkanstoß." In jedem Fall hatten meine Kinder und ich sehr viel Spaß beim Zusammenbauen. Wir haben alle drei wieder neue Freude am gemeinsamen Lego-Bauen gefunden, und das ist doch das Wichtigste, oder?

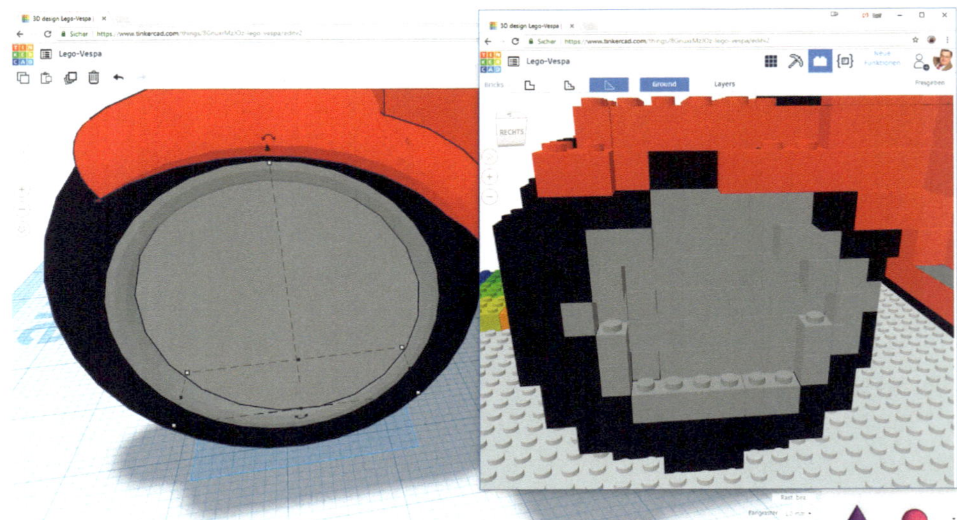

Bild 3.55 Die glatte Lego-Felge sieht doch gleich viel schöner aus, oder?

Bild 3.56 Die fertige Vespa – eine familiäre Gemeinschaftsproduktion auf Basis des Tinkercad-Modells

4 Wie die Großen: parametrische Konstruktion eines Bodenschoners mit FreeCAD

Die meisten Profi-CAD-Systeme sind historienbasierte, parametrische Systeme (siehe auch Kapitel 2). Die 3D-Geometrie dieser Systeme entsteht auf Basis von 2D-Skizzen. Das heißt, die Änderung der Skizze bewirkt auch eine Veränderung der 3D-Geometrie. Die Skizze wiederum wird über die in ihr definierten Maße gesteuert. Dies kann man unter anderem nutzen, um variable Geometrien zu erstellen, die sich sehr schnell anpassen lassen – optimalerweise sogar über eine Tabellenkalkulation. Genau das wollen wir nun einmal in FreeCAD versuchen.

Bei FreeCAD handelt es sich um das einzige echte Open-Source-System dieses Buches, das von Freiwilligen entwickelt wird. Du findest die Software unter *www.freecadweb.org* in der Download-Sektion. Die Installation verläuft unter Windows wie gewohnt.

FreeCAD basiert auf dem Open-Cascade-Geometriekern, der in den frühen 1990er-Jahren unter dem Namen CAS-CADE (Computer Aided Software for Computer Aided Design and Engineering) von Matra Datavision entwickelt wurde. 1999 verlagerte Matra Datavision seine Aktivitäten auf Services und schloss seine Softwareentwicklungsabteilung. Der Geometriekern wurde im Zuge dieser Entwicklung als Open Source freigegeben.

FreeCAD basiert also auf einem durchaus mächtigen, professionellen Kern. Doch Geometriekerne stellen nur die mathematische Basis für die 3D-Modellierung zur Verfügung. Die Modellierungsfunktionen, die der Anwender benutzt, nutzen dann diese Kernalgorithmen, um Geometrie zu berechnen und darzustellen. Sämtliche Funktionen des Programms wurden von Freiwilligen entwickelt, was dazu führt, dass der Funktionsumfang von FreeCAD einerseits sehr breit angelegt ist, jedoch oft grundlegende Features innerhalb dieser Funktionen fehlen. Da die Weiterentwicklung vom Fleiß und von der zur Verfügung stehenden Zeit der jeweiligen Entwickler abhängt, kann diese Entwicklung stürmisch oder auch sehr langsam verlaufen. Zudem wird die Entwicklung nicht so stringent (wenn überhaupt) koordiniert wie bei einem kommerziellen System. Zum Beispiel wurde die Funktion, mit der sich Formeln als Maßwerte eintragen lassen, auf denen dieses Kapitel basiert, erst mit Version 0.16 eingeführt, d.h. während der Recherchen für die erste Ausgabe dieses Buchs. Inzwischen ist FreeCAD in der Version 0.20 verfügbar, deshalb nutzen wir in der dritten Auflage von „CAD für Maker“ natürlich die zum Zeitpunkt der Überarbeitung neueste Version für das in diesem Kapitel vorgestellte Projekt.

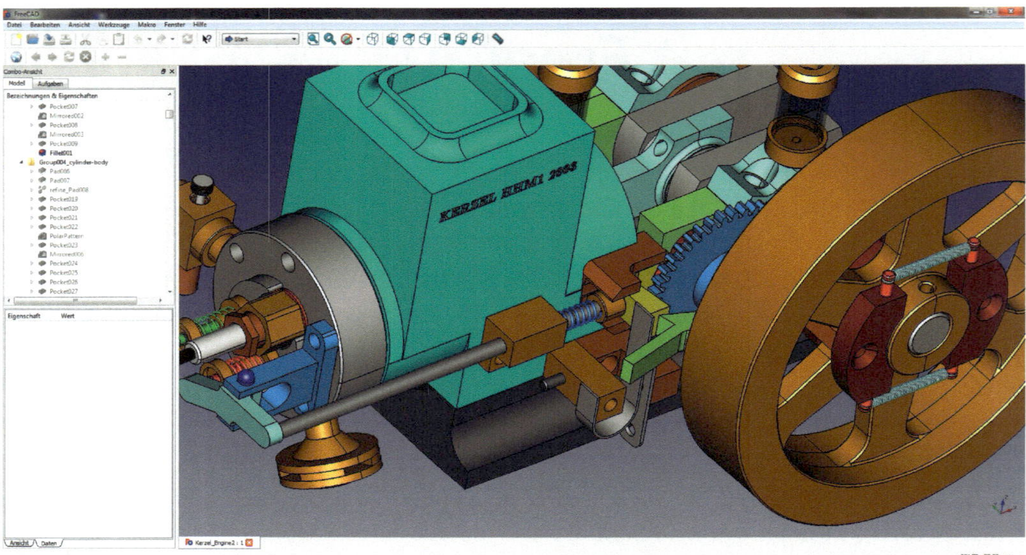

Bild 4.1 FreeCAD eignet sich durchaus für komplexe Projekte wie diesen Motor des FreeCAD-Forum-Users ppemawm.

Die Feature-Liste von FreeCAD ist beeindruckend. Sie reicht von einer breiten Palette von Datenformaten für Import und Export über eine Robotersimulation und ein Rendering-Modul bis hin zu einem Architekturmodus. Allerdings zeigt sich auch hier, dass Funktionalitäten wie der Zeichnungsmodus oder das Rendering erst rudimentär umgesetzt sind. Inzwischen hat es auch eine CAM-Workbench in die offizielle Version geschafft, die ganz vielversprechend aussieht.

Für das Erstellen von Baugruppen existieren aktuell mehrere verschiedene Workbenches oder Add-ons, die ständig weiterentwickelt werden. Diese sind alle nicht Bestandteil der offiziellen FreeCAD-Version – das Problem ist: Hat man sich für eines der aktuellen Baugruppenmodule A2plus, Assembly3 oder Assembly4 entschieden, kann man innerhalb einer Datei nicht mehr in eines der anderen Module wechseln und muss dafür die Baugruppe neu erstellen. Immerhin ist inzwischen ein hierarchisches Baugruppensystem möglich, also mehrere Bauteildateien, die in einer weiteren Baugruppendatei referenziert und zusammengebaut werden. Das wiederum ist die heute übliche Vorgehensweise, weil so unter anderem Bauteile in verschiedenen Baugruppen mehrmals verwendet werden können.

Alle Objekte in FreeCAD sind parametrisch, das bedeutet, dass die Objekteigenschaften verändert werden können und von außen zugänglich sind. „Von außen zugänglich" bedeutet in diesem Fall, dass die Eigenschaften über eine Python-Programmierung bearbeitet werden können. FreeCAD hat beispielsweise eine integrierte Tabellenfunktion, die Eigenschaften von Objekten ändern kann. Professionelle CAD-Pakete wie SolidWorks stellen Parameter über die VBA-Schnittstelle zur Verfügung und können so beispielsweise direkt mit Excel zusammenarbeiten.

Für Programmierer ist FreeCAD also eine Fundgrube, da mit C++, aber auch mit Python oder einfach mit Makros auf die gesamte Funktionspalette zugegriffen werden kann. ■

■ 4.1 Das Projekt: ein Bodenschoner für Biertischfüße

Ich habe es ja schon vorweggeschickt: Wir wollen uns bei der Beschäftigung mit der Software FreeCAD hauptsächlich auf die parametrische Konstruktion und die Steuerung von 3D-Objekten aus einer Tabelle heraus konzentrieren. Denn das ist für mich eines der mächtigsten Konzepte der 3D-CAD-Modellierung im Allgemeinen. Ich erstelle eine Geometrie ein einziges Mal und nutze statt fester Maße Variablen, die ich (fast) beliebig ändern kann, woraufhin sich auch die Geometrie verändert. So lassen sich beliebige Varianten eines Bauteils erzeugen, indem man die jeweils benötigten Werte eingibt. Dies beschleunigt die Konstruktionsarbeit, sodass wir schneller mit dem Bauen unserer DIY-Objekte loslegen können. Klingt gut, oder?

Gesteuerte Objekte sind im CAD-System so etwas wie der Textbaustein in der Textverarbeitung, den man einfügt und dann nur noch an wenigen Stellen anpasst. Gesteuerte Objekte lassen sich in Bibliotheken sammeln, beispielsweise in Normteilbibliotheken. Dort wird nicht jede Schraube einzeln modelliert, sondern es gibt ein Grund-3D-Modell, während die tatsächlichen Dimensionen in einer Tabelle hinterlegt werden, die in diesem Fall nur die tatsächlich existierenden Werte enthält. ■

Das wollen wir nun mal anhand eines Projekts praktisch erproben, und zwar werden wir ein 3D-Modell für universelle Bodenschoner erstellen, die man zum Schutz des Bodens an Biertischgarnituren einsetzen kann (Bild 4.2).

Ich habe diese Schoner bei einem Familienfest gesehen und war sofort begeistert! Du hast doch sicher auch schon mal eine solche Klappgarnitur ausgeliehen, um mehr Sitzplätze auf einer Party zu haben, oder? Um nicht den Ärger des Vermieters auf sich zu ziehen, muss man die Tischfüße mit Tape oder Pappe polstern, wenn man die Garnituren in der Wohnung benutzt, damit beispielsweise das Parkett nicht zerkratzt wird. Solch ein Bodenschoner ist da deutlich komfortabler.

Bild 4.2 Eine tolle Idee: der Bodenschoner für Biertischfüße. Doch leider sind Biertische unterschiedlicher, als man denkt ...

Die Schoner lassen sich einfach auf die Tischfüße aufklipsen und sind entweder aus Kunststoff, der den Boden nicht beschädigt, oder bieten Platz zum Aufkleben von Filzgleitern. Das Problem: Biertischgarnituren sind nicht genormt. Die Abmessungen der Blechwinkel, aus denen der Fuß besteht, sind immer anders.

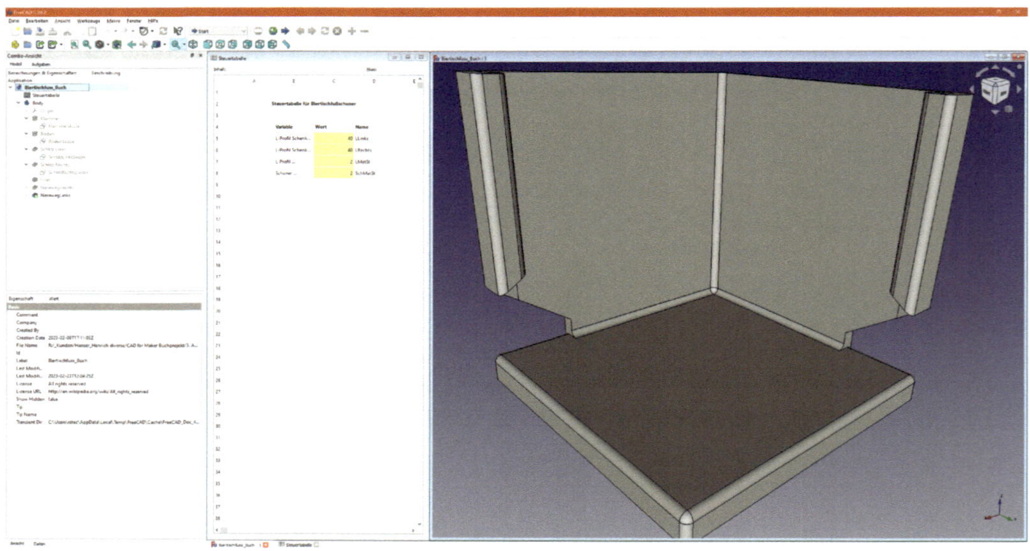

Bild 4.3 Voilà! Links neben dem Modell siehst du die Felder der Steuertabelle, mit denen sich die Schoner anpassen lassen.

Da wäre es doch mehr als praktisch, wenn man ein bereits vorliegendes 3D-Modell hätte, das man einfach nur mit den wichtigsten Abmessungen füttern müsste, um sofort STL-Daten zu erhalten, mit denen man individuell passende Bodenschoner für die genutzte Bierbank 3D-drucken könnte, oder nicht? Ein solches Modell zu erstellen ist das Ziel dieses Projekts (Bild 4.3).

4.2 Workbenches & Co.: Einführung in die FreeCAD-Benutzeroberfläche

Das FreeCAD-Interface ist in Workbenches organisiert. Die deutsche Übersetzung von Workbench lautet Werkbank, und die Idee dahinter ist die eines Handwerksbetriebs. In einem solchen Betrieb steht beispielsweise eine Werkbank für Blecharbeiten und eine für die Bearbeitung von Holz, eine andere ist zum Schweißen ausgestattet. Jeder dieser Arbeitsplätze ist mit den für die jeweilige Bearbeitung notwendigen Werkzeugen ausgestattet. Daneben gibt es noch eine Reihe von allgemeinen Werkzeugen, wie Hammer oder Schraubenzieher, die an allen Werkbänken benutzt werden und die einzelne Mitarbeiter beispielsweise im eigenen Rollwagen an den jeweiligen Arbeitsplatz mitnehmen.

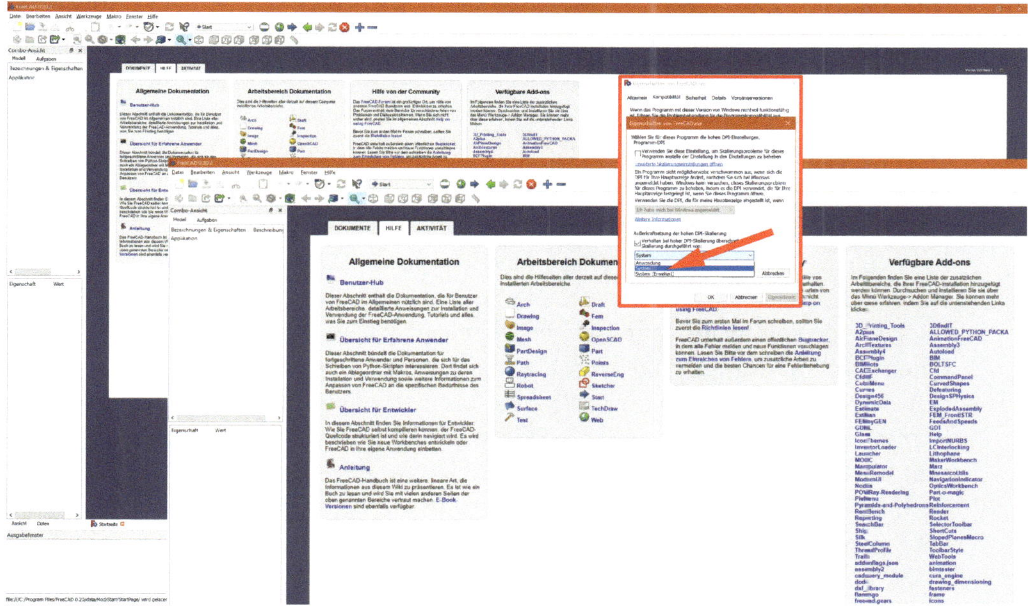

Bild 4.4 In den Kompatibilitätseinstellungen von *FreeCAD.exe* lässt sich die Displayskalierung anpassen.

Auf einem hochauflösenden Monitor, etwa mit 4K-Display, sind Schriften und Symbole anfangs kaum zu lesen, weil sie extrem klein dargestellt werden. FreeCAD ignoriert leider die Displayskalierung, die man nach einem Rechtsklick auf den Bildschirmhintergrund unter *Anzeigeeinstellungen* für Windows insgesamt einstellt. Um dies zu ändern, geh ins Installationsverzeichnis (bei mir *C:\Program Files\FreeCAD 0.20\bin*) und öffne mit einem Rechtsklick die Kompatibilitätseinstellungen von *FreeCAD.exe*. Stelle dort unter *Außerkraftsetzen der hohen DPI-Skalierung*, wie in Bild 4.4 zu sehen, die Skalierung auf *System*. Klicke jetzt mehrfach OK und starte FreeCAD neu – die Augen freuen sich. ■

So ist auch die FreeCAD-Oberfläche bzw. die Menüleiste organisiert. Die ersten Buttons oben links in der Menüleiste stellen die allgemeinen Werkzeuge dar: Neues Dokument, Laden, Speichern – diese Funktionen werden immer benötigt. Gleiches gilt für die Buttons zum Ausschneiden, Kopieren und Einfügen, den Undo/Redo-Button sowie die Option zum Neuberechnen des Modells und die Hilfe.

Als Nächstes folgt das Workbench-Auswahlmenü in der obersten Reihe. Darauf gehen wir in einem Augenblick ein. Wir wollen erst einmal die allgemeinen Werkzeuge durchgehen. Zu diesen zählt die letzte Leiste in der oberen Reihe: der *Makrorekorder*, mit dessen Hilfe sich Abläufe automatisieren lassen. Übrigens: Wenn du eine oder mehrere dieser Leisten nicht sehen möchtest, kannst du sie unter *Ansicht/Symbolleisten* ausschalten. Die zweite Reihe von oben enthält die Navigationsleiste und die Bedienelemente des integrierten Webbrowsers sowie *Structure*. Zusätzlich werden hier die Workbench-Icons eingeblendet. Ich empfehle dir, die Makroleiste abzuschalten und die Navigations- sowie Webleiste in die obere Leiste zu ziehen. Dann ist die untere Reihe frei für die Iconleiste der aktuellen Workbench, und die Aufteilung ist klarer.

Kommen wir nun zum zentralen Punkt der FreeCAD-Oberfläche: den Workbenches. Eine Workbench ist eine Sammlung von Werkzeugen für eine bestimmte Aufgabe, beispielsweise für Skizzen oder die Arbeit mit Gitterdaten (etwa STL-Daten). Du kannst jederzeit zwischen Workbenches wechseln, ohne dass das Modell sich verändert – und tatsächlich ist das die typische Arbeitsweise: erst in der Skizzen-Workbench (*Sketcher*) die Skizze des Bauteils erstellen, dann ins *Part Design* wechseln und ein 3D-Modell aus der Skizze erstellen. Workbenches können auch aufeinander aufbauen. So nutzt die *Part Design*-Workbench zum Skizzieren die *Sketcher*-Workbench.

Wenn du das Workbench-Ausklappmenü öffnest, wird eine umfangreiche Liste sichtbar (Bild 4.5). Zum Glück sind nicht alle davon für uns wichtig. Interessant ist unter anderem *Draft*, ein 2D-CAD-System mit Zeichenwerkzeugen und *Snap*-Funktion, also beispielsweise zum Einrasten eines Linienendes an anderen Linienenden.

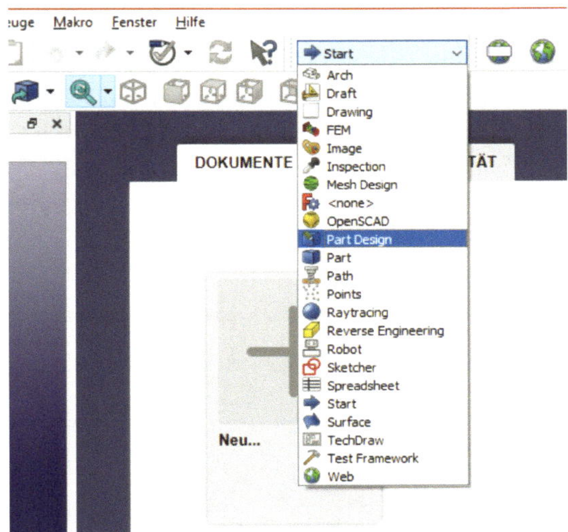

Bild 4.5 Das Workbench-Auswahlmenü bietet Zugriff auf die verschiedenen Workbenches.

Wir werden für die Biertischklipse vier Workbenches benutzen: *Sketcher*, *Part Design*, *Part* und *Spreadsheet*. *Sketcher* ist ein Modul, mit dem sich parametrische Skizzen erstellen lassen. Parametrisch bedeutet in diesem Fall, dass sich die erstellten Skizzen steuern lassen, indem man Maße anbringt und deren Wert definiert. Ändert man beispielsweise einen Abstand von 100 auf 200 mm, ändert sich auch die Skizze entsprechend. Diese Maße nennt man dimensionale Constraints (engl. für Bedingung). Zudem existieren geometrische Constraints, die man einem oder mehreren Skizzenelementen zuordnen kann (beispielsweise *senkrecht*, *parallel*, *konzentrisch* oder *symmetrisch*). Mithilfe dieser Constraints definiert man die Skizze so lange, bis sie keine Freiheitsgrade mehr hat.

Die Workbench-Philosophie ist übrigens auch verantwortlich für ein auf den ersten Blick seltsam anmutendes Verhalten von FreeCAD: Wenn du eine gespeicherte Datei öffnest, sind die enthaltenen Geometrieelemente nur in Weiß und ohne Maße sichtbar. Das kommt daher, das FreeCAD in diesem Moment noch gar nicht weiß, mit welcher Workbench du weiterarbeiten möchtest. Klicke irgendein Element an und geh dann im Menü auf BEARBEITEN > BEARBEITUNGSMODUS UMSCHALTEN. Dann schaltet FreeCAD in den Bearbeitungsmodus jener Workbench, mit der das Element erstellt wurde.

Der Freiheitsgrad (Degree of Freedom, DOF) definiert, welche Bewegungen ein Geometrieelement, beispielsweise eine Linie, machen kann. Da eine Skizze stets auf einer Ebene liegt, sind zwei Freiheitsgrade (verschieben sowie verdrehen quer zur Skizzenebene) immer festgelegt. Auf der Skizzenebene kann man die Linie jedoch bewegen. Man kann sie horizontal oder vertikal verschieben, man kann ihre Länge verändern und oder sie in der Skizzenebene drehen.

Ziel ist es, alle Freiheitsgrade zu entfernen. Dann ist die Skizze voll bestimmt und kann nicht mehr verändert werden, ohne einen Constraint zu ändern. Man legt beispielsweise den Beginn der Linie in den Koordinatenursprung und legt einen Winkel zur X-Achse fest. Dann kann aber immer noch die Länge der Linie geändert werden, also braucht man auch hier ein Maß, das die Linienlänge festlegt, oder einen geometrischen Constraint, der beispielsweise *deckungsgleich* mit einem anderen Linienende ist (Bild 4.6).

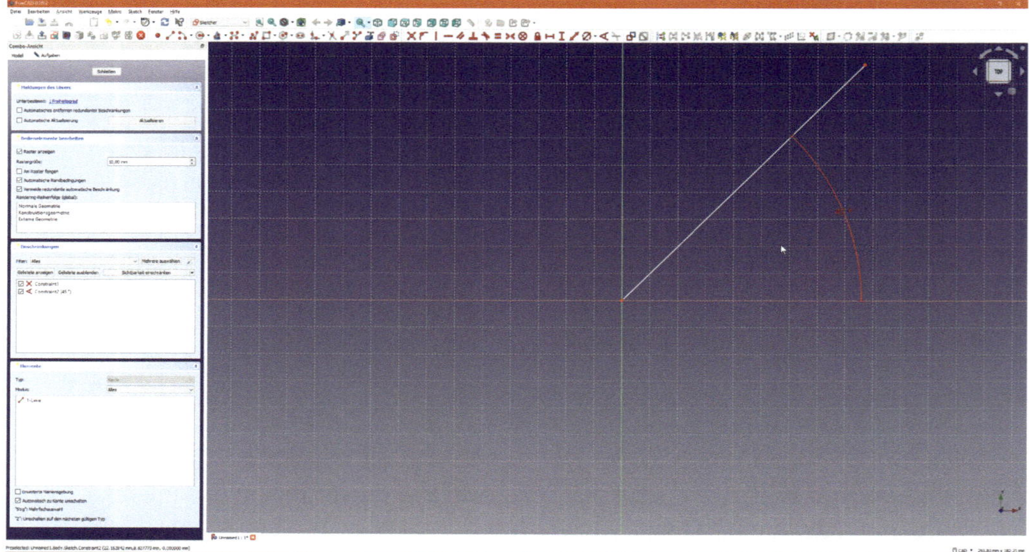

Bild 4.6 In der Mitte der Seitenleiste zeigt FreeCAD an, dass ein Linienende mit dem Ursprung verknüpft und zudem der Winkel definiert ist. Oben zeigt die Software an, dass noch ein Freiheitsgrad vorhanden ist – und zwar die Länge der Linie.

FreeCAD zeigt durch die Farbe der Geometrie an, ob sie voll bestimmt ist. Die ursprünglich weiße Linie wird hellgrün, sobald alle Freiheitsgrade entfernt sind (Bild 4.7). Berührt man ein Objekt, färbt sich dieses gelb. Klickt man auf das Objekt, färbt es sich dunkelgrün und zeigt somit, dass es aktiviert ist und die nächste Operation auf dieses Element wirkt (wichtig bei Mehrfachauswahl).

Leider sind Hellgrün (voll bestimmt) und Dunkelgrün (aktiviert) je nach Monitor kaum auseinanderzuhalten. Wir werden deshalb zunächst die Farben umdefinieren. Geh dazu im Menü Bearbeiten in die Einstellungen und im sich öffnenden Fenster auf *Anzeige*. Auf der dritten Registerkarte *Farben* definiert der zweite Eintrag *Hervorhebung von Auswahl aktivieren* die Auswahlfarbe. Klickst du in das Farbfeld hinter dem Text, kannst du eine neue Farbe für ausgewählte Geometrie definieren (Bild 4.8). Ich habe ein fieses Hellblau/Türkis gewählt, das sich gut erkennen lässt.

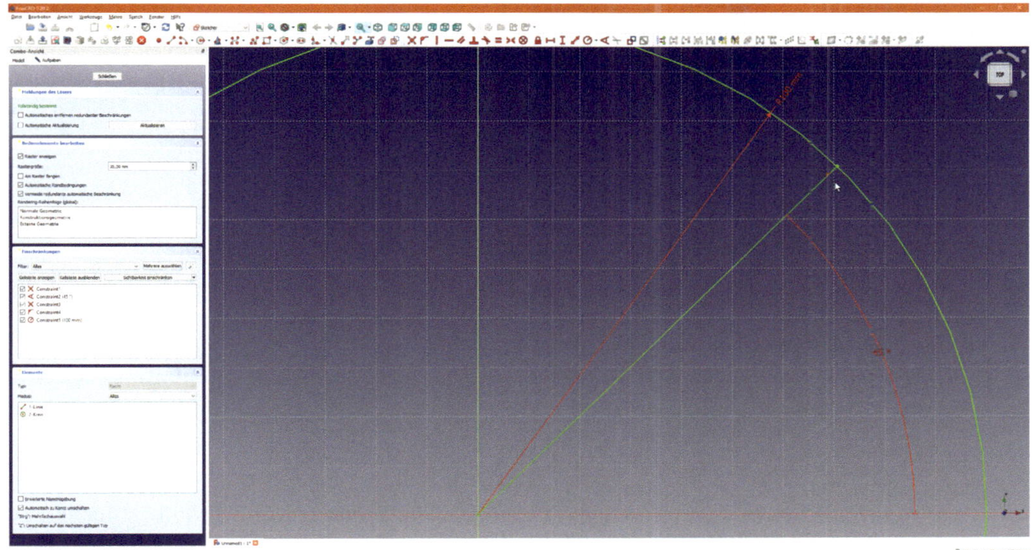

Bild 4.7 Vollständig eingeschränkt: Da der Kreis voll definiert und das Linienende mit dem Kreis verknüpft ist, ist auch die Länge der Linie jetzt festgelegt. Die Skizze wird daraufhin hellgrün.

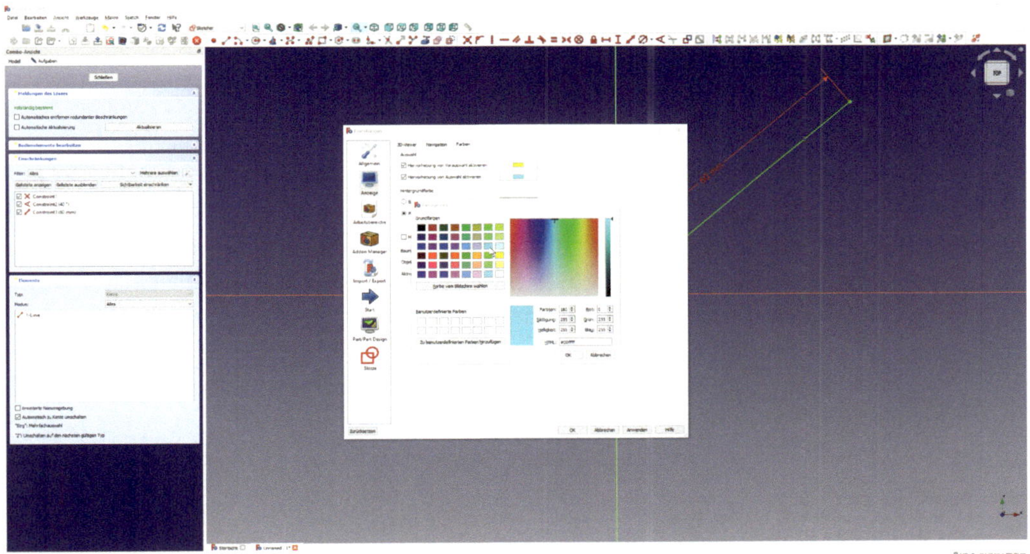

Bild 4.8 In den Einstellungen lassen sich die Farben der Benutzeroberfläche definieren (in diesem Fall für markierte Geometrie).

TIPP: Screenshots aus CAD-Systemen zeigen oft, dass Konstrukteure Geometrieelemente in grellen Farben einfärben. Das sieht zwar sehr unrealistisch aus, erleichtert aber die Arbeit, weil die Elemente einfacher zu unterscheiden sind.

4.3 Erste Schritte in FreeCAD: das Skizzierwerkzeug

Wir erzeugen nun genau die Skizze, an der ich eben die Freiheitsgrade erklärt habe. Klicke auf dem Startbildschirm auf das Icon NEU... in der oberen Leiste, um ein neues Bauteil zu erzeugen. Stelle sicher, dass die Workbench *Part Design* ausgewählt ist. Die Part-Design-Workbench besteht aus mehreren Menüleisten: *Helfer*, *Modellierung* und *Messen*. Wir beginnen in der *Helfer*-Leiste mit dem Icon SKIZZE ERSTELLEN, woraufhin sich ein Fenster öffnet, in dem die Arbeitsebene definiert wird.

Die *XY*-Ebene (oben), *XZ*-Ebene (vorn) und *YZ*-Ebene (rechts) werden in Blau im Hauptfenster angezeigt. Bei FreeCAD steht die *Z*-Achse nach oben, also werden FreeCAD-Modelle im 3D-Druckprogramm auf Anhieb in der richtigen Orientierung angezeigt. Zusätzlich lassen sich in diesem Dialog vorhandene Ebenen referenzieren, das macht aber hier keinen Sinn. Wir wählen einfach mal die *X*- und die *Y*-Achse – was aktuell ebenfalls irrelevant ist.

Nun erscheinen die beiden Achsen mit dem Koordinatenursprung in der Mitte. Der Abstand des Rasters beträgt in der Grundeinstellung 10 mm. Das lässt sich für alle Skizzen in den Einstellungen ändern. In der aktuellen Skizze kannst du in der Aufgabenspalte links den Bereich *Bedienelemente bearbeiten* öffnen und dort das Raster ein- oder ausblenden, die Rasterweite ändern oder den *Fang* einschalten. Im Augenblick belassen wir die Einstellungen auf 10 mm und schalten den *Fang* ein.

Der *Fang* (oder auch *Objektfang*) ist eine Funktion, die das Positionieren von Elementen vereinfacht. Wenn man beispielsweise eine Linie positioniert, springt das Linienende, sobald man einer Rasterlinie oder -kreuzung näher kommt, auf diese Punkte. So ist es einfacher, beispielsweise eine 20 mm lange Linie zu definieren. Ohne *Fang* könnte die Linie auch 19,999 oder 20,01 mm lang sein. Die etwas hölzerne Übersetzung stammt aus dem 2D-Programm AutoCAD.

Inzwischen hat sich auch die *Sketcher*-Menüleiste aktiviert, und es stehen verschiedene Geometrieelemente zur Auswahl – von Punkt und Linie über Kreis und Kreissegmente bis hin zu Vielecken. Wir starten mit einem Kreis, den wir über den Mittelpunkt und einen Punkt auf dem Kreisbogen definieren. Klicke auf das

Kreissymbol und dann in den Koordinatenursprung, um den Mittelpunkt zu setzen. Mit dem Anwählen des Kreiswerkzeugs erscheint am Mauszeiger das Symbol dieses Werkzeugs. Dies zeigt, ob und welches Werkzeug aktuell aktiv ist.

Beim Annähern an eine der Achsen erscheint eine rote, gebogene Linie mit einem Punkt darauf. Dies ist das FreeCAD-Symbol für den geometrischen Constraint *Punkt auf Objekt*. Klickt man jetzt, lässt sich der Mittelpunkt des Kreises beliebig auf der Achse verschieben, wird diese jedoch nie verlassen.

Nähert man sich dem Ursprung, taucht ein Punktsymbol auf, das den Constraint *Koinzident*, also *Deckungsgleich*, repräsentiert (Bild 4.9). Klickt man jetzt, ist der Kreismittelpunkt untrennbar mit dem Koordinatenursprung verbunden – und schon haben wir den ersten Constraint gesetzt. FreeCAD versucht, die logisch sinnvollen Constraints, die sich während des Arbeitens ergeben, automatisch zu vergeben. Zudem lassen sich Constraints natürlich manuell definieren.

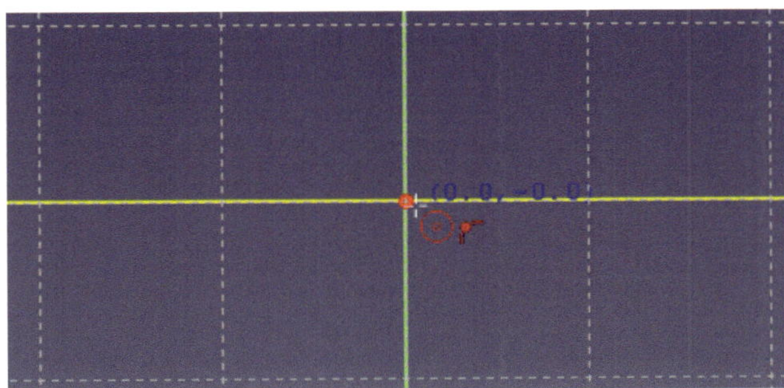

Bild 4.9 Am Mauszeiger werden zum einen die Koordinaten der aktuellen Position gezeigt, zum anderen das Werkzeug (*Kreis*) und der automatisch ausgewählte Constraint (*deckungsgleich*).

Lass die Maustaste los und ziehe sie nach rechts oben. Der Kreis folgt dann dem Mauszeiger und rastet an den Fangpunkten und -gitterlinien ein. Am Mauszeiger wird in Blau der Radius angezeigt – erkennbar an dem „R" hinter dem Wert (Bild 4.10). Diese Anzeige ist allerdings vor dem ebenfalls blauen Standardhintergrund von FreeCAD schlecht zu sehen (außer man zieht den Zeiger nach unten, wo der Hintergrund heller ist). Den exakten Radius muss man gar nicht treffen. Dieser wird später über einen Maß-Constraint definiert.

Nichtsdestotrotz solltest du dir angewöhnen, in relativ passenden Dimensionen zu zeichnen, sonst kann es zu Problemen beim Vermaßen kommen. Nimm als Extrembeispiel mal an, dass du eine Skizze – sagen wir ein Rechteck mit Kreisbögen als abgerundeten Ecken – in 4 × 6 mm Länge mit 0,5-mm-Radien zeichnest. Das ist dank des unendlichen Zooms im CAD-System kein Problem. Es gibt ja keinerlei Größenvergleich. Wenn du dann das erste echte Maß mit 4 m statt 4 mm definierst, verzerrt sich das Rechteck zu einem 4 × 0,006 m langen Strich, die Radien verschwinden. Die Bemaßung der anderen Elemente wird dann sehr schwierig.

Ziehe also den Kreis auf einen Radius von etwa 100 mm. Bei Bedarf kannst du mit dem Mausrad scrollen, um den Kreis in der richtigen Größe zu zeichnen.

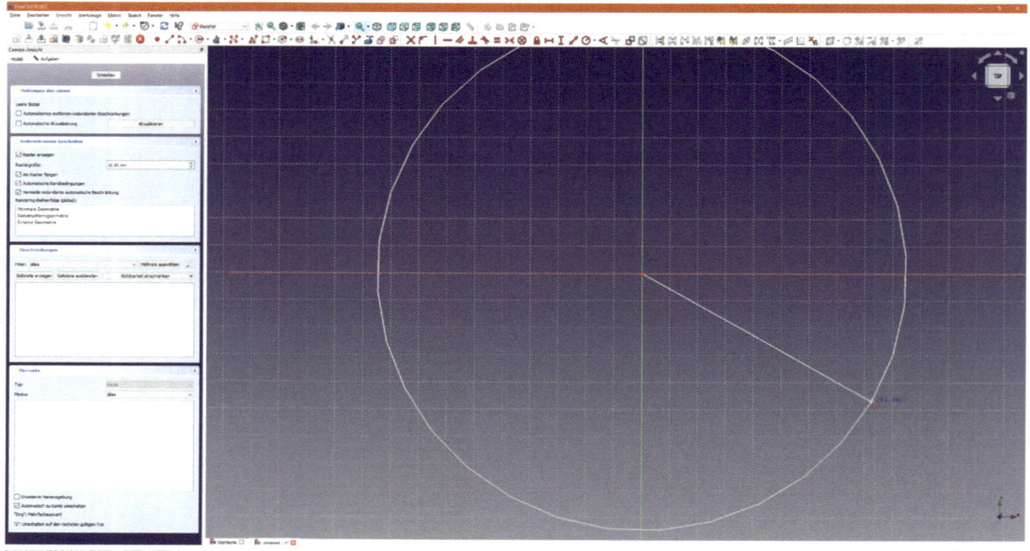

Bild 4.10 Das Radiusmaß am Mauszeiger erleichtert das maßstabsgerechte Zeichnen der Skizze.

HINWEIS: Die Zoomfunktion in FreeCAD ist abhängig von der Position des Mauszeigers. Der Fokus liegt immer auf dem Mauszeiger. Um beispielsweise den oberen Bereich des Kreises heranzuzoomen, bewegst du den Mauszeiger vor dem Scrollen in den oberen Bereich des Arbeitsfensters.

Das Kreiswerkzeug ist immer noch aktiv, wie du am roten Symbol am Mauszeiger sehen kannst. Willst du noch mehr Kreise zeichnen, kannst du direkt fortfahren. Wir wollen jetzt bemaßen und beenden das Kreiswerkzeug deshalb mit der Esc-Taste. Nun markierst du den Kreis und wählst im rechten Bereich der *Sketcher*-Leiste (dort, wo die roten Symbole der Constraints sichtbar sind) das Symbol für eine Kreisbemaßung (ein Kreis mit einem schrägen Strich drin). Mit dem Auswahlpfeil neben dem Symbol kannst du zwischen Durchmesser- und Radiusbemaßung umstellen oder die Automatik des Systems nutzen. Dann schaltet FreeCAD zwischen Durchmesser bei kompletten Kreisen und Radius bei Kreissegmenten um – was auch nicht immer gewünscht ist. Ich arbeite am liebsten mit Radien. Nach dem Klick aufs Symbol öffnet sich ein Fenster mit dem aktuellen Maß (bei mir 103,5). Gib dort die gewünschten 100 mm an (Bild 4.11).

Mit einem Doppelklick kannst du jederzeit wieder den Maßeingabedialog öffnen, wenn du das Maß ändern möchtest. Im selben Dialog lässt sich übrigens ein Name für das Maß vergeben. Das wird später sehr wichtig werden. Der Kreis wird nun grün. Links meldet das System „Vollständig bestimmt".

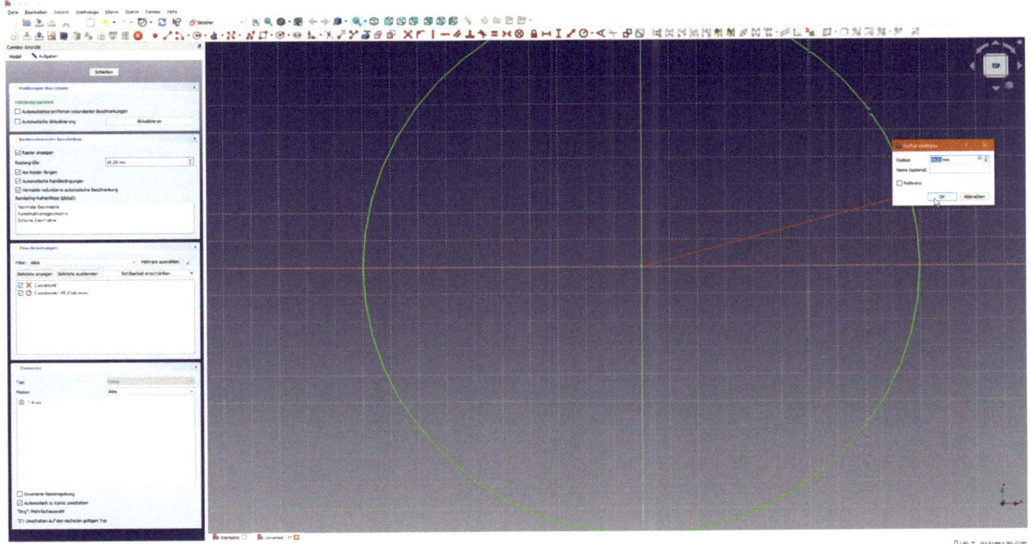

Bild 4.11 Maße sind auch nur Constraints, die sich jederzeit ändern lassen.

Jetzt zeichnen wir noch die Linie ein, die uns oben die Freiheitsgrade zeigte. Geh dazu auf das Linienwerkzeug in der *Sketcher*-Leiste. Klicke auf den Mittelpunkt und führe die Linie schräg nach oben etwa zwei Drittel bis zum Kreis. Die gesamte Skizze wird nun wieder weiß. FreeCAD meldet zwei Freiheitsgrade (Bild 4.12).

Im nächsten Schritt sorgen wir dafür, dass die beiden Freiheitsgrade verschwinden. Markiere dazu die Linie und die *Z*-Achse und definiere ein Winkelmaß von 45 Grad (in der *Sketcher*-Leiste rechts neben dem Radiusmaß). Markiere dann das freie Linienende und den Kreis und klicke auf den *Punkt-auf-Objekt*-Constraint. Die Linie verlängert sich selbst bis zum Kreis, und die Skizze wird wieder grün.

Die Constraints werden immer am Modell angezeigt. Siehst du das kleine Symbol, wo Linie und Kreis zusammenstoßen?

Nun lassen wir die Macht der Constraints spielen. Öffne das Radiusmaß und ändere es beliebig. Die Linie bleibt immer genau so lang, dass sie vom Mittelpunkt zum Kreis geht. Es geht aber noch mehr: Zeichne einen zweiten Kreis mit etwa halbem Radius des ersten Kreises neben den ersten Kreis. Der Mittelpunkt soll auf der *X*-Achse verankert sein und die Kreise sollen sich nicht berühren (Bild 4.13).

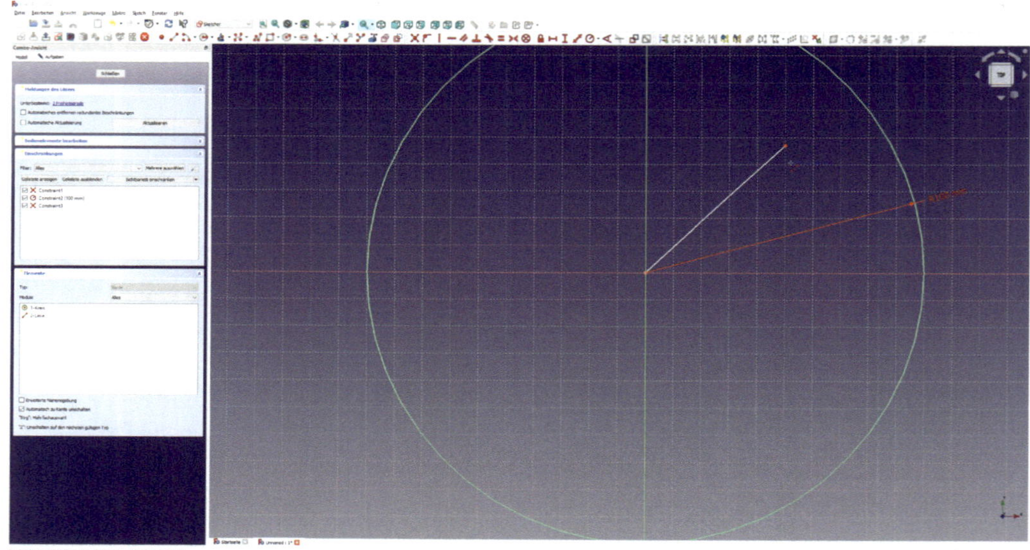

Bild 4.12 FreeCAD zeigt die Linie in Weiß an, der Kreis bleibt grün, da er ja nach wie vor bestimmt ist.

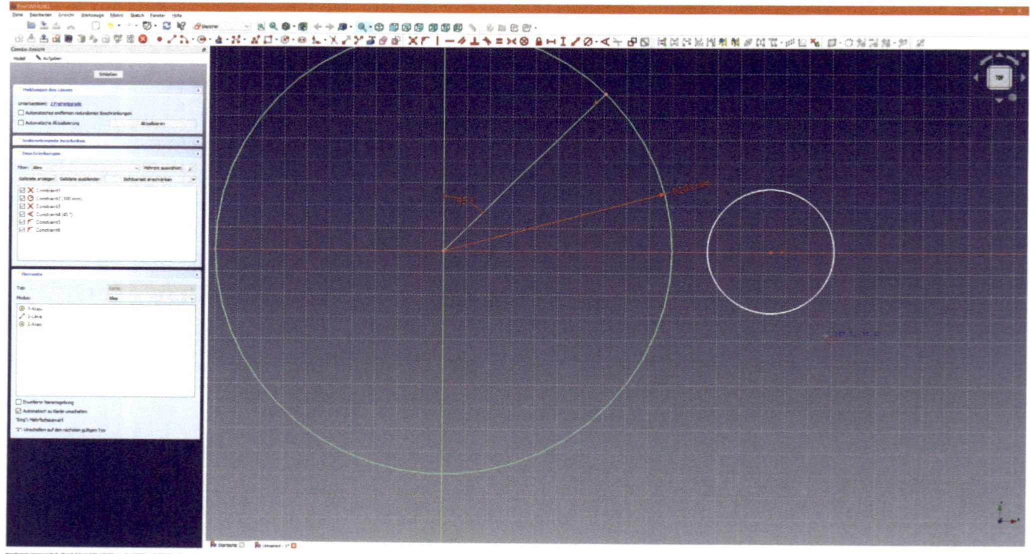

Bild 4.13 Bisher sind die Kreise unabhängig – beim rechten ist nur die *Z*-Koordinate bestimmt, weil er immer auf der *X*-Achse liegen muss (*Z* = 0).

Markiere jetzt die beiden Kreise und vergib den Constraint *Tangential*. Die beiden Kreise rücken daraufhin zusammen, bis sie sich berühren. Du kannst den Mittelpunkt des rechten Kreises waagerecht verschieben. Der Kreis wird dann interaktiv größer und kleiner, sodass sich die Kreise immer berühren.

Zur Vorbereitung des zweiten Tricks aktiviere bitte das Radiusmaß des ersten Kreises und gib ihm den Namen *Grosskreis*. Definiere nun das Radiusmaß des zweiten Kreises. Anstatt ein Maß einzugeben, klickst du auf das kleine *fx*-Symbol im Eingabefeld und tippst in das neue Eingabefeld „Constraints.Grosskreis“. Jetzt erscheint oberhalb des Eingabefelds „Ergebnis: 100 mm“. FreeCAD greift also wie gewünscht auf das Maß des ersten Kreises zu. Vervollständige die Formel um „/2“, woraufhin sich das Ergebnis auf 50 mm ändert. Nach zweimaligem Klick auf OK wird der zweite Kreis halb so groß wie der erste Kreis (Bild 4.14).

HINWEIS: Achtung! Wenn du aus dem Eingabefeld für die Variablen nicht mit OK aussteigst, wird der Wert zwar einmalig berechnet und übernommen, aber nicht dauerhaft gespeichert.

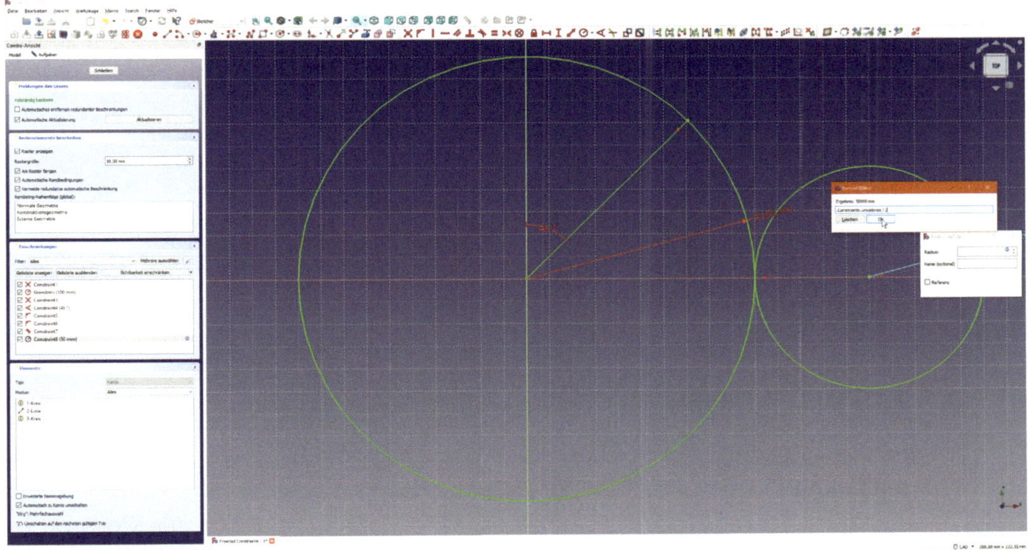

Bild 4.14 Nun ist der Radius des kleinen Kreises immer genau halb so groß wie der des großen Kreises.

Und nun haben wir eine komplexe Skizze, die komplett über das Maß *Grosskreis* gesteuert wird. Änderst du dieses Maß, dann passt der FreeCAD-Solver die anderen Geometrien so an, dass alle Bedingungen erfüllt sind. Wenn dies nicht gelingt, erscheint eine Fehlermeldung, oder das System zeigt an, dass zu viele Constraints vergeben sind. (Der Profi sagt: „Die Skizze ist überbestimmt.“)

Markiere dazu beide Mittelpunkte und definiere ein waagerechtes Maß. Hat der Großkreisradius 100 mm, wird dieses Maß 150 mm sein. Das System meckert sofort, weil es die überflüssige Randbedingung erkennt (Bild 4.15). Der Ausweg ist ein Häkchen bei *Referenz*, woraufhin das Maß blau angezeigt wird. Es wird zum Referenzmaß oder gesteuerten Maß.

TIPP: Referenzmaße machen Sinn, wenn beispielsweise eine Skizze immer wieder verwendet wird und der Mittelpunktanstand wichtig ist. Er wird immer aktualisiert, sobald man *Grosskreis* ändert.

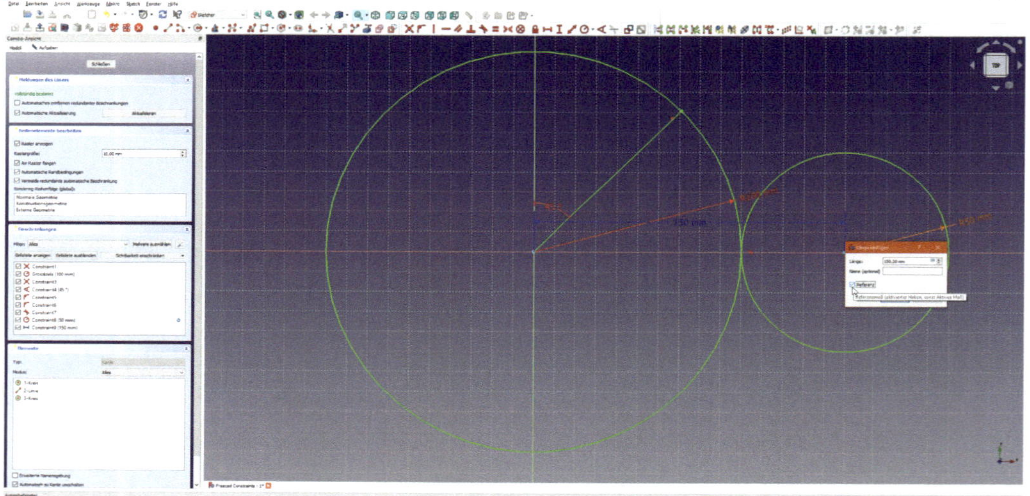

Bild 4.15 Der Solver hat erkannt, dass das Maß die Skizze überbestimmt, als Referenzmaß leistet es trotzdem gute Dienste.

Wie du siehst, kann man mit Constraints sehr viel Intelligenz in Skizzen bringen. In der professionellen Produktentwicklung wird dies genutzt, um technische Abhängigkeiten in das Modell einzubringen. FreeCAD stellt neben den Constraints noch weitere Eigenschaften zur Berechnung zur Verfügung. Eine Liste findet sich im Benutzerhandbuch im Kapitel „Sketcher Workbench“ unter „Expressions“.

Damit haben wir die Vorbetrachtung abgeschlossen und starten mit dem eigentlichen Projekt.

4.4 Los geht's! Eine Strategie für den parametrischen Aufbau des Bodenschoners muss her

Wie ein vorausschauender Blick auf das fertige Modell zeigt, ist es wichtig, sich eine Strategie festzulegen, wie die Modellierung ablaufen soll (Bild 4.16). Das ist umso wichtiger, als wir hier mehrere Skizzen verwenden und wir die Maße nicht nur innerhalb einer Skizze voneinander abhängig machen wollen, sondern auch zwischen den Skizzen. Deshalb ist die Reihenfolge, wie man ein Modell aufbaut, entscheidend. Natürlich müssen die Maße, die du in einer Skizze verwendest, schon definiert sein, damit du sie referenzieren kannst.

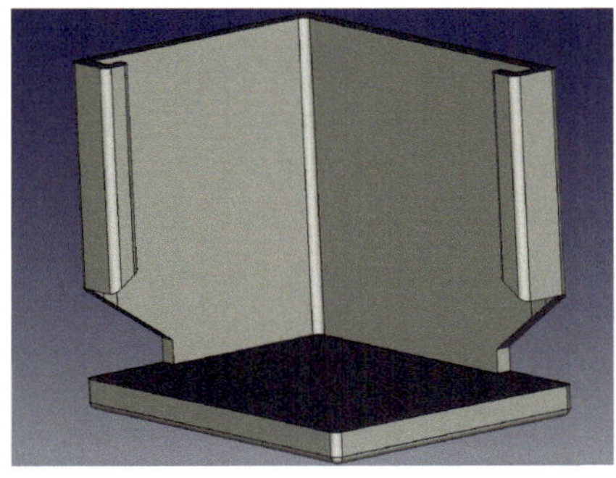

Bild 4.16 Eine Strategie muss her, um den Aufbau des Modells logisch und nachvollziehbar zu machen. Das Modell besteht aus drei Teilen: der Klammer, dem Boden und den Aussparungen links und rechts.

Zudem wollen wir unser Modell von außen über eine Tabelle steuern. Sonst müsste man die Maße, die es zu ändern gilt, erst in den Skizzen suchen und anklicken, um sie zu ändern. Die Tabelle dient sozusagen als zentrale Anlaufstelle für die Hauptmaße, die das Modell steuern.

Doch welche Maße sind das? Wie erwähnt ist die Länge der beiden Schenkel des L-Profils, das den Tisch- oder Bankfuß bildet, von Biertischgarnitur zu Biertischgarnitur unterschiedlich. Zum anderen kann die Dicke des L-Profils unterschiedlich sein.

Wir wollen auch die Materialdicke des Schoners selbst variabel machen, um diese an den Düsendurchmesser des zur Fertigung genutzten 3D-Druckers anpassen zu können. So kann man sicherstellen, dass ein Drucker mit 0,4-mm-Düse und drei Wandshells genau sechs Bahnen ohne Infill druckt. Stellt man die Materialstärke auf 2,4 mm, wird der Slicer dies genauso interpretieren und das Druckteil entsprechend massiv aufbauen. Auf den ersten Blick mag die Höhe des Schoners in der Variablenliste fehlen, diese ist aber technisch irrelevant und deshalb nicht als eigene Variable definiert.

Ein logischer Aufbau und eine sinnvolle Benennung der Geometrieelemente, wie sie beispielsweise in Bild 4.17 im Historienbaum links zu sehen ist, helfen beim Zurechtfinden im Modell. Du solltest dir zudem angewöhnen, Skizzen so wenig wie möglich voneinander abhängig zu machen. So ist es sehr bequem, die Skizzierfläche für den Boden einfach auf die Unterseite der Klammer zu legen. Ändert man jedoch die Klammer so, dass diese Fläche verschwindet – ich gebe zu, das ist in diesem Fall eher unwahrscheinlich –, wird das gesamte Modell unlösbar. Deshalb liegen alle Skizzen auf den Grundebenen des Koordinatensystems, denn diese sind unveränderlich.

Ebenso sind keine Maße direkt zwischen Skizzen voneinander abhängig. Beispielsweise werden die Materialstärke der Klammer und des Bodens jeweils aus der Steuertabelle gezogen. Man könnte diese auch von der Klammer zum Boden referenzieren, doch wenn dann ein Maß wegfällt, ist das zweite Maß nicht mehr bestimmt.

Dies mag relativ konstruiert wirken, aber stell dir vor, du öffnest solch ein Modell (oder ein komplexeres) nach einem Jahr wieder: Weißt du dann noch, wie du es aufgebaut hast und welche Maße und Geometrien nicht angefasst werden dürfen? Noch schlimmer: Du öffnest ein Modell eines anderen FreeCAD-Users. Da kann es zur tagesfüllenden Aufgabe werden, die Logik des Modellaufbaus zu verstehen.

TIPP: Es lohnt sich beim parametrischen Modellieren, sich schon von Beginn an eine Methodik anzugewöhnen, die zu logisch aufgebauten, möglichst einfachen Modellen führt.

Die Komplexität, die ein vollparametrisches, historienbasiertes 3D-CAD-System ermöglicht, stellt keinen Selbstzweck dar. Die Funktionalität sollte so viel wie nötig und so wenig wie möglich eingesetzt werden. Stell dir eine nicht lösbare Reihe von Constraints in einem Automotor oder einem Uhrwerk vor, wo alles von allem abhängt. Da werden solche Fehler schnell unlösbar. Je einfacher ein Modell aufgebaut ist, desto stabiler ist es.

Wir bauen also das Modell aus zwei Komponenten auf: Die Klammer umfasst die senkrechten Wände und umschmiegt das L-Profil des Tischs. Hier werden alle Variablen zum Einsatz kommen. Dann ist es logisch, den Boden als zweite Komponente zu definieren, deren Länge, Breite und Dicke direkt von den Dimensionen der Klammer abhängen. Zudem lassen sich die Skizzen für Klammer und Boden auf die beiden Seiten einer Grundebene zeichnen, sodass über den Ursprung der örtliche Zusammenhang zwischen beiden Komponenten gewahrt bleibt. Damit ist dieser Zusammenhang auch nicht von Komponente zu Komponente definiert, sondern über einen allgemeingültigen Punkt im Raum.

Die dritte und vierte Komponente sind zwei „abgezogene" Körper (erinnerst du dich an die boolesche Subtraktion in Kapitel 3?), die das seitliche Ende der Klammer vom Boden lösen und es ermöglichen, die Klammer zum Montieren aufzubiegen (Bild 4.17). Zudem muss das Querprofil des Tischfußes unter der Klammer durchlaufen können. Ich habe auf beiden Seiten denselben Schlitz vorgesehen. Das vereinfacht das Modell, und man hat keine „rechten" und „linken" Schoner.

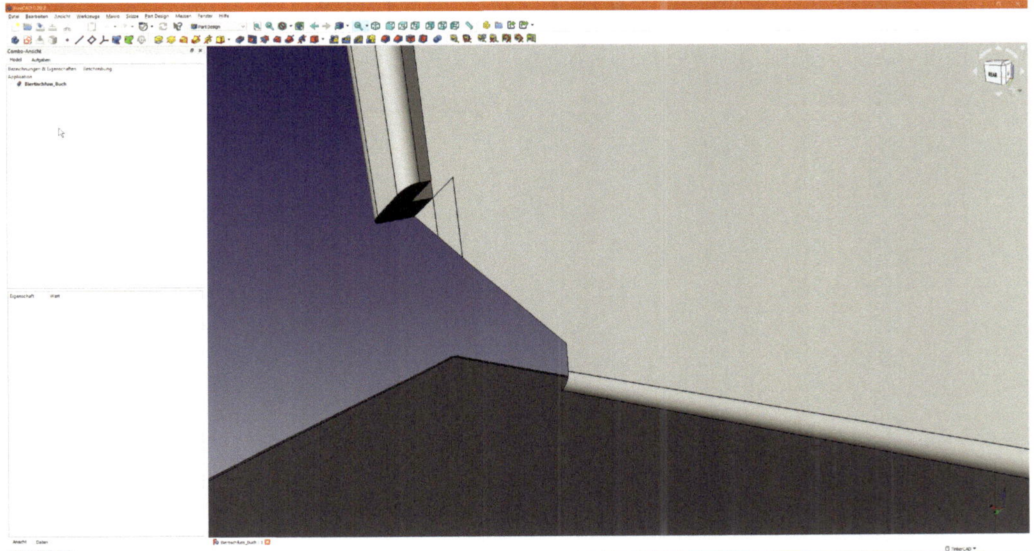

Bild 4.17 Die Schlitze ermöglichen es, die Klammer zur Montage aufzubiegen, und lassen Platz für das Querprofil des Tischs.

4.5 Das erste Profil für das Klammerteilstück entsteht

Zu Beginn des Projekts definieren wir die Tabelle, in der alle Maße des Profils festgelegt werden. Starte ein neues Bauteil, wechsle dann in die *Spreadsheet*-Workbench und wähle den ersten Eintrag *Erstelle neue Kalkulationstabelle* aus. Wahrscheinlich passiert nun auf den ersten Blick gar nichts, wenn die *Combo*-Ansichtsspalte die *Aufgaben* zeigt. Erst wenn du auf *Modell* wechselst, siehst du, dass im Objektbaum unter dem Namen des Bauteils (du hast doch gleich nach dem Erstellen das Teil erstmals gespeichert, oder?) ein Spreadsheet auftaucht. Klicke den Eintrag rechts an und ändere den Namen in „Steuertabelle". Ein Doppelklick öffnet die Tabelle.

Gib nun die folgenden Werte ein (siehe Tabelle und Bild 4.18). Die Spalte *Name* ist lediglich als Erinnerungsstütze gedacht und kann auch wegelassen werden.

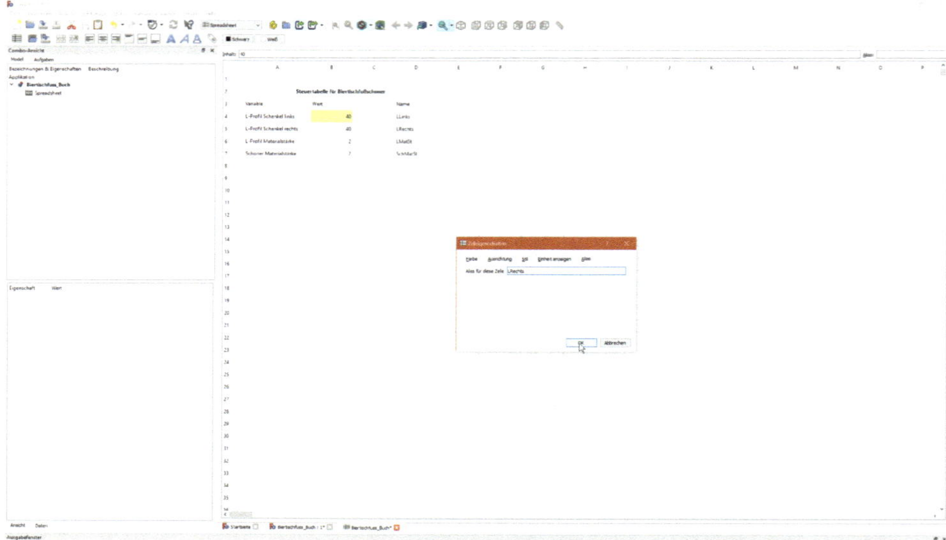

Bild 4.18 Ein Rechtsklick auf eine Zelle öffnet die Eigenschaften. Dort kann der Aliasname vergeben werden.

Variable	Wert	Name
L-Profil Schenkel links	40	*LLinks*
L-Profil Schenkel rechts	40	*LRechts*
L-Profil Materialstärke	2	*LMatSt*
Schoner Materialstärke	2	*SchMatSt*

HINWEIS: FreeCAD unterscheidet nach Namen und Bezeichner eines Datenblatts. Der Name wird fest vergeben als Spreadsheet, Spreadsheet001 usw., während der Bezeichner geändert werden kann – er wird in Listen in doppelten Spitzklammern angezeigt. Ebenso kannst du eine Zelle im Datenblatt über die Position ansteuern oder über einen Alias. Die obere Zelle mit dem Wert 40 lässt sich also als *Spreadsheet.B4* ansprechen oder als *<<Steuertabelle>>.LLinks*. Letzteres ist weit verständlicher, deshalb nutzen wir hier Bezeichner und Aliasse.

So definierst du die Aliasse: Klicke das Feld mit der „40" in der Zeile *L-Profil Schenkel links* mit der rechten Maustaste an (Bild 4.18). Öffne die *Eigenschaften* und wechsle zur Registerkarte *Alias*. Dort trägst du nun den Aliasnamen *LLinks* ein. Nach einem Klick auf OK schließt sich das Fenster, und das Feld ist nun gelb unterlegt. Wiederhole dies mit den anderen drei Variablen und den Namen aus der dritten Zeile.

HINWEIS: Definiere die beiden Schenkel des L-Profils wie folgt: Wenn du auf die Innenseite des L blickst, ist *LLinks* der linke und *LRechts* der rechte Schenkel.

Nun sind wir mit der Tabelle fertig. Wechsle auf der Registerkarte unten im Arbeitsfenster in das Bauteil zurück und in der Workbench-Auswahl zu *Part Design*. Wir beginnen jetzt mit dem Modellieren der Klammer, die wir auf der *XY*-Ebene aufbauen. Wähle in der *Part Design*-Menüleiste, die die *Sketcher*-Leiste enthält, den Befehl SKIZZE ERSTELLEN aus. Typische Biertischfüße haben eine Schenkellänge von etwa 40 mm. Also zoomst du die Ebene mit ihrem 10-mm-Raster so, dass vom Ursprung aus fünf oder sechs Kästchen zu sehen sind. Zeichne nun die in Bild 4.19 gezeigte Form. Keine Angst, es muss nur in etwa so aussehen. Lege die linke untere Ecke in den Koordinatenursprung.

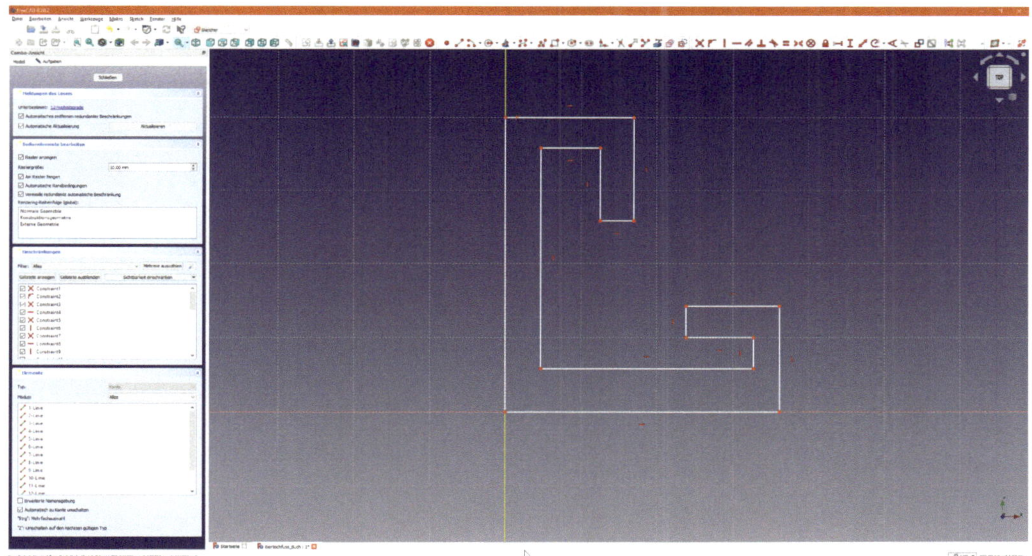

Bild 4.19 Das Profil sollte in etwa so aussehen, wie hier dargestellt. Achte darauf, dass Horizontal- und Vertikal-Constraints vergeben werden.

Bitte achte darauf, dass beim Zeichnen aller Linien der *Vertikal*- oder *Horizontal*-Constraint am Mauszeiger erscheinen. Keine Sorge, falls es einmal nicht geklappt hat. Die Constraints lassen sich auch nachträglich noch anbringen. Markiere dazu einfach die betreffende Linie und klicke in der *Sketcher*-Menüleiste das entsprechende Constraint-Symbol an. Überprüfe auch die Meldungen des Lösers links oben. Bei mir hatten die langen Linien „doppelt gemoppelte" Constraints. Zum einen waren beide Linienenden auf den Achsen fixiert, zum anderen wurde eine Horizontal- bzw. Vertikal-Bedingung vergeben. Ich habe die Constraints der äußeren Endpunkte entfernt, sodass die anderen Enden noch im Ursprung fixiert sind.

Ziehe nun probeweise an den hakenförmigen Enden. Bei mir zeigte sich, dass trotz genauer Positionierung die Linienenden zum Teil nicht miteinander verschmolzen waren (Bild 4.20). Wenn du genau hinschaust, wechseln die Linienendpunkte ihre Farbe von Rot auf Gelb, wenn sie aktiviert sind. Das klappt aber, je nach Maßstab, nicht immer. Kein Problem! Markiere einfach die beiden zusammengehörenden Linienendpunkte und klicke auf den *Koinzidenz*-Constraint. Mach weiter und bewege dabei möglichst alle Linien, damit am Ende ein geschlossener Linienzug entsteht.

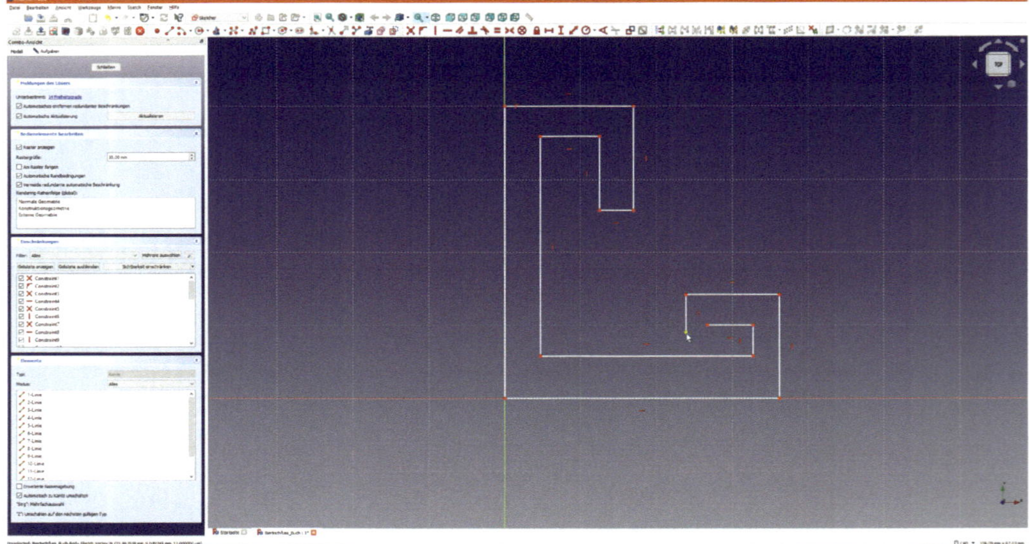

Bild 4.20 Einerseits sind die Linien auf den Achsen überbestimmt, andererseits die Linienenden nicht verbunden. Nacharbeit ist nötig!

Nun geht es ans Bemaßen, wobei wir keine Maße verwenden, sondern die Variablen im Spreadsheet. Beginne mit den Hauptabmessungen, den Schenkellängen. Markiere die senkrechte Außenlinie, erstelle ein Vertikalmaß und klicke dann auf das *fx*-Symbol, anstatt eine Zahl einzugeben. Die Syntax, mit der man auf Werte der Tabelle zugreifen kann, ist *Tabellenname.Alias* (in diesem Fall also <<*Steuertabelle*>>*.LRechts*).

HINWEIS: Die Funktion hat eine *Autovervollständigen*-Option. Sobald du „St" eingegeben hast, sollte unter dem Feld der Vorschlag „Steuertabelle" erscheinen. Ebenso ist es mit den Aliassen.

Doch halt! Wir müssen die Wandstärke des Schoners berücksichtigen. Der Winkel soll ja in die Klammer hineinpassen. Die Schenkellänge ist also die Länge der inneren (nicht der äußeren) Wand der Klammer. Da es möglich ist, Variablen nicht nur zu übernehmen, sondern auch mit ihnen zu rechnen, lautet die Formel (siehe Bild 4.21):

<<Steuertabelle>>.LRechts + 2 * *<<Steuertabelle>>.SchMatSt*

Entsprechend wird auch der andere Schenkel definiert.

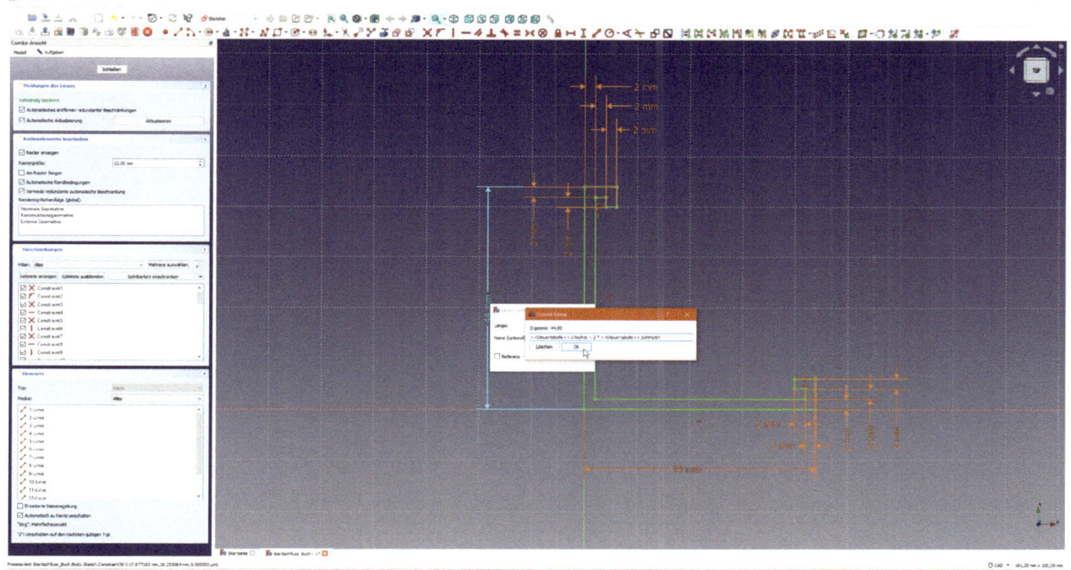

Bild 4.21 Statt eines Maßes wählen wir den Aliasnamen aus der Steuertabelle. Die Geometrie passt sich daraufhin interaktiv an.

Definiere nun alle Maße, bis die Skizze voll bestimmt ist. Beim Definieren der Materialstärke des Schoners – diese muss zwischen allen parallelen Linien definiert werden – wirst du über ein fehlendes Feature in FreeCAD stolpern, und zwar kann das System leider keinen Abstand zwischen zwei Linien bemaßen, sondern nur zwischen zwei Punkten. Deshalb musst du die Linienendpunkte sowie senkrechte oder waagerechte Maße wählen. Das Bemaßen ist etwas Fleißarbeit, sollte dir aber jetzt schon routiniert von der Hand gehen.

HINWEIS: Die Linie am Grund der Krallen wird mit *LMatSt* definiert. Die Überstärde der Krallen habe ich mit der Schonermaterialstärke *SchMatSt* definiert. So wird die Kralle länger, je dicker das Material des L-Profils ist.

Wenn alle Maße angebracht sind, wechselt die Farbe der Geometrie auf Hellgrün, und der Solver meldet eine vollständig eingeschränkte Skizze. Schließe die Skizze in der *Combo*-Ansicht und benenne die Skizze mit einem Rechtsklick in „Klammer-Skizze" um.

Nun ist es an der Zeit, zu spielen und unsere parametrische Skizze zu testen. Geh dazu in das Menü *Fenster* und wähle *Anordnen*. Tabelle und Skizze sollten jetzt nebeneinander angezeigt werden. Wenn du einen der Werte änderst, passen sich die Maße in der Skizze dem neuen Wert an (Bild 4.22).

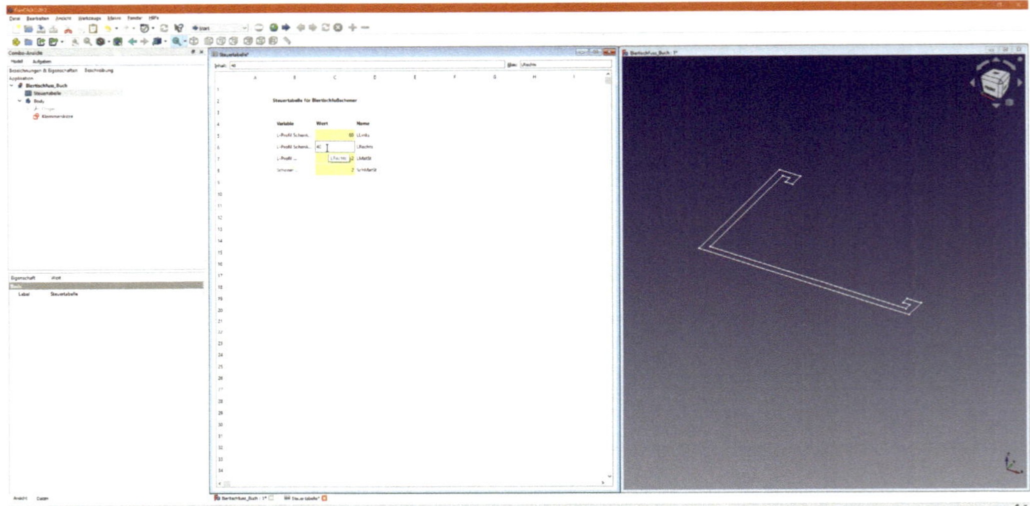

Bild 4.22 Es klappt! Die Skizze der Klammer ändert sich, wenn du die Werte anpasst.

Nun geht's ins Dreidimensionale. Wähle dazu die Skizze im Baum an und klicke auf das Symbol *Aufpolsterung* der zweiten Abteilung der *Part Design*-Menüleiste. Nun erscheint in der *Combo*-Ansicht ein Fenster, in dem sich die Parameter der Extrusion einstellen lassen. Es ist in FreeCAD möglich, eine bestimmte Höhe oder zwei Höhen über und unter der Skizzenebene zu definieren oder den Körper bis zu einer Oberfläche oder einem Objekt zu ziehen. Gib als Höhe 40 mm ein. Der Körper wird nun standardmäßig von der Skizzenebene nach oben gezogen. Dies lässt sich jedoch auch modifizieren, indem man entweder die Option *Symmetrisch zu einer Ebene* – dann ist der Körper zur Hälfte über, zur Hälfte unter der Ebene – oder *Umgekehrt* auswählt. Letztere Option werden wir gleich nutzen, um den Boden unterhalb der Klammer zu positionieren. Nun schließen wir den Vorgang mit OK ab, und die Klammer ist fertig (Bild 4.23).

Sehen wir uns nun mal den Historienbaum an. Unter der Steuertabelle ist ein neues Objekt namens *Pad* aufgetaucht. Benenne es in „Klammer" um. Das Objekt lässt sich erweitern und enthält die *KlammerSkizze*. So ist schön zu sehen, welche Objekte aufeinander aufbauen. Übrigens ist die Skizze automatisch ausgeblendet worden und deshalb unsichtbar, sobald du sie zum Erstellen eines Objekts genutzt hat. Du kannst sie immer wieder im Kontextmenü sichtbar schalten.

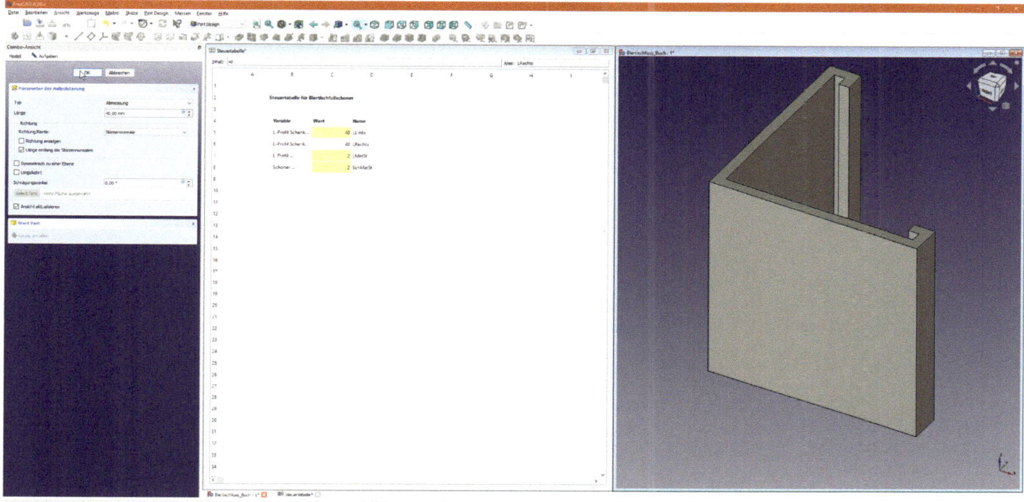

Bild 4.23 Der Körper der Klammer entsteht, indem die Skizze nach oben extrudiert wird.

■ 4.6 Folgsame Basis: die Erstellung des Bodenteils

Der Boden ist ein einfacher, flacher Quader, der unter die Klammer geklebt wird. Für die Erstellung des Bodens startest du eine neue Skizze auf der *XY*-Ebene. Benutze dazu das *Rechteck*-Werkzeug, um ein Rechteck zu zeichnen, und beginne dabei im Ursprung. Durch diese Verankerung bleiben die beiden Geometrieelenente miteinander verbunden und richtig zueinander positioniert. Zeichne das Viereck größer als die Klammer, die ja nach wie vor sichtbar ist.

Professionelle CAD-Systeme ermöglichen es, Objekte an die Kanten anderer Objekte zu heften. So könnten wir einfach die beiden freien Linien des Rechtecks deckungsgleich mit den Außenkanten der Klammer festkleben und wären mit der Bemaßung fertig. In FreeCAD geht das aktuell nicht, deshalb wählen wir den in Abschnitt 4.3 besprochenen, zu bevorzugenden Weg über die Variablen (Bild 4.24).

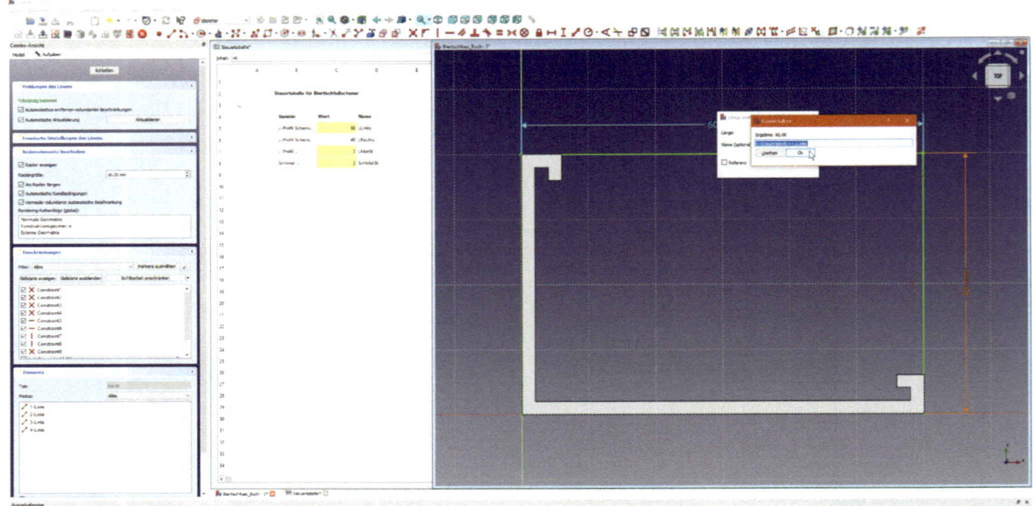

Bild 4.24 Passt! Das Rechteck ist mit denselben Variablen definiert wie die Klammer und passt sich deshalb immer an deren Größe an.

Deaktiviere das *Rechteck*-Werkzeug und definiere die beiden Maße für die Bodenfläche. Achte dabei darauf, *LRechts* und *LLinks* nicht zu verwechseln, und vergiss nicht, die Materialstärke des Schoners, wie in Abschnitt 4.5 definiert, zu berücksichtigen (Bild 4.24). Hast du die beiden Schenkel zuvor auf unterschiedliche Längen gestellt, siehst du sofort, wenn du die Maße verwechselst. Schließe nun die Skizze und teste sie, indem du die Maße in der Tabelle änderst. Benenne sie in „BodenSkizze" um. Dann extrudierst du die Skizze mit der Länge 4 mm und der Option *Umgekehrt*. So wächst der Boden nach unten. Für die Bodenfläche behalten wir eine feste Dicke bei, um den Boden stabil zu machen.

Falls du dich wunderst, warum die 3D-Ansicht so seltsam verzerrt aussieht: FreeCAD zeigt 3D-Objekte standardmäßig in der orthografischen Parallelprojektion. Diese hat den Vorteil, dass parallele Linien parallel und gleich lange Linien gleich lang sind. Alle 2D-Zeichnungen sind orthografische Parallelprojektionen. Mit der Tastenkombination V-P auf der Tastatur kannst du auf eine perspektivische Ansicht (Bild 4.26) umschalten, die zwar realistischer aussieht, aber die Geometrie stärker verzerrt. Mit der Tastenkombination V-O gelangst du zurück zur orthografischen Ansicht (Bild 4.25).

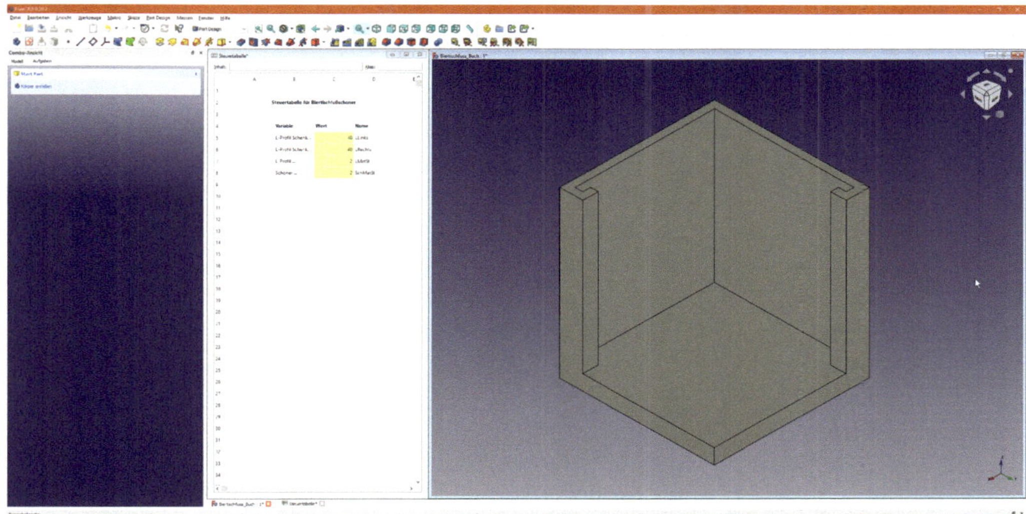

Bild 4.25 Sieht schon fertig aus – der Schoner mit Boden. Nun fehlen nur noch die Schlitze.

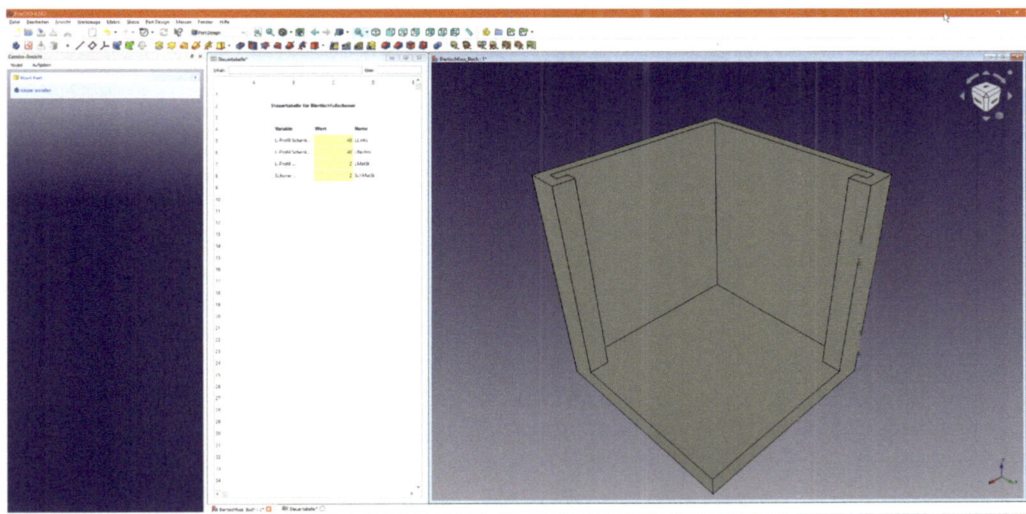

Bild 4.26 Derselbe Bildschirm wie in Bild 4.25 – allerdings nicht in orthografischer, sondern in perspektivischer Ansicht.

4.7 Das Anbringen der Schlitze im Bodenschoner

Nun fehlen nur noch die beiden Schlitze, die das Aufklipsen der Bodenschoner ermöglichen. Sie werden mit der Funktion *Tasche* erstellt, die nichts anderes als einen Subtraktionskörper erstellt, wie du ihn schon in Kapitel 3 kennengelernt hast. Zunächst wieder eine kleine Vorüberlegung: Die Schlitze sollen am Rand der Klammer und genau über dem Boden platziert sein, d. h., wir müssen dafür sorgen, dass die Schlitze irgendwie mit der jeweiligen Außenkante der Klammer verbunden werden (Bild 4.27).

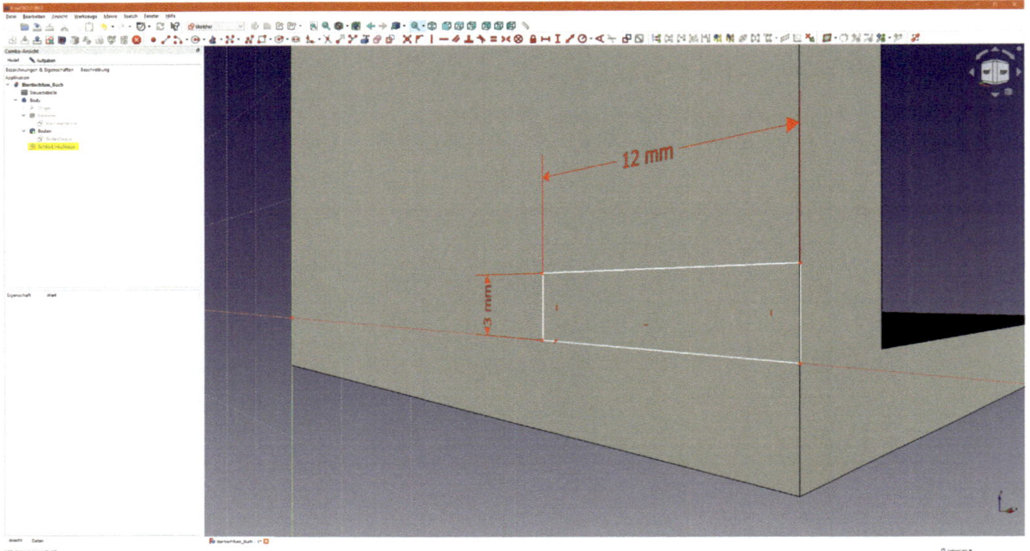

Bild 4.27 Hier das Problem: Auch wenn die rechte Linie des Rechtecks hier zufällig auf der Außenkante der Klammer liegt, ist sie mit dieser nicht verknüpft.

Dafür gibt es zwei Lösungsmöglichkeiten, die wir in diesem Abschnitt durchspielen werden:

- Wir arbeiten mit einer Hilfsgeometrie, die den Schlitz mit den Variablen der Steuertabelle verbindet.
- Wir referenzieren auf die Geometrie der Klammer.

Mit der zweiten Möglichkeit verlassen wir den „Weg der Tugend", den wir zu Beginn des Kapitels definiert haben: möglichst keine direkten Referenzen und Bezüge auf Geometrie. Es ist jedoch durchaus möglich, so zu arbeiten, und wenn man weiß, was man tut, bietet die Referenzierung eine gute Möglichkeit, Geometrien aufeinander zu referenzieren. Arbeitet man nicht mit einer Steuertabelle oder direkten Referenzen auf Maße (wie wir es in Abschnitt 4.3 gemacht haben), ist das sogar die einzige Möglichkeit, echte parametrische Geometrien aufzubauen.

Das hat allerdings in FreeCAD – im Gegensatz zu professionellen Systemen – einen großen Haken: Man kann nur in einer Skizze auf externe Geometrie referenzieren, wenn man die Skizze auf eine Fläche dieser Geometrie setzt. In SolidWorks ist es beispielsweise durchaus möglich, eine Skizze auf eine der Grundebenen zu setzen, wie wir es gerne machen wollen, und trotzdem nahezu beliebig Geometriekanten des Körpers in die Skizze zu übernehmen. In FreeCAD geht man also ein doppeltes Risiko ein: Man referenziert nicht nur eine Kante, die verschwinden könnte, sondern setzt die Skizze auf eine ebenso unsichere Fläche.

Wie gesagt: Wenn man weiß, was man tut, ist die externe Referenzierung eine effiziente Konstruktionsmethode. Da die Schlitze die letzte Modellieraufgabe an unserem Modell sind, können wir das Risiko eingehen.

HINWEIS: Das mit dem fehlenden Risiko stimmt nicht ganz! Da FreeCAD zur Definition von Taschen voraussetzt, dass die Skizze auf dem zu schneidenden Volumenkörper sitzt, nutzen wir auch hier eine „unsichere“ Basis.

Starten wir deshalb mit der sicheren Methode, indem wir mit einer Konstruktionsgeometrie arbeiten. Du kannst jedes Skizzenelement in einer Skizze zur Konstruktionsgeometrie erklären. Sie wird dann blau dargestellt und nicht mehr in Geometrieoperationen wie der Extrusion berücksichtigt. Man könnte diese Elemente auch Hilfslinien nennen.

Die Skizze ist ein einfaches Rechteck mit festen Maßen. Die Schwierigkeit ist die Positionierung auf der Außenkante in solcher Weise, dass das Rechteck beim Ändern der Variablen mitbewegt wird. Wir haben bislang immer den Koordinatenursprung und die Achsen als Anker verwendet und werden diese auch hier nutzen.

Markiere nun die linke äußere Fläche der Klammer und klicke auf SKIZZE ERSTELLEN. Daraufhin erscheint kein Dialog zur Definition der Basisfläche, sondern FreeCAD wechselt direkt in den Skizziermodus. Zeichne ein Rechteck, wie in Bild 4.27 dargestellt. Das Rechteck ist 12 mm breit und 3 mm hoch. Nun widmest du dich der Konstruktionslinie. Dazu schaltest du über das letzte Symbol in der *Sketcher*-Leiste auf den Konstruktionsmodus um. Wie du siehst, werden alle Symbole für Linien, Kreise und andere Elemente blau. Zeichne eine Linie von der *Z*-Achse bis zur oberen rechten Ecke des Rechtecks, sodass der eine Endpunkt der Linie mit der *Z*-Achse und der andere mit der oberen rechten Ecke des Rechtecks verknüpft ist.

TIPP: Wenn du sicher sein möchtest, welche Constraints auf ein Objekt wirken, dann vermeide Auto-Constraints, indem du die Linie zunächst etwas neben dem Ort zeichnest, wo sie liegen soll. Dann kannst du die Constraints von Hand definieren, und die Linie springt an ihren Platz.

Nun lässt sich die Lage des Rechtecks über die Länge der blauen Linie steuern. Das machen wir uns zunutze, indem wir das Maß der Linie über unsere Variablen steuern. Gib als Länge unsere bekannte Formel ein (Bild 4.28):

*Steuertabelle.LLinks + 2 * Steuertabelle.SchMatSt*

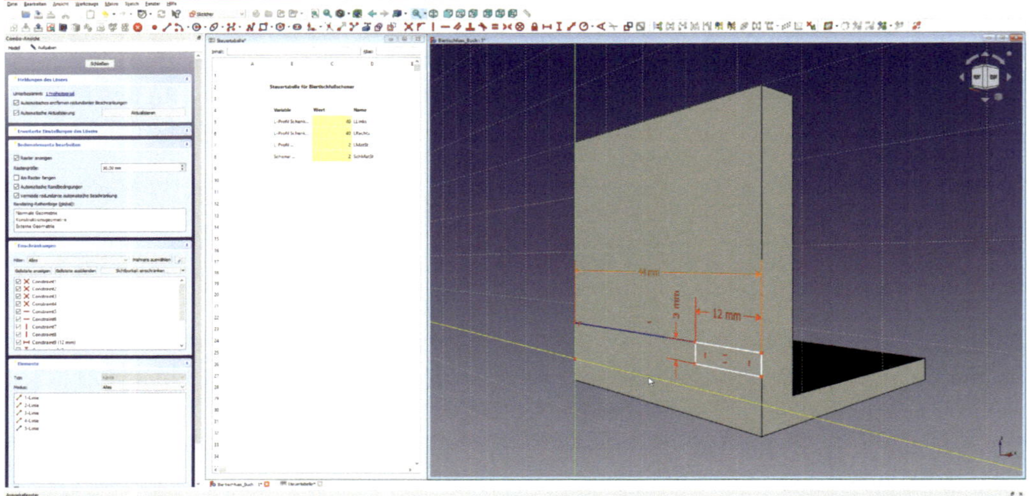

Bild 4.28 Die blaue Linie erhält ihre Länge aus der Steuertabelle und sorgt dafür, dass das Rechteck immer richtig sitzt.

Zum Abschluss der Skizze verknüpfst du nun noch über einen *Punkt-auf-Objekt*-Constraint die rechte untere Ecke des Rechtecks mit der *X*-Achse. Nun ist die Skizze vollständig bestimmt.

HINWEIS: Natürlich könnte man die blaue Linie auch auf die *X*-Achse legen, aber dann wäre es schwieriger, die Linie anzuwählen. Oft erwischt man zunächst die Achse und nur mit Glück die darauf liegende Linie.

Schließe die Skizze und benenne sie im Baum in „SchlitzLinksSkizze“ um. Markiere sie nun und klicke auf das Symbol *Tasche* in der Menüleiste *Part Design*. Der in der *Combo*-Ansicht erscheinende Dialog ähnelt dem Dialog beim Extrudieren. Nichts anderes tun wir jetzt ja auch. Die Tiefe der Tasche könnte man über ein Maß oder eine Formel wie *Steuertabelle.LMatst* + 2 * *Steuertabelle.SchMatSt* definieren. Wir gehen diesmal den einfachsten Weg und stellen den Typ von *Abmessung* auf *Durch Alles* um. Der Schlitz verläuft nun virtuell bis zum hinteren Ende des Bodens und entfernt den gewünschten Teil der Klammer (Bild 4.29).

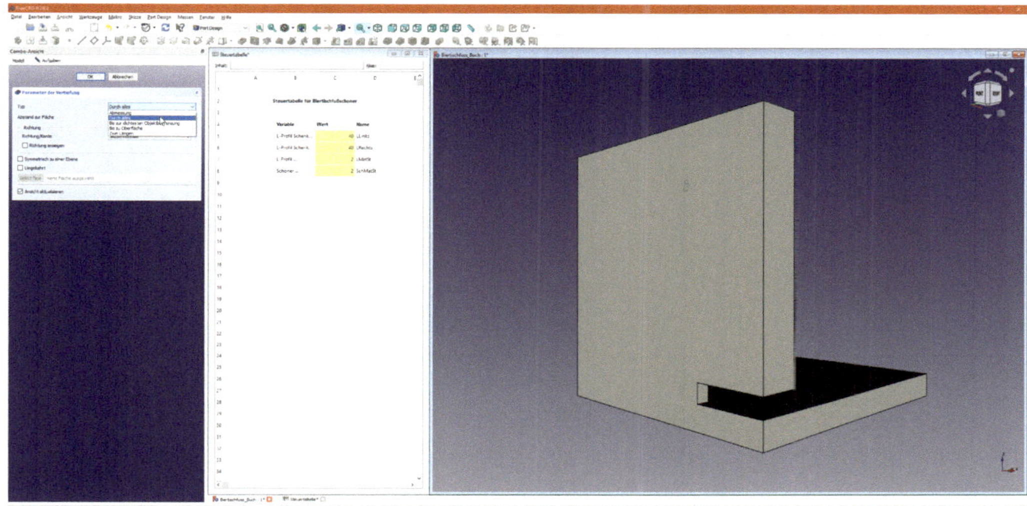

Bild 4.29 Mit *Durch Alles* reicht der Schlitz bis zum hinteren Ende des Bodens und schneidet die Klammer wie gewünscht.

Als Nächstes erstellen wir den zweiten Schlitz mit der Funktion *Externe Geometrie*. Erzeuge dazu eine Skizze auf der anderen, rechten Außenwand. Dann aktivierst du das drittletzte Symbol in der *Sketcher*-Menüleiste, woraufhin ein tischähnliches Symbol am Mauszeiger erscheint. Fahre nun über die senkrechte Außenkante der Klammer und klicke sie an. Die Kante färbt sich himbeerrot, was anzeigt, dass dies nun eine mit der Kante aus der Klammerskizze verbundene Konstruktionsgeometrie ist (Bild 4.30).

Nun zeichnest du wieder ein Rechteck mit den Abmessungen 12 × 3 mm und bemaßt es entsprechend. Verknüpfe dann die obere linke Ecke mit der eben erzeugten Konstruktionslinie und die linke untere Ecke mit der *Y*-Achse. Geschafft! Das Fertigstellen mit einer zweiten Tasche *Durch Alles* sollte jetzt ein Kinderspiel sein.

Im Prinzip ist der Bodenschoner für Biertischfüße nun fertig. Du kannst aber gerne noch mit den Parametern spielen, um zu testen, ob sich die Schlitze wie gewünscht mitbewegen. Um eine schönere Form zu erhalten, bringen wir am Ende noch einige Rundungen an. Markiere dazu alle Kanten, die du verrunden möchtest (beispielsweise die unteren und senkrechten Kanten des Bodens), und klicke auf *Verrundung*. Mit einem Radius von 1 mm sollte der Schoner schön aussehen.

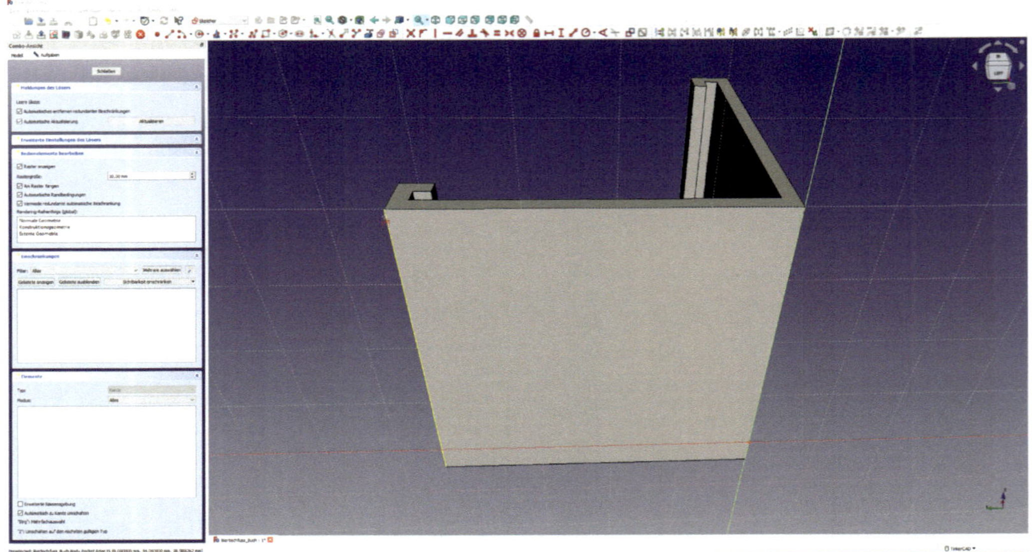

Bild 4.30 Mit dem „Tischsymbol“ markiert, wird die Außenkante der Klammer zur Konstruktionslinie.

4.8 Nachklapp: schnelle und einfache Änderungen dank der Historie

Im Prinzip sind wir nun fertig mit der Modellierung unseres Bodenschoners. Wenn du dir das Modell allerdings hinsichtlich seiner Tauglichkeit für den 3D-Druck anschaust, wirst du schnell feststellen, dass sich der Schoner nicht ohne Supportstrukturen drucken lässt. Die beiden Schlitze verhindern dies, weil ihre Oberkante waagerecht ist. Schöner wäre es, wenn die Oberkante in einem Winkel von 45 Grad aufsteigen würde. Dann würde der 3D-Druck auch ohne Supports gelingen. Jetzt zeigt sich, warum die Konstruktionshistorie im Profibereich so gerne genutzt wird: Wir können jederzeit auf die Skizzen zugreifen, auf denen das 3D-Modell basiert, und diese ändern.

Öffne dazu *SchlitzRechtsSkizze* und lösche den *Waagerecht*-Constraint an der oberen Querlinie des Rechtecks. Nun kannst du den Eckpunkt an der Außenkante nach oben ziehen, und das Rechteck wird daraufhin zu einem Dreieck mit abgeschnittener Skizze - zumindest, wenn du die 3 mm Höhe an der inneren senkrechten Linie angebracht hast. Falls nicht, dann lösche das Maß an der äußeren Linie und bringe es an der inneren senkrechten Linie wieder an. Nun fehlt nur noch ein Winkelmaß an der oberen Querlinie, um die Skizze wieder bestimmt zu machen. Ich habe hierfür 35 Grad gewählt.

Nach dem Schließen der Skizze aktualisiert sich das Modell. Allerdings stört noch die Nase, die an der Biegung der Klammer innen übrig bleibt (Bild 4.31). Setz deshalb eine Skizze auf die Vorderseite der Nase, übernimm dann die linke und rechte Kante der Nase, vervollständige die Skizze und füge eine Tasche bis zu der Fläche ein, die du auf die Innenfläche der Klammer referenzierst. Das kannst du inzwischen bestimmt ohne meine Unterstützung. An der anderen Seite der Klammer änderst du den Schlitz ebenfalls und entfernst die Nase. Nun ist der Schoner kaum noch zu verbessern und endgültig fertig. Ich habe den beiden letzten Taschen die schönen Namen *NasewegRechts* und *NasewegLinks* gegeben.

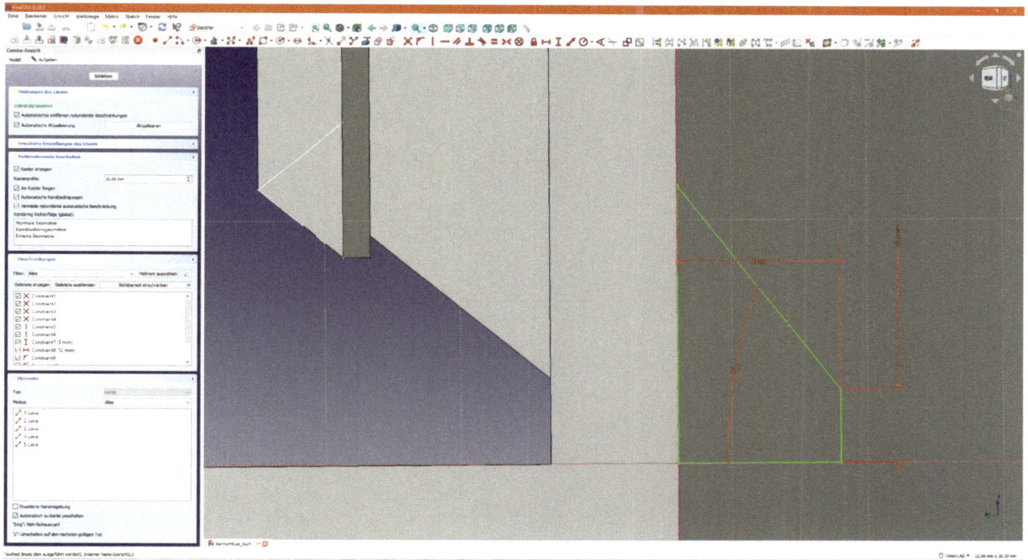

Bild 4.31 So schnell ist das Bauteil geändert, wenn man die zugehörige Skizze bearbeitet. Nur die Nase hinten stört noch.

Wie du siehst, ist das Ändern und Optimieren eines Modells in einem historienbasierten, parametrischen System kein Hexenwerk, solange das Modell sauber aufgebaut ist. Um das Bauteil zu drucken, musst du es noch als STL exportieren. Um hier zum gewünschten Ergebnis zu kommen, musst du die richtigen Objekte auswählen. Inzwischen unterstützt FreeCAD das Vereinigen von Körpern, sodass du nur das letzte Feature auswählen und dann im Menü *Datei* die Exportfunktion starten musst.

Ich habe übrigens mit der *Spiegel*-Funktion experimentiert, um gleich je einen rechten und einen linken Schoner zu erzeugen, wenn die Schenkellängen unterschiedlich sind. Das funktioniert allerdings nicht, weil FreeCAD nicht multi-body-fähig ist, es darf in einer Datei immer nur ein Körper enthalten sein. FreeCAD erzeugt zwar einen Spiegelkörper, der verschmilzt jedoch mit dem Originalkörper, sodass man einen doppelten Schoner erhält. Es ist deshalb am einfachsten, gespiegelte Versionen über die Parameter oder durch Spiegeln der STL-Datei im Slicer zu erzeugen.

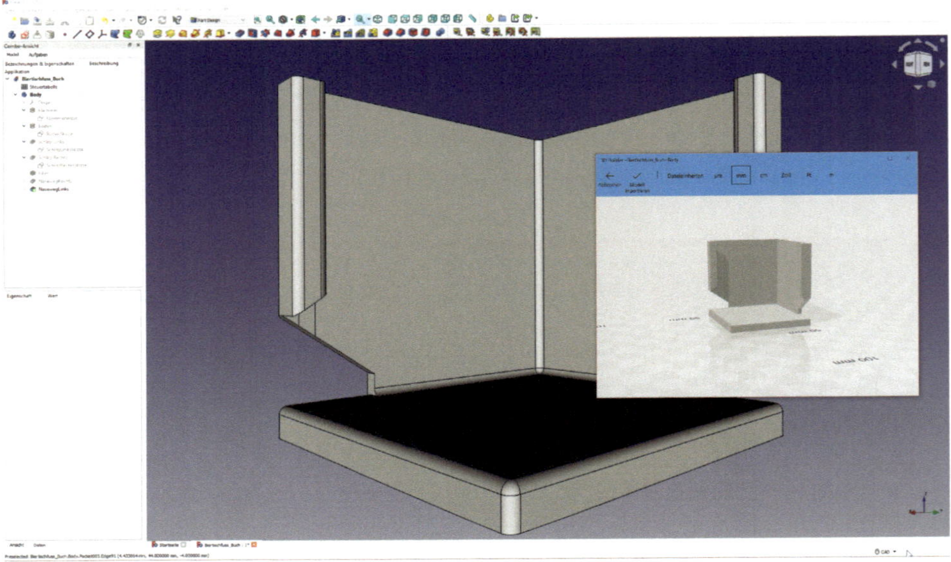

Bild 4.32 Fertig! Der Biertischfußschoner ist bereit für den 3D-Druck.

Das FreeCAD-Modell des Bodenschoners für den Biertischfuß findest du unter *plus.hanser-fachbuch.de*.

4.9 Exkurs: Parametrik 2.0 mit Onshape

In diesem Kapitel habe ich immer wieder erwähnt, wie Profi-CAD-Systeme arbeiten, und die Gemeinsamkeiten, aber oft auch die Unterschiede zu FreeCAD aufgezeigt. Wie wäre es, wenn du ohne große Risiken selbst mal ein solches Profi-CAD-System ausprobieren könntest?

Mit Fusion 360 von Autodesk und Onshape vom gleichnamigen Hersteller hast du die Möglichkeit dazu, denn beide Systeme haben einen professionellen Anspruch und sind für Privatanwender kostenlos. Während Fusion 360 Teile seiner Funktion in die Cloud ausgelagert hat, ist Onshape ein echtes Cloud-System und läuft ohne Installation im Browser. Das gibt uns die Möglichkeit, ohne großen Installationsaufwand in die Profiwelt hineinzuschnuppern.

Onshape ist seit Ende 2015 offiziell auf dem Markt (Bild 4.33). Hinter dem System stehen Jon Hirschtick, der Gründer von SolidWorks, und viele andere bekannte Gesichter aus der CAD-Branche, die mit Onshape erstmals ein komplett in der Cloud laufendes CAD-System entwickelten. Das System läuft damit nicht nur auf PCs, sondern auch auf Apple-Rechnern mit MacOS, unter Linux und auf Chromebooks. Sogar Apps für iOS und Android stehen zur Verfügung. Im Jahr 2019 wurde Onshape von PTC gekauft und seither durch weitere Zukäufe ausgebaut.

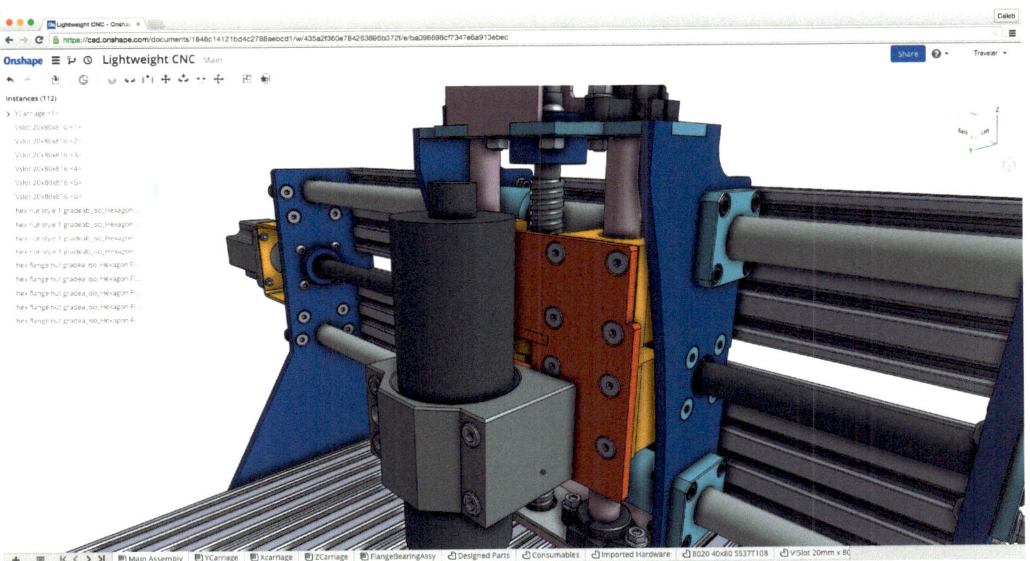

Bild 4.33 Onshape, das erste Profisystem in der Cloud, wird laufend erweitert und optimiert (© Onshape).

Für die professionelle Nutzung von Onshape sind pro Jahr 1500 bis 2500 US-Dollar Lizenzgebühren fällig, Privatnutzer können das System dagegen kostenlos nutzen. Allerdings können in der „Free"-Version keine privaten Modelle gespeichert werden. Onshape kennt drei Arten von Dokumenten: *Private*, *Shared* und *Public*. *Private* bedeutet, dass nur du selbst das Dokument sehen und bearbeiten kannst. Ein privates Dokument wird zum geteilten Dokument (*Shared*), wenn du einen anderen Anwender einlädst und ihm das Öffnen und Bearbeiten erlaubst. Dokumente im Status *Public* können von allen Onshape-Anwendern angesehen und kopiert werden. Der Speicherplatz für *Public*-Projekte ist auch in der freien Onshape-Lizenz unbegrenzt.

Die Idee, dass alle Daten in der Cloud gespeichert werden, kennst du ja schon aus Tinkercad (siehe Kapitel 3), aber für Profisysteme ist das sehr ungewöhnlich. Für die Datenverwaltung nutzt man üblicherweise hochkomplexe Produktdatenverwaltungssysteme (PDM-Systeme), bei Onshape hingegen ist die Datenverwaltung sozusagen kostenlos dabei.

Das System wird ständig weiterentwickelt, und da die Applikation nicht lokal installiert wird, profitierst du als Anwender sofort davon. Wenn Onshape eine neue Version auf seine Server legt, arbeitest du beim nächsten Öffnen des Systems sofort mit dieser.

Im Folgenden wollen wir unser mit FreeCAD realisiertes Bodenschoner-Projekt nochmals in groben Schritten in Onshape durcharbeiten, um zu sehen, wo die Vorteile professioneller Systeme liegen. Ich werde nicht jeden Schritt im Detail durchgehen, da das meiste im Prinzip nicht anders abläuft als bei FreeCAD. Allerdings fallen viele Dinge einfacher, weil die Benutzeroberfläche intelligenter ist, und darauf werde ich im Einzelnen eingehen.

Doch widmen wir uns zunächst den ersten Schritten in Onshape. Auf *www.onshape.com* kannst du einen Account erstellen. Nach der Abfrage von Namen und E-Mail-Adresse sind einige Fragen zu beantworten, unter anderem zu welchem Zweck du Onshape einsetzen willst (Ausbildung, Berufsanwender, Hobbyanwender). Nach Beantwortung der Fragen bekommst du eine Aktivierungs-E-Mail, und es kann losgehen.

Nach dem ersten Einloggen findest du dich in der Dokumentenansicht wieder (Bild 4.34). Hier siehst du (falls schon vorhanden) deine Dokumente und die *Public*-Dokumente, aller Nutzer. Früher waren hier auch Tutorial-Dokumente zu finden, inzwischen sind die Lerninhalte in ein eigenes *Learning Center* verschoben worden. Den Zugang findest du rechts oben neben dem Zugang zum eigenen Konto. *Mein Konto* ist auch die erste Anlaufstelle, die wir besuchen, unter *Voreinstellungen* kannst du die Bedienoberfläche auf Deutsch und vor allem die genutzten Einheiten auf das SI- statt des US-Maßsystems umstellen. Über das Onshape-Logo links oben kommen wir wieder zur Dokumentenansicht zurück.

Der Button ERSTELLEN oben links öffnet ein neues Dokument (Bild 4.34). Vergib nun einen Namen und erstelle ein öffentliches Dokument. Im nächsten Schritt öffnet sich die Modellieroberfläche von Onshape, genannt *Part Studio*.

Um eine Tabelle in das CAD-Modell zu integrieren, gibt es inzwischen mehrere Wege: Zum einen kannst du im App-Store die Erweiterung Link Tab kostenlos abonnieren, diese ermöglicht es, Google Doc-Tabellen einzubinden. Einfacher geht es am rechten Fensterrand, wo drei Register angeordnet sind: *Konfigurationspalette*, *Benutzerdefinierte Tabellen* und *Variablentabelle*. Während die benutzerdefinierten Tabellen eher dazu gedacht sind, Informationen aus dem Modell darzustellen, lassen sich über die beiden anderen Punkte Geometrie zu steuern. *Variablentabelle* entspricht dem Vorgehen, das wir in FreeCAD gewählt haben, indem wir eine Liste von Variablen definiert und diese in Maßen des Modells verwendet haben.

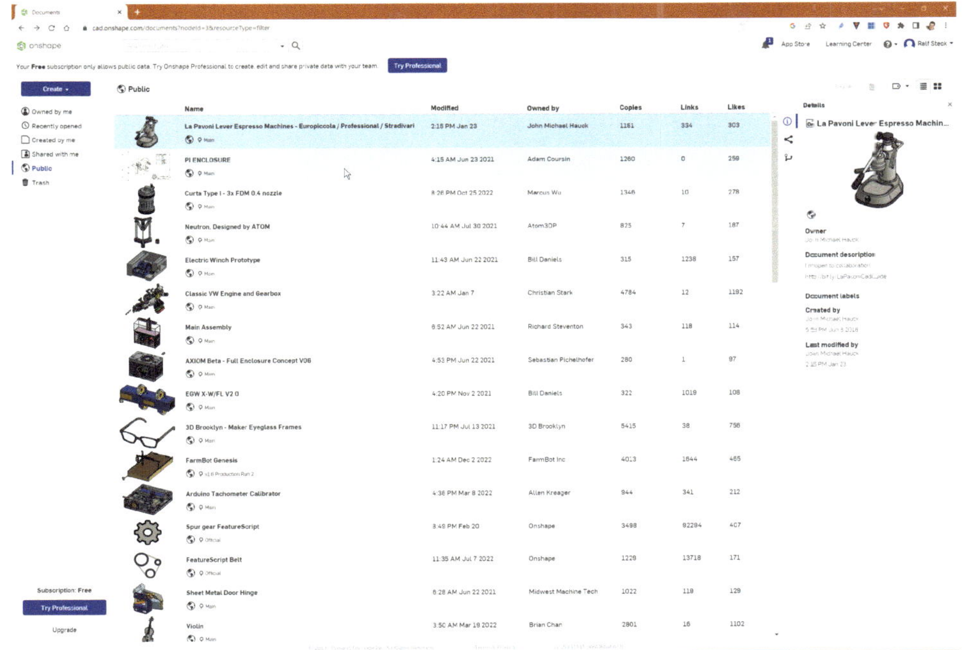

Bild 4.34 Im Startbildschirm von Onshape findest du deine und die Public-Modelle.

Konfigurationen werden in Profisystemen wie SolidWorks eingesetzt, um Varianten eines Bauteils zu erzeugen. Hier lassen sich nicht nur Variablen ansteuern, sondern beispielsweise auch Bauteile ein- und ausblenden. Die Hilfefunktion sagt dazu:

> *Erstellen Sie Bauteilfamilien, indem Sie Variationen eines gesamten Part Studios oder eines bestimmten Bauteils erstellen. Sie können jedes Feature, jeden Parameterwert und sogar Bauteileigenschaften, benutzerdefinierte Bauteileigenschaften, Flächen- oder Bauteilaussehen und Skizzentext konfigurieren. So können Sie beispielsweise die Tiefe eines linearen Austragungs-Features, die Anwendung eines Verrundungs-Features, die für eine Verrundung ausgewählten Flächen, das Feature-Script eines benutzerdefinierten Features sowie Bauteilnummern, Farben und Materialien konfigurieren.*

Vieles davon benötigen wir nicht, eine andere Eigenschaft macht die Konfiguration trotzdem interessant: Jede Konfiguration enthält einen eigenen Satz an Variablenwerten. So lassen sich mehrere Varianten eines Bauteils fix definieren, im Gegensatz zur Tabelle, in der wir bei jeder Änderung die alten Werte verlieren. So lässt sich beispielsweise aus einem einzigen Bauteil eine Schonerkonfiguration für den Biertisch und eine andere Konfiguration mit anderen Maßen für die Bänke erstellen. Wenn du weitere Schoner benötigst, wählst du einfach wieder die jeweils benötigte Konfiguration, und das Modell passt sich entsprechend den dort hinterlegten Werten an.

Aktiviere die *Top*-Ebene in der Bildmitte oder im Baum links und klicke auf *Skizze*. Bitte stelle im Menü oben links sicher, dass die richtigen Einheiten aktiviert sind, sonst modellierst du in Inch statt in Millimetern – aber hier sollten schon die SI-Einheiten sichtbar sein, die wir im Konto als Default definiert haben. Ein Klick auf die obere Fläche des Navigationswürfels oben rechts bringt die Ebene senkrecht zum Bildschirm.

Zeichne jetzt die Klammer, allerdings nur ihre Außenkontur, wieder mit der Ecke im Ursprung. Das System unterstützt dich beim Zeichnen, indem es mögliche Constraints anzeigt. Wenn du beispielsweise eine *Vertikal zu*-Bedingung zu einem Punkt vergeben möchtest, dann berühre mit aktiviertem Linienwerkzeug den gewünschten Punkt. Onshape zeigt dir nun, wenn du senkrecht über dem Punkt bist, eine Linie zwischen beiden Punkten an (Bild 4.35).

So ist es möglich, viele Constraints automatisch zu vergeben und sehr effizient zu skizzieren. Die parallele Innenlinie erzeugen wir in einem einzigen Schritt: Hast du die Außenform skizziert, dann markiere sie, indem du mit gedrückter Maustaste eine Auswahlbox über den Linienzug ziehst. Wähle nun *Versatz*. Wahrscheinlich erscheint jetzt neben einem Maß und einem großen Pfeil am Linienzug oben die Meldung: „Versatz konnte mit diesem Abstand nicht erstellt werden." Und die Offsetlinie liegt außerhalb unseres Linienzugs. Schiebe, indem du den großen Pfeil zur Linie und darüber hinwegbewegst, das Offsetmaß zusammen, bis die Innengeometrie erscheint.

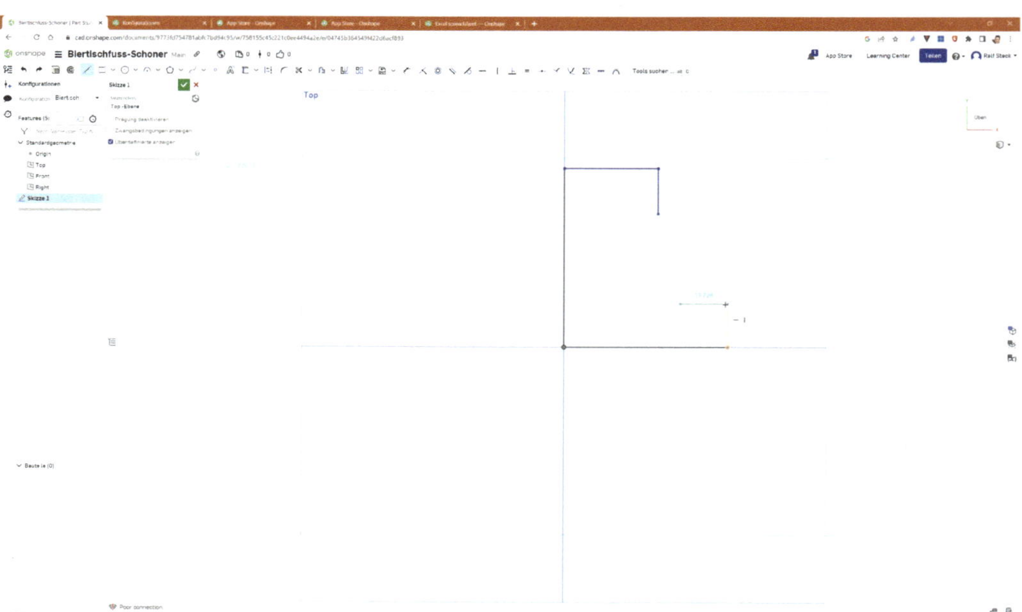

Bild 4.35 Onshape zeigt die *Vertikal zu*-Bedingung über eine gelbe Linie an. Das erleichtert das Skizzieren.

Damit hast du automatisch eine komplett zum Außenlinienzug parametrische Innenkontur erzeugt und musst die Form nur noch mit zwei kleinen Linien schließen. Hast du es bemerkt? Als du den Linienzug skizziert hast, konntest du nach dem Definieren eines Linienendes sofort die nächste Linie ziehen. Beim Schließen der Form erkannte Onshape, dass es keinen Sinn macht, weitere Linien zu ziehen, und schaltete den Linienbefehl von selbst aus. So spart das System im Gegensatz zu FreeCAD an vielen Stellen Mausklicks ein und sorgt dafür, dass die Arbeit flüssiger von der Hand geht. Schließlich gibt es keine verschiedenen Maße, sondern nur einen Button. Ob gerade ein Vertikal-, Horizontal-, Radius- oder Winkelmaß benötigt wird, erkennt Onshape selbst. Du kannst flüssig und direkt ein Maß nach dem anderen setzen.

Klicke nun auf das Maß und trage statt des Zahlenwerts *#SchMatSt* ein. Am Hash-Zeichen (#) erkennt Onshape die Variable, und unterhalb des Maßes taucht der Button NEUE VARIABLE ERSTELLEN auf. Klicke darauf! Es öffnet sich ein Fensterchen *Variable erstellen*. Hier gibst du einen Wert „5“ ein und schließt mit einem Klick auf das grün unterlegte Häkchen ab. In der Feature-Liste taucht nun die Variable auf (Bild 4.36).

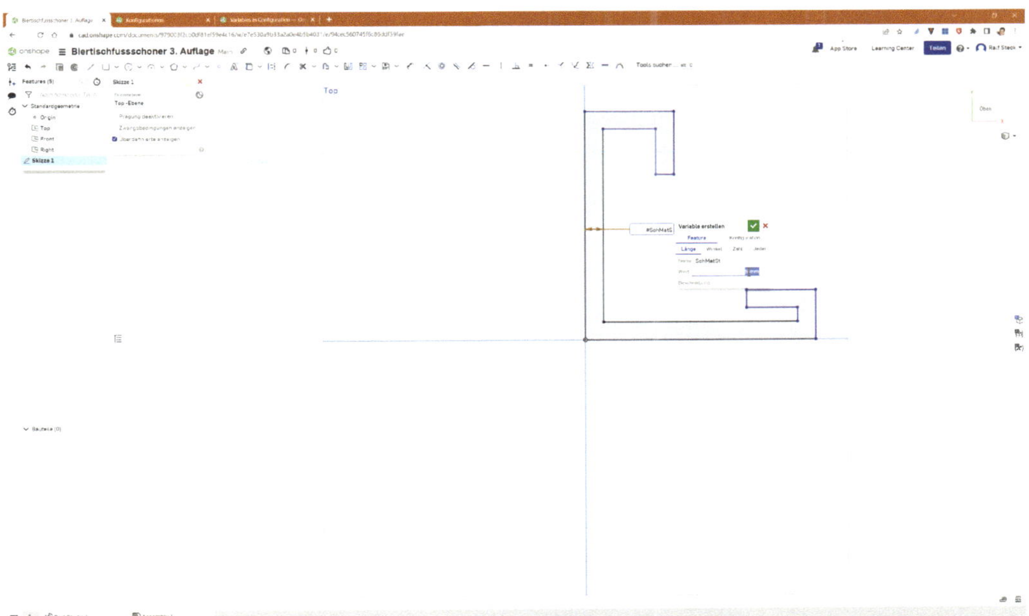

Bild 4.36 Eine neue Variable wird erstellt und taucht sofort als Feature auf.

Durch das Verwenden der Funktion *Versatz* ist mit einem Maß der Abstand des gesamten Linienzugs definiert. In FreeCAD war es notwendig, jedes parallele Linienpaar zu vermaßen und mit der Variablen zu verknüpfen. Ist ein Linienelement komplett definiert, wechselt es die Farbe von Blau zu Schwarz. Onshape erkennt die vollständige Vermaßung auf Elementebene (nicht nur für die gesamte Skizze), was die Fehlersuche sehr erleichtert. Die Innenfläche wird grau gefärbt, sobald der Linienzug geschlossen ist – eine weitere Komfortfunktion, die nebeneinander- statt aufeinanderliegende Linienenden schnell erkennen lässt.

Nun geht es ans Bemaßen. Klicke in der Buttonleiste auf BEMASSUNG und markiere die Innenlinie des oberen Hakens. Hier definieren wir die nächste Variable namens *#LMatSt*. Klicke danach auf die Innenlinie des anderen Hakens. Sobald du hier beginnst, „#L..." einzutippen, erscheinen drei Buttons – oben die bestehenden Variablen *LMatSt* und *SchMatSt* und darunter NEUE VARIABLE ERSTELLEN. Das System ist auch hier intelligent und bietet gleich alle vorhandenen Variablen zur Auswahl – wieder ein paar Tastendrücke gespart. Das funktioniert auch mit der Länge der Haken, die wir mit *SchMatSt* definieren. Achte aber darauf, die Enter-Taste zweimal zu drücken: einmal zur Auswahl des Maßes und einmal zur Bestätigung und zum Abschluss des Vermaßungsvorgangs.

Bei den Schenkeln machen wir es uns diesmal einfacher und verwenden nicht die Formel zur Berücksichtigung der Schonermaterialstärke – das ginge jedoch durchaus auch –, sondern bemaßen einfach die Innenlinien mit *#LRechts* und *#LLinks*. Nun haben wir alle vier Variablen im Feature-Baum.

HINWEIS: Bei mir blieben nach dem Vermaßen die beiden Abschlusslinien, die ich am Ende gezeichnet habe, blau. Zupfen an den Ecken zeigt: Es fehlt einfach nur die Vertikal- bzw. Horizontal-Bedingung. Du musst nur die Linie anklicken und die Taste V bzw. H drücken, dann ist die Geometrie komplett bestimmt und schwarz.

Schließe die Skizze durch einen Klick auf den grün unterlegten Haken. Nun wollen wir zwei Konfigurationen erstellen, je eine für Tische und Bänke. Öffne die *Konfigurationspalette* am rechten Bildschirmrand und klicke auf *Part Studio konfigurieren*. Dann erscheint die erste Konfiguration namens *Standard*, die du in „Biertisch" umbenennst. Im Feld darunter erstellst du durch Eingabe von „Bierbank" eine zweite Konfiguration. Gleichzeitig erscheint links oberhalb des Feature-Baums ein Fenster *Konfigurationen*. Klicke auf *Biertisch*, um die Konfiguration auszuwählen.

Nun schaffen wir die Verbindung zwischen Konfigurationen und Variablen. Oben links findest du den Button FEATURES KONFIGURIEREN, klicke ihn bitte an. In der Mitte oben zeigt eine gelbe Meldung, dass wir nun im Feature-Auswahlmodus sind. Klicke nun auf die Variable *#LRechts* im Feature-Baum. Es öffnet sich dasselbe Fenster wie beim Definieren der Variable. Wähle die Zeile „Wert..." aus, sie wird gelb umrandet und es erscheint eine neue Spalte auf der Registerkarte *Konfiguration* (Bild 4.37). Wiederhole das bei den anderen Variablen und schließe den gelben Dialogstreifen oben in der Mitte.

Nun haben wir in der Konfiguration eine Tabelle mit zwei Zeilen – den beiden Konfigurationen – und vier Spalten – den Variablen. In dieser Tabelle kannst du nun nach Herzenslust Werte ändern. Gib beispielsweise beim *Biertisch* die Materialstärken mit 6 mm und die Schenkellängen mit 60 mm an. Nun kannst du im Konfigurationsfenster oberhalb des Feature-Baumes zwischen den Konfigurationen wechseln, und die Maße ändern sich wie gewünscht.

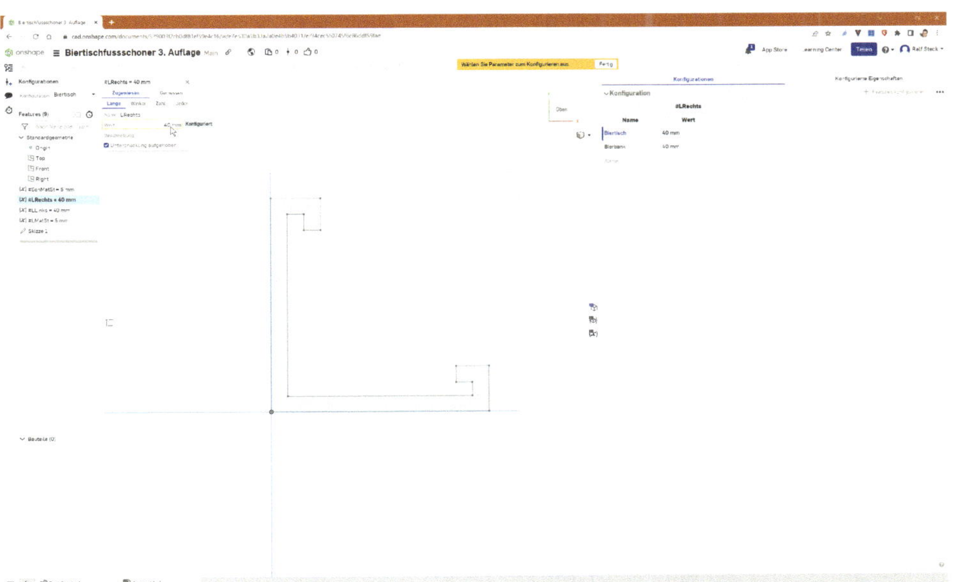

Bild 4.37 Beim Konfigurieren lässt sich jeder Wert auswählen und damit auch steuern.

HINWEIS: Verstehst du jetzt die Power von Konfigurationen? Wenn du einen neuen Tisch kaufst, der andere Abmessungen hat, fügst du einfach eine Zeile hinzu und hast ohne weitere Modellierarbeit eine dritte Konfiguration erschaffen, die sich per Knopfdruck aufrufen lässt.

Weiter geht es mit dem Markieren der Skizze und dem Extrudieren. Der zugehörige Befehl heißt in Onshape LINEAR AUSTRAGEN. Beim Klick erscheint ein Dialog, den wir etwas genauer betrachten müssen. Onshape vereinigt hier eine Vielzahl von Funktionen, die in FreeCAD auf unterschiedlichen Buttons oder gar in verschiedenen Workbenches gesucht werden müssen. Ganz oben lässt sich direkt ein Name vergeben, hier tragen wir „Klammer“ ein. Danach beginnt es mit der Volumen- oder Flächenmodellierung in den oberen Registern und geht weiter mit der zweiten Zeile und den Menüpunkten NEU, HINZUFÜGEN, ENTFERNEN und SCHNEIDEN.

NEU erstellt einen neuen unabhängigen Körper und HINZUFÜGEN eine neue Extrusion an einem bestehenden Körper. ENTFERNEN entspricht dem FreeCAD-Befehl *Pocket*, wobei hier nicht auf einem bestimmten Körper gearbeitet werden muss. Eine subtraktive Extrusion kann mehrere Körper gleichzeitig durchbohren. Unterhalb der Register ist blau hinterlegt die Geometrie angezeigt, die extrudiert werden soll, danach folgen die Parameter. Stelle *Blind* und eine Tiefe von 40 mm ein, und schließe mit dem grün unterlegten Haken.

Erzeuge eine zweite Skizze auf der *Top*-Ebene und drehe den Navigationswürfel auf *Bottom*, sodass du die Klammer von unten siehst. Klicke nun die beiden Außenkanten der Klammer an und öffne mit der rechten Maustaste das Kontextmenü. Mit *Verwenden* übernimmst du die beiden Linien in die neue Skizze. Mit zwei weiteren Linien schließt du die Skizze zum Rechteck. Nutze die Hilfslinien für die Senkrecht-/Waagerecht-Bedingung – und schon ist die Bodenskizze fertig.

HINWEIS: Habe ich mit der direkten Referenzierung des Bodens auf die Klammerkanten nicht den „Pfad der Tugend" verlassen? Ja und nein. Die Körper und die referenzierten Kanten verschmelzen in diesem Fall und die Referenz ist sozusagen im Körper verschwunden. Damit ist die Gefahr gering, dass diese Referenzen irgendwann zerstört werden.

Die zweite Extrusion ist auf *Hinzufügen* voreingestellt. Du musst nur noch den Dickenwert „4" eingeben und mit einem Klick auf den Pfeil neben *Blind* die Extrusionsrichtung ändern und erhältst dann den gewünschten Komplettkörper (Bild 4.38). Indem du beim Verrunden ganze Flächen auswählst, sammelst du sehr schnell alle Kanten und verrundest sie mit „0.5 mm". Als US-System benötigt Onshape bei der Eingabe leider den Dezimalpunkt statt eines Kommas.

Hoppla, nun haben wir die Schlitze vergessen! In FreeCAD wäre das problematisch, weil nach den Extrusionen nun ja schon die Verrundungsaktion ansteht und die Ecken nicht mehr existieren, die man zum Positionieren der Schlitze benötigt. In Profisystemen wie Onshape nutzt man in diesem Fall einfach die *Rollback-Leiste* – das ist der graue Balken am unteren Ende des Historienbaums (Bild 4.39) – und schiebt diesen an die Stelle oberhalb von *Fillet*. *Fillet* wird nun ausgegraut und die Verrundungen am Modell sind verschwunden.

HINWEIS: Beim Einsatz des *Rollback Bar* ist allerdings Vorsicht geboten, denn die Aktionen unterhalb des Balkens müssen ja, wenn man sie wieder aktiviert, auch wieder lösbar sein. Du musst also darauf achten, keine Kanten oder Objekte, die weiter unten als Referenz benötigt werden, beim Einschieben neuer Aktionen zu zerstören.

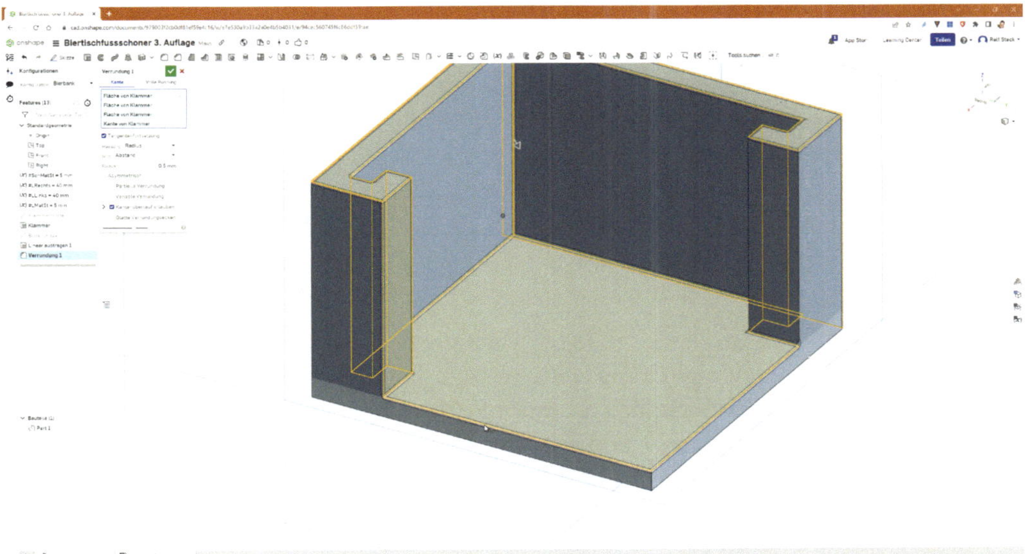

Bild 4.38 Durch das Auswählen ganzer Flächen sind die Verrundungen schnell gesetzt.

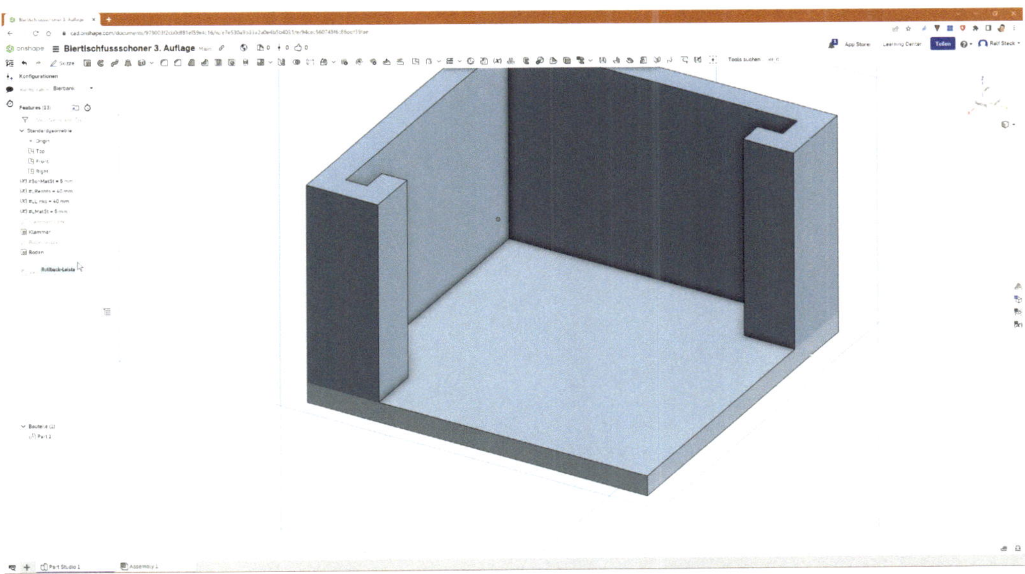

Bild 4.39 Mithilfe der *Rollback-Leiste* können wir eine Skizze in einem beliebigen Punkt des Modells positionieren.

Nun startest du eine neue Skizze auf der Frontebene und zeichnest wie gewünscht den Schlitz – diesmal natürlich gleich mit schräger Oberkante. Ich habe mir die Vorderkante des Hakens – die ja nur bis zur Oberkante des Bodens reicht – in die Skizze geholt und im Kontextmenü (rechte Maustaste) als Konstruktionslinie definiert. So habe ich die äußere untere Ecke des Schlitzes gleich definiert und damit die Schlitzgeometrie im Verhältnis zum restlichen Modell fixiert. Das Winkelmaß entsteht, indem du die X-Achse und die schräge Oberseite markierst. Sobald du die Schlitze fertig modelliert hast, kannst du den *Rollback Bar* ans Ende der Historie ziehen, und die Verrundungen erscheinen nun wieder (Bild 4.40).

Nun kommt der Test aufs Exempel: Stelle die Konfiguration wieder um – das Modell sollte sich den neuen Werten anpassen. Der Export ist schließlich auf Knopfdruck erledigt. Klicke einfach mit der rechten Maustaste unten im Fenster auf die Registerkarte *Part Studio 1* und wähle dort *Export* aus. Nun musst du nur noch das richtige Format und eine feine Auflösung wählen – und fertig ist die fehlerfreie STL-Datei, die sofort zum 3D-Drucken geeignet ist.

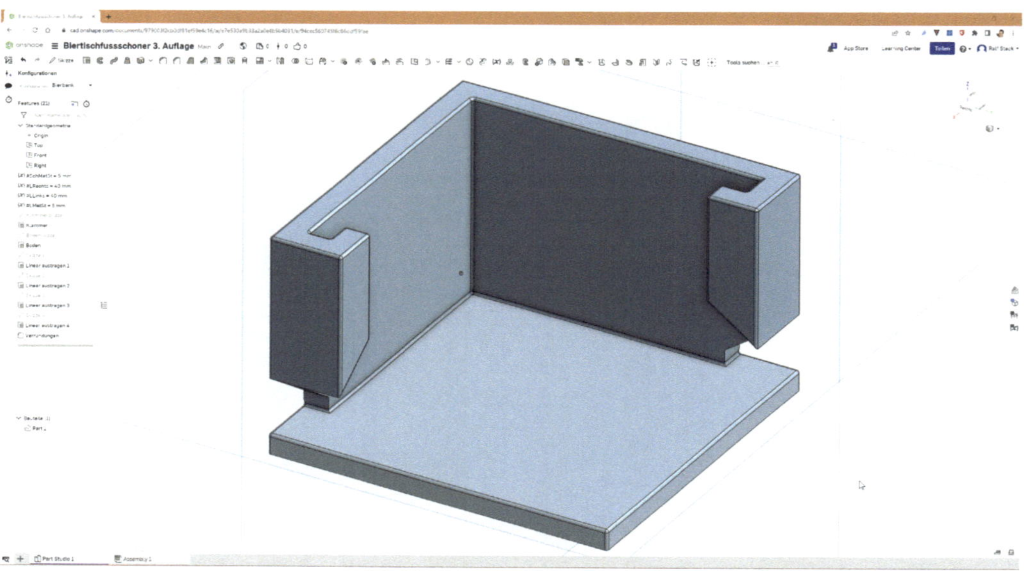

Bild 4.40 In Onshape lässt sich der Bodenschoner für Biertischfüße sehr schnell und effizient aufbauen.

Du hast nun im Schnelldurchlauf eines der wichtigsten Merkmale professioneller CAD-Systeme kennengelernt: Automatismen und intelligente Funktionen erkennen, was die Anwender tun möchten, und stellen sich selbst entsprechend ein. In die sogenannte User Experience, d.h. in die Arbeitsweise und -philosophie des Systems und der Benutzeroberfläche, stecken die CAD-Hersteller viel Geld und

Entwicklungszeit. Das hat zur Folge, dass der professionelle Anwender, der sein Geld mit Modellierung verdienen muss, schnell, genau und effizient arbeiten kann. Ziel der Systemhersteller ist es, die Bedienung so transparent wie möglich zu machen, sodass sich der Konstrukteur auf sein Modell konzentrieren kann und nicht von der Benutzeroberfläche abgelenkt wird.

Und, bist du auf den Geschmack gekommen? Dann wünsche ich dir viel Spaß mit dem Erstellen deiner eigenen 3D-Modelle in Onshape.

Das Onshape-Modell des Bodenschoners für den Biertischfuß findest du unter *https://cad.onshape.com/documents/979003f2cb0df81ef59e4c16/w/e7e530a9b33a2a0e4b5b4031/e/94cec560745f6c86ddf59fae* (der Zugriff auf die Onshape-Webseite funktioniert nur, wenn Du mit Deinem Onshape-Account eingeloggt bist).

5 Direktmodellierung eines Modellbau-Häuschens mit SketchUp

Nun kannst du alles vergessen, was du gelernt hast – naja, fast jedenfalls. Nachdem wir uns in Kapitel 4 (FreeCAD) viel mit parametrischer Modellierung und dem strikten Ablauf von Skizzen, Extrusionen und Referenzen beschäftigt haben, kehren wir nun in vielen Aspekten wieder zurück zu Kapitel 3. In diesem Kapitel werden wir jedoch nicht mit Tinkercad arbeiten, sondern mit SketchUp.

SketchUp kam im Jahr 2000 auf den Markt und war damals für den Architekturbereich konzipiert. Der Hersteller @Last Software wurde im März 2006 von Google gekauft. Damals wurde dann auch eine kostenlose, in der Funktion abgespeckte Version angeboten, um die Erstellung von 3D-Gebäuden für Google Earth zu erleichtern. Im April 2012 verkaufte Google die Software schließlich an den heutigen Hersteller Trimble Navigation. Trimble bietet nun „zweieinhalb" Versionen der Software an. Offiziell sind dies das lokal installierbare, kostenpflichtige SketchUp Pro sowie die im Browser laufende, kostenlose Online-Version SketchUp Free. Bislang wurde für den nicht kommerziellen Einsatz das kostenfreie SketchUp Make angeboten, das es nach wie vor gibt. Es wird allerdings seit Version 2017 nicht mehr weiterentwickelt. Da die SketchUp-Free-Version nicht den Funktionsumfang hat, den SketchUp Make bietet, werden wir mit SketchUp Make arbeiten. Der Downloadlink ist etwas versteckt, aber ich zeige dir den Weg dorthin.

Nach der Installation arbeitest du übrigens 30 Tage lang mit der Vollversion SketchUp Pro. Danach reduziert sich der Funktionsumfang automatisch. Ich habe bewusst diesen Zeitraum abgewartet, bevor ich mit dem Projekt begann. Das gesamte Projekt kann also mit SketchUp Make durchgeführt werden. Trimble Navigation hat natürlich ein Interesse daran, seine Pro-Version zu verkaufen, und hat den Funktionsumfang der freien Version in den letzten Jahren immer weiter beschnitten. So ist es beispielsweise nicht mehr möglich, Vektordaten im DXF-Format zu exportieren. Deshalb ist es leider nicht möglich, die in SketchUp erstellten Daten an einen Lasercutter zu übergeben.

HINWEIS: Die letzte von Google veröffentlichte SketchUp-Version 8 (Release: 2010) ist derzeit noch im Internet zu finden. Sie bietet teils einen größeren Funktionsumfang. Ob und wie lange diese Version allerdings noch verwendbar sein wird, lässt sich schwer sagen.

Für das Projekt, das wir in diesem Kapitel realisieren werden, habe ich mit der Version 17.2.25 559 (64 Bit) von SketchUp Make gearbeitet. An SketchUp Make gelangt man nur über Umwege – und zwar über eine App. Wähle auf der Website *https://www.sketchup.com/de* unter *Unsere Produkte* den Eintrag *SketchUp Free*. Dies bringt dich zu einer neuen Seite. Dort klickst Du auf den roten Button *Mit dem Modellieren loslegen*. Dann startet die App.

Allerdings benötigst du einen Trimble-Account. Sobald du auf das Hamburger-Menü – das sind die drei Striche oben links in der Ecke – klickst, öffnet sich ein Login-Dialog, in dem du einen Account erzeugen kannst. Sobald du diesen erstellt und dich eingeloggt hast, musst du wieder auf das Hamburger-Menü klicken. Nun öffnet sich das Menü und zeigt ganz unten links den unscheinbaren Button App Downloads an. Ein Klick darauf lässt zwei weitere Buttons mit dem SketchUp-Logo erscheinen. Der linke führt zu SketchUp Pro, der rechte zu unserem eigentlichen Ziel: SketchUp Make 2017 in der Windows- oder Mac OS-Version. Lade die Datei herunter und installiere die Software.

HINWEIS: Zwischen der Version 16, mit der dieses Projekt in der 1. Auflage (ISBN 978-3-446-45 020-2) erarbeitet wurde, und der aktuellen Version SketchUp Make 2017 besteht nahezu kein Unterschied – zumindest nicht in der entscheidenden Funktionalität, sodass ich die Screenshots nicht aktualisiert habe. Diese würden bis auf die Titelzeile und das Icon für den Extension Manager ohnehin identisch aussehen.

Eine Stärke von SketchUp ist das *3D Warehouse* – eine riesige Bibliothek von 3D-Modellen, die sich direkt in der SketchUp-Oberfläche suchen und ins Modell laden lassen. Viele Möbelhersteller haben ihre Produkte hier eingestellt. Darüber hinaus wurden zahlreiche Produkte von SketchUp-Usern modelliert und in der Bibliothek veröffentlicht. Alleine die Suche nach dem Stichwort „IKEA" fördert fast 10 000 Ergebnisse zutage.

Eine weitere Bibliothek ist das *Extension Warehouse*, aus dem du Hunderte von Plug-ins herunterladen und teils kaufen kannst. Viele Plug-ins sind jedoch kostenlos, beispielsweise das SketchUp-STL-Plug-in, das vom Hersteller selbst stammt. Dieses werden wir später noch benötigen. Du kannst es also gerne gleich installieren.

Der Extension Manager in SketchUp 2017 (letzter Button ganz rechts) gibt einen Überblick über die installierten Extensions und sorgt dafür, dass die Extensions immer up to date sind.

HINWEIS: Beim ersten Klicken auf *Installieren* öffnet sich ein Dialog, in dem du die Geschäftsbedingungen des Warehouse annehmen musst. Danach passiert erst einmal nichts. Du musst nun abermals den Installationsbutton anklicken.

SketchUp ist eine Direktmodellierungssoftware. Das bedeutet, dass nicht mit (steuernden) Skizzen und Maßen gearbeitet wird, sondern die gewünschte Form einfach durch das Extrudieren von Flächen, durch das Hinzufügen und Wegnehmen von Körpern sowie durch Ziehen und Drücken entsteht. Man kann also z.B. die Oberfläche eines Quaders einfach ziehen und schieben, um die gewünschte Größe einzustellen. Man kann die Oberfläche aber auch mit einer Linie unterteilen und die beiden Teile danach sofort unabhängig voneinander bewegen. So lassen sich sehr schnell komplexe Formen erzeugen. Falls man jedoch nachträglich Änderungen vornehmen will, liegen einem keine Skizzen vor, die man anpassen kann.

Die Software ist aus zwei Gründen interessant für Maker: Man kann zum einen schnell und einfach loslegen, zum anderen kann man mithilfe eines Plug-ins SketchUp-STL-Dateien nicht nur im- und exportieren, sondern auch bearbeiten. Da SketchUp-Geometrien (genau wie STL) aus Dreiecken aufgebaut sind, funktioniert das recht gut.

5.1 Das Projekt: ein 3D-druckbares Hausmodell für die Modelleisenbahn

Im Folgenden wollen wir mit SketchUp das Modell eines beliebigen, real existierenden Hauses in SketchUp erstellen (Bild 5.1), um davon dann im Anschluss einen 3D-Druck zu produzieren. Bei der Modellierung der einzelnen Stockwerke des Hauses wirst du die Handhabung der Software schnell erlernen.

Das entstandene Modell lässt sich im Anschluss sehr schön auf dem 3D-Drucker ausdrucken und nach dem Zusammenkleben der einzelnen Ebenen zum Beispiel in eine Modelleisenbahnlandschaft integrieren. Das Dach und den Balkon lassen wir beim 3D-Drucken weg, weil beide sehr viel Stützmaterial erfordern würden. Das Hausmodell lässt sich stattdessen mit den im Handel erhältlichen Dachziegel-Bastelplatten für Modellbauer schließen. Alternativ lässt sich das Hausmodell auch als Anschauungsmodell – beispielsweise zur Veranschaulichung der Platzverhältnisse in einem Haus, das noch nicht existiert (Bild 5.2).

Bild 5.1 Ein 3D-Modell des eigenen Hauses – vielfältig verwendbar und toll anzusehen

Bild 5.2 Ein 3D-gedrucktes Modell des eigenen Hauses als Anschauungsobjekt? Das lässt sich in SketchUp einfach umsetzen.

Eine weitere Nutzungsmöglichkeit des Modells ist virtueller Natur: Du kannst dein Haus in SketchUp möblieren und so Innenraumplanung betreiben (Bild 5.3). Wände, Böden und Decke lassen sich realistisch einfärben, sodass du mit der integrierten *Walk Through*-Funktionalität durch die Räume deines Hauses streifen und beispielsweise die Wirkung einer bunt gestrichenen Wand beurteilen kannst (siehe Abschnitt 5.6 und Abschnitt 5.7).

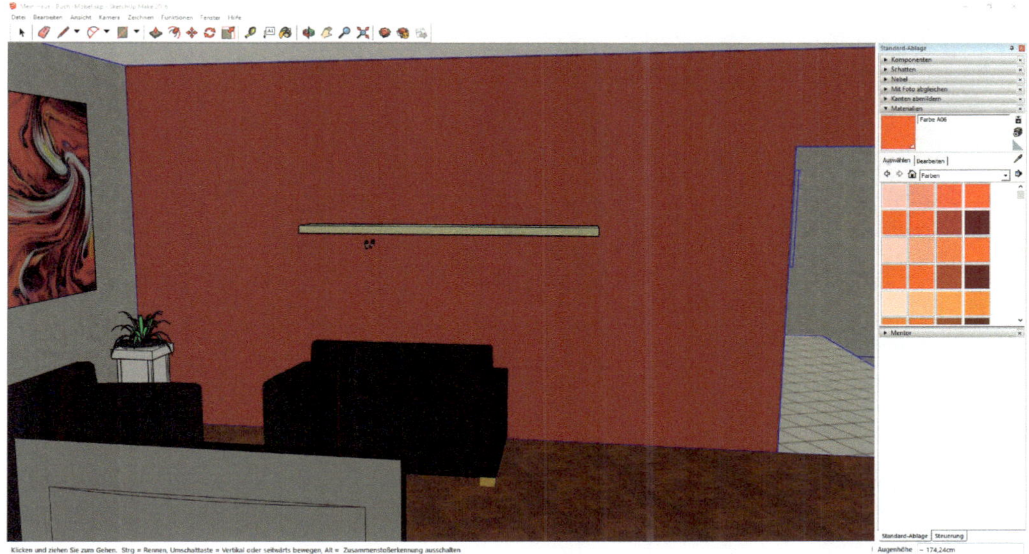

Bild 5.3 Das SketchUp-Modell kann realistisch eingerichtet werden. So macht Innenarchitektur Spaß!

Dabei kann SketchUp sogar die Sonneneinstrahlung simulieren. Das bedeutet, dass du den Schattenwurf an einem bestimmten Tag und zu einer bestimmten Uhrzeit realistisch angezeigt bekommst (Bild 5.4).

Im letzten Schritt werden wir die Fähigkeiten der Software nutzen, Fotos so zu entzerren, dass man diese als Vorlage für die Modellierung nutzen kann (Abschnitt 5.8). Das hat den Vorteil, dass man auch ohne genaue Pläne zu einem Ergebnis kommt, beispielsweise, wenn man ein öffentliches Gebäude in seine Modelleisenbahnlandschaft integrieren möchte. Dieses Modell ist innen leer und kann direkt verwendet werden.

Ich nutze für das Projekt die Pläne meines eigenen Hauses und bitte um Verständnis, dass ich diese hier nicht komplett veröffentliche. Ich werde dir aber in jedem Fall so viele Informationen geben, dass du das Projekt durcharbeiten kannst. Natürlich kannst du das Kapitel auch anhand deines eigenen Hauses oder auf Basis frei verfügbarer Pläne angehen. Detaillierte Pläne schöner und exklusiver Gebäude findet man an vielen Stellen im Internet. Pläne sehr schöner Einfamilienhäuser findest du beispielsweise in der Zeitschrift *Schöner Wohnen* unter *http://www.schoener-wohnen.de/architektur/grundrisse*. Einen gewaltigen Schatz an historischen Bauplänen hat das Architekturmuseum der Universität Berlin unter *http://architekturmuseum.ub.tu-berlin.de* online gestellt.

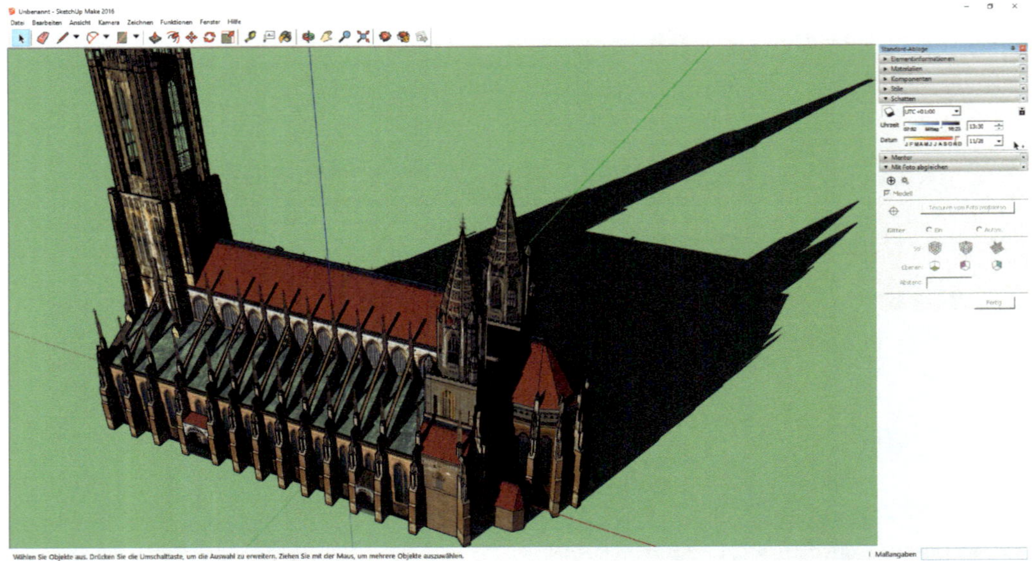

Bild 5.4 SketchUp hat eine Schattensimulation, die in diesem Beispiel den Schattenwurf des Ulmer Münsters am 28.11.2016 um 13:30 Uhr anzeigt. Beachte auch die Schatten der Strebebögen auf dem Dach!

Noch eine Vorüberlegung, bevor wir endlich loslegen: Einem CAD-System ist es grundsätzlich egal, wie groß das Modell ist. Wir können deshalb einfach in realer Größe modellieren und müssen nicht mühsam jedes Maß beispielsweise in den HO-Maßstab von 1:87 umrechnen. Stattdessen skalieren wir ganz am Ende, bevor wir die virtuelle Welt verlassen. Dies vermeidet Fehler, ermöglicht uns eine universellere Nutzung des Modells (beispielsweise für das Einrichten mit Möbeln) und spart Rechenarbeit.

■ 5.2 Erste Schritte in SketchUp

Beim Starten von SketchUp musst du zunächst eine Vorlage auswählen. Wähle bitte Einfache Vorlage > Meter aus. Daraufhin öffnet sich das Hauptfenster von SketchUp mit einem grünen Boden, blauem Himmel und einer Frauenfigur neben dem Koordinatenursprung. Diese soll bei der Modellierung helfen, da sie einen Größenvergleich ermöglicht. Natürlich kannst du die Figur auch entfernen. Klicke sie dazu an. Die jetzt erscheinenden blauen Umrisse zeigen an, dass die betreffende Geometrie aktiv ist. Drücke nun die Entf-Taste.

Die meisten Architekturpläne sind in Zentimetern bemaßt. Also wollen wir nun auch diese Maßeinheit einstellen, denn das vermeidet Fehler. Gehe dazu in der

Menüleiste auf FENSTER > MODELLINFORMATIONEN. Dort kannst du, nachdem du die Unterteilung EINHEITEN ausgewählt hast, rechts oben auf Zentimeter umstellen. Ab jetzt versteht das System jede Zahleneingabe als Zentimeterangabe. Eine Unterteilung tiefer kannst du übrigens den Ort eingeben, an dem das Haus steht. Dann ist es möglich, in Google Earth die exakte Position deines Hauses zu definieren und die Earth-Ansicht als Definition der geografischen Position und Ausrichtung des Hauses in SketchUp hereinzuziehen. Dies ist die Voraussetzung dafür, dass du die Sonnensimulation in SketchUp nutzen kannst (Bild 5.5).

In der Grundeinstellung ist das Koordinatensystem nach Norden ausgerichtet, was bei meinem wie den allermeisten Häusern wenig Sinn macht. Klicke auf FUNKTIONEN > ACHSEN, um dies zu ändern. Dort kannst du den Nullpunkt auf eine Gebäudeecke setzen und die rote und grüne Achse an den Gebäudekanten ausrichten.

Bild 5.5 In den Modelleigenschaften lässt sich ein geografischer Standort definieren. Das System lädt dann einen „Boden" aus Google Earth.

TIPP: In unserem Projekt kommt es übrigens nicht auf millimetergenaue Modellierung an. Ob das Haus nun einen Millimeter größer oder kleiner ist oder dreißig Zentimeter neben dem tatsächlichen Standort steht, ist hier nicht relevant. Die wenigsten Häuser entsprechen genau den Plänen, nach denen sie gebaut werden.

Bevor wir mit der Modellierung beginnen, schauen wir uns die Benutzeroberfläche von SketchUp zunächst noch ein bisschen genauer an. Unterhalb der Menüleiste findest du eine kompakte Icon-Leiste, die – neben dem Auswahlpfeil ganz links – Bereiche für die Geometrieerstellung, die Geometriemanipulation sowie das Messen und Füllen beinhaltet und das Sprungbrett zum *3D Warehouse* und zum *Extension Warehouse* darstellt. Die Ablage, die ganz rechts im Programmfenster zu finden ist, bietet in den sogenannten Dialogen Zugriff auf wichtige Funktionen und Informationen (Bild 5.6). Mit einem Rechtsklick oben in die Fensterleiste kannst du die Inhalte der Ablage verwalten und Dialoge hinzufügen oder abschalten. Zudem lassen sich weitere Ablagen definieren, aber es steht nur eine begrenzte Anzahl von Dialogen zur Verfügung. Ich habe die Dialoge etwas umsortiert und *Elementinformationen*, *Materialien*, *Stile*, *Layer*, *Szenen* und *Gliederung* auf eine zweite Ablage namens *Steuerung* umsortiert. Da die Ablagen „hintereinander" in derselben Spalte der Fensteroberfläche liegen, gewinnt man so etwas Platz.

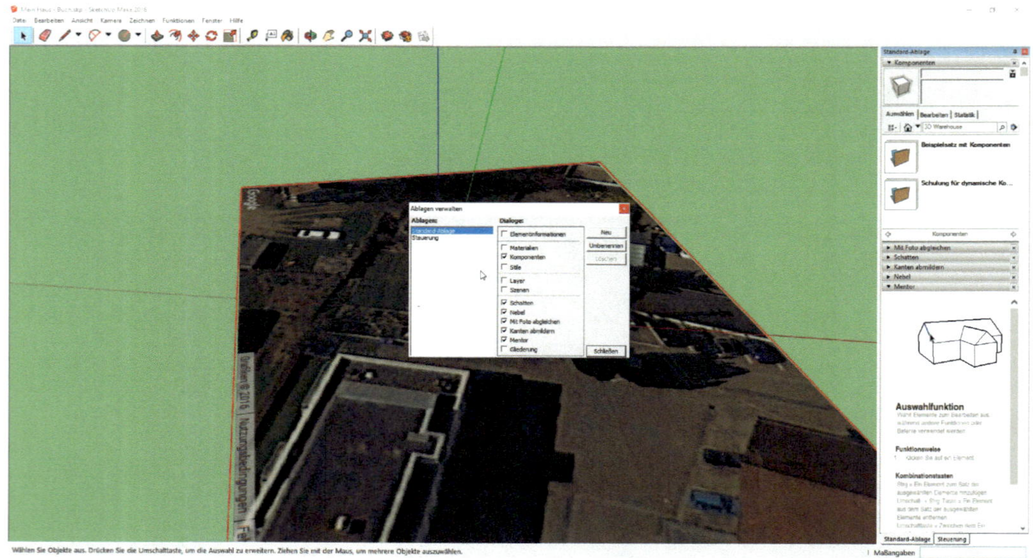

Bild 5.6 Die Dialogelemente in der rechten Spalte lassen sich auf beliebig viele Ablagen verteilen.

Eine große Hilfe beim Einarbeiten ist der Dialog *Mentor*, der passend zum aktiven Befehl Informationen liefert (Bild 5.7). Eine kleine Animation zeigt die Bedienung. Danach folgt eine Beschreibung der Funktion und des Ablaufs des Befehls. Zudem werden die Tastenkombinationen des Befehls angezeigt sowie Links zum im Internet verfügbaren Benutzerhandbuch, die aber bei mir nicht funktionierten.

Informationen zum aktuellen Befehl werden zudem in der Statusleiste ganz unten dargestellt. Eine sehr wichtige Information ist das Eingabefeld unten rechts in der Statusleiste, das je nach Befehl mit *Abmessungen*, *Abstand*, *Maßstab* usw. beschriftet ist.

HINWEIS: Das Feld verhält sich etwas ungewöhnlich. Es gibt keine optische Rückmeldung, wenn man es anklickt. Es ist also beispielsweise kein senkrechter Strich zu sehen, der sonst meist eine mögliche Tastatureingabe anzeigt. Erst wenn du Zahlen eintippst, färbt sich das Feld gelb und ermöglicht die Zahleneingabe.

Bild 5.7 Der Mentor erklärt in Bild und Wort, wie eine Funktion bedient werden muss, was sie kann und welche Tastenkombinationen es gibt.

Du kannst in SketchUp übrigens keine Arbeitsebene frei wählen, sondern zeichnest immer auf der Ebene, die „am parallelsten" zum Bildschirm ist. Das ist zunächst ungewohnt, du wirst dich aber schnell daran gewöhnen. Es funktioniert automatisch und damit intuitiv.

5.3 Los geht's! Das Hausmodell entsteht

Nun lass uns loslegen! Aktiviere dazu das Formenwerkzeug in der Icon-Leiste oben und stelle es auf *Rechteck*. Du kannst hier auch *Kreise* und *Vielecke* zeichnen. Unter *Gedrehtes Rechteck* versteht die Software Rechtecke, die nicht in einer der Grundebenen liegen. Hier legst du mit dem ersten Klick die erste Ecke und dann die Ebenen-Ausrichtung fest.

Bei uns geht es wie gesagt mit einem Rechteck los. Klicke auf die erste Hausecke im Google Earth-Bild und ziehe das Rechteck auf. Nun folgt der interessante Schritt der Maßeingabe. Bevor du zum zweiten Mal klickst (oder direkt danach), beginnst du einfach mit der Eingabe von Maßen – und zwar in der Form *Quermaß; Längsmaß*. Die Werte werden also durch einen Strichpunkt getrennt, Kommawerte sind natürlich möglich. Da wir die Eigenschaften auf Zentimeter eingestellt haben, erwartet das System jetzt dieses Format. Bei meinem Haus gebe ich beispielsweise *1294; 1058* ein.

TIPP: Welches Maß das erste und welches das zweite ist, kannst du feststellen, indem Du das Rechteck vor dem zweiten Klick mit der Maus in der Größe änderst. Dann siehst du schnell, in welche Richtung welches Maß gilt.

Falls es nicht geklappt hat, kannst du das Rechteck mit dem *Radiergummi*-Werkzeug löschen. **Doch Achtung:** Das Rechteck zerfällt, sobald es erzeugt ist, in eine Fläche und die vier Begrenzungslinien. Diese müssen alle einzeln gelöscht werden. Du kannst mit dem *Radiergummi*-Werkzeug quer über das Rechteck fahren. Dann wird alles gelöscht, was der Mauscursor berührt.

Werkzeuge in SketchUp lassen sich nicht, wie bisher gewohnt, per Esc-Taste deaktivieren. Es ist sozusagen immer ein Werkzeug aktiv. Das siehst du auch am Mauszeiger. Gewöhne dir an, nach jedem Arbeitsschritt wieder auf Auswahl zu klicken, damit nicht aus Versehen eine Aktion ausgelöst wird.

Jetzt geht es in die dritte Dimension. Aktiviere das Werkzeug *Drücken/Ziehen* und klicke auf die Rechteckfläche. Diese ändert ihre Darstellung und wird mit einem dunkelblauen Punktmuster markiert. Nun kannst du sie anfassen und hochziehen. Gib die lichte Höhe, also die Entfernung von Boden zu Decke, plus zehn Zentimeter an. So bleibt uns später, wenn wir die Räume von oben her aushöhlen, ein zehn Zentimeter dicker Boden stehen. **Achtung:** Die Geschosshöhe beinhaltet die lichte Höhe plus die Dicke der Decke, wird also von Fußboden zu Fußboden gemessen.

Nun nutzen wir das zweite Werkzeug (*Versatz*) in der Leiste, um die Außenmauerdicke zu definieren. Das Werkzeug *Versatz* funktioniert wie der *Offset* in Onshape. Wenn du einen Kantenzug, in diesem Fall die obere Kante des Rechtecks, anklickst, zeichnet das System einen Linienzug parallel zu diesen Kanten. In diesem Fall ist es ein weiteres Rechteck, das du jetzt nach innen ziehst. Durch Eingabe von „14“ definierst du den Abstand (Bild 5.8).

Diese innere Linie ist unsere Hilfslinie, an der wir die Rechtecke ausrichten, aus denen die Räume entstehen. Beginne in einer Ecke mit dem ersten Raum. Wenn du den ersten Punkt des Rechtecks auf die Ecke der Innenwand setzt, bleibt das Rechteck an der Innenwand fixiert. Sie ist 585,5 cm lang und 365 cm breit. Auch hier kannst du die Maße wieder direkt nach dem ersten Klick eingeben.

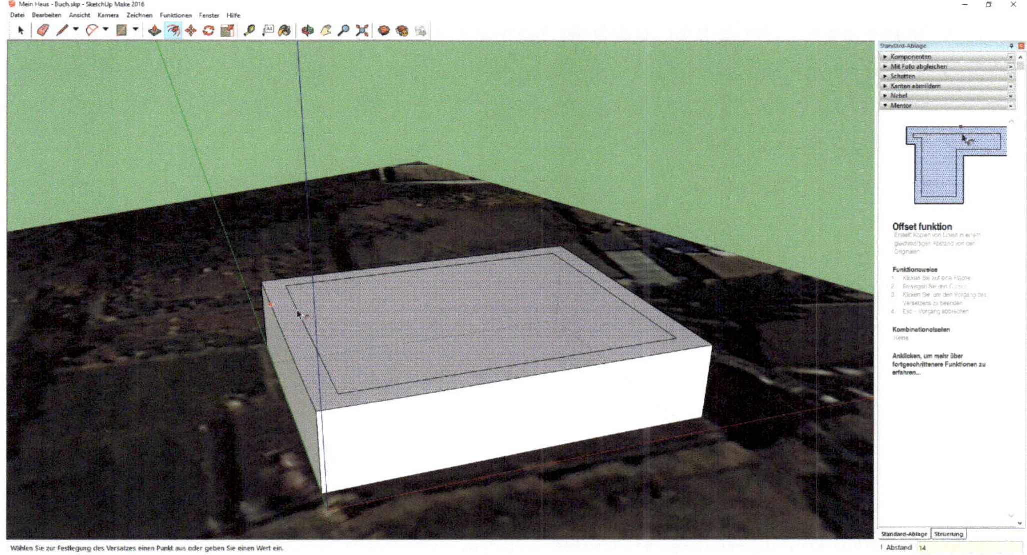

Bild 5.8 Das erste Rechteck ist erstellt. Nun werden die Außenmauern per Versatz definiert.

Nun kannst du die direkte Modellierung ausprobieren: Nur durch Zeichnen des Raumes auf der Oberfläche wird die Deckfläche des Rechtecks in mehrere Bereiche zerschnitten. Aktiviere das Werkzeug *Drücken/Schieben* und drücke die Fläche des Raums nach unten. So entsteht der erste Raum unseres Hauses. Benutze jetzt die Tastenkombination Alt + Rücktaste, um die Flächenverschiebung rückgängig zu machen. Wir werden alle Räume in einem Rutsch erzeugen. Aber nun zeichnen wir erst einmal die weiteren Räume.

HINWEIS: Achtung! SketchUp verschiebt jede Fläche und jeden Strich ohne Rückfrage und ohne Möglichkeit, dies ungeschehen zu machen, wenn man die Software das nächste Mal schließt. Gucke also genau, welche Flächen und Kanten blau sind, bevor du etwas bewegst.

Ich habe zum Beispiel erst beim Setzen der Fenster bemerkt, dass ich irgendwann die obere Fläche der Wände bewegt hatte. Dadurch waren Innen- und Außenwände nicht parallel und das Durchbrechen der Wände nicht mehr möglich. Einziger Ausweg: Neu beginnen.

Speichere deshalb alle paar Minuten oder nach wichtigen Schritten das Modell unter einem neuen Namen, um im Falle des Falles nicht komplett neu beginnen zu müssen.

Doch wie positionierst du die Räume, die nicht an einer Hausecke liegen? Zeichne sie in der richtigen Größe, aber erst einmal nur grob zwischen die anderen Räume. Nun wählst du unter FUNKTIONEN den Punkt ABMESSUNGEN. Damit kannst du Maße anbringen - entweder an einer Line oder zwischen zwei Eckpunkten. In diesem Fall bringst du zwischen der Ecke des nächsten, positionierten Raums und der daneben liegenden Ecke des neuen Raums das Maß an. So siehst du die Wandstärke. Dann markierst du alle Linien und die Fläche des Raums und verschiebst den Raum so lange, bis die Wandstärke stimmt.

Das *Auswahl*-Werkzeug in SketchUp ist sehr mächtig. Mit gedrückter Strg-Taste sammelst du mehrere Elemente, mit gedrückter Umschalttaste kannst du versehentlich gewählte Elemente wieder abwählen. Ziehst du eine Box von links nach rechts, werden alle Elemente markiert, die vollständig innerhalb der Box liegen. Ziehst du die Box von rechts nach links, werden alle Elemente aktiv, die von der Box berührt werden. So lassen sich mehrere Elemente schnell markieren.

So baust du nach und nach den kompletten Grundriss aller Wände im Erdgeschoss auf (Bild 5.9). Die Türen und Fenster bauen wir später ein. Ich habe am Ende die Wände noch etwas zurechtgezupft, um gleichmäßige Wandstärken zu erhalten. Achte dabei darauf, wirklich rechtwinklig zu ziehen, damit aus den rechteckigen Wänden keine Parallelogramme werden. Eine Hilfe beim rechtwinkligen Ziehen sind die Pfeiltasten. Wird eine der Tasten *Pfeil Rechts* (*X*-Achse, rot), *Pfeil Links* (*Y*-Achse, grün), *Pfeil Oben* (*Z*-Achse, blau) gedrückt, wird die Zugrichtung auf die jeweils genannte Richtung beschränkt.

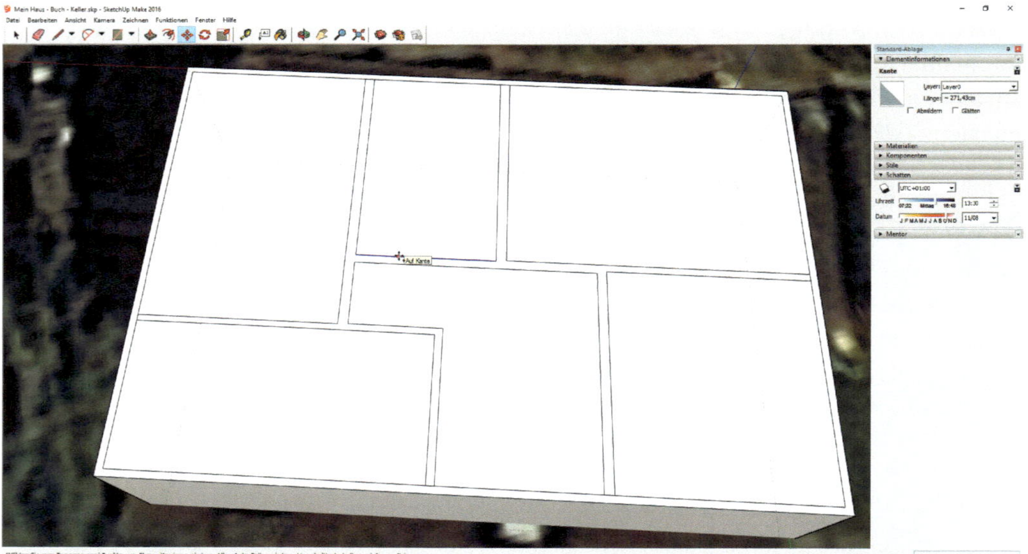

Bild 5.9 Schritt für Schritt entsteht der Grundriss. Ich habe am Ende die Wände noch etwas zurechtgezupft, um gleichmäßig dicke Wände zu erhalten.

Im nächsten Schritt höhlen wir den Block aus und erzeugen die Räume. Markiere dazu die Fläche eines Raums mit dem Werkzeug *Drücken/Schieben* und drücke die Fläche nach unten. Tippe „262" ein, sobald du etwas nach unten gefahren bist. Nun springt der Boden auf das gewünschte Niveau.

HINWEIS: Achtung Denkfalle! Das Maßeingabefeld zeigt beim Schieben nach unten zunächst negative Werte an, also beispielsweise −20,54 cm. Wenn du nun logisch richtig „−262" Zentimeter eintippst, springt die Fläche des Raums 262 cm nach oben. Das macht für mich keinen wirklichen Sinn, ist aber nun mal so implementiert.

Nun wäre es ja relativ mühsam, dies für jeden Raum wiederholen zu müssen. Zum Glück bietet SketchUp eine Abkürzung. Doppelklicke dazu auf die nächste Fläche. Diese springt dann automatisch auf die Tiefe des ersten Raums. So ist mit wenigen Doppelklicks das Erdgeschoss fertiggestellt.

Hast du wie ich eine Wand vergessen, die im Plan fehlt, aber nachträglich eingebaut wurde? Kein Problem! Zeichne einfach zwei parallele Linien auf den Boden und ziehe die Fläche dazwischen hoch. Die Extrusion wird dann automatisch auf die Oberkante der anderen Wände begrenzt. Achte darauf, die Linie, die zwischen der Oberkante der neuen Wand und der bestehenden Querwand entstanden ist, zu löschen (Bild 5.10).

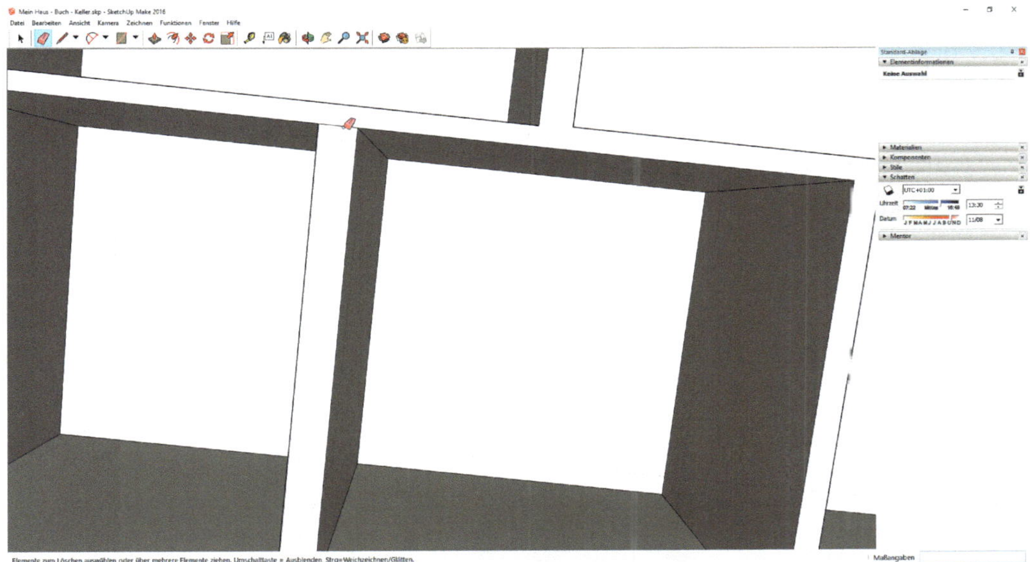

Bild 5.10 Um eine gesamte Wandoberfläche zu behalten, muss die Linie gelöscht werden, die alte und neue Wand trennt.

Diese Linie trennt die obere Fläche der neuen Wand von der bisherigen Fläche, die alle oberen Flächen aller Wände umfasst. Würdest du nun alle Wände etwas nach unten schieben wollen, würde die neue Wand die Verschiebung nicht mitmachen. In SketchUp werden Werkzeuge immer auf eine Fläche oder eine Linie angewandt. Du kannst also einfach durch Ziehen einer Querlinie einen Teil einer Wand abtrennen und diesen Teil der Wand in der Höhe verändern (Bild 5.11).

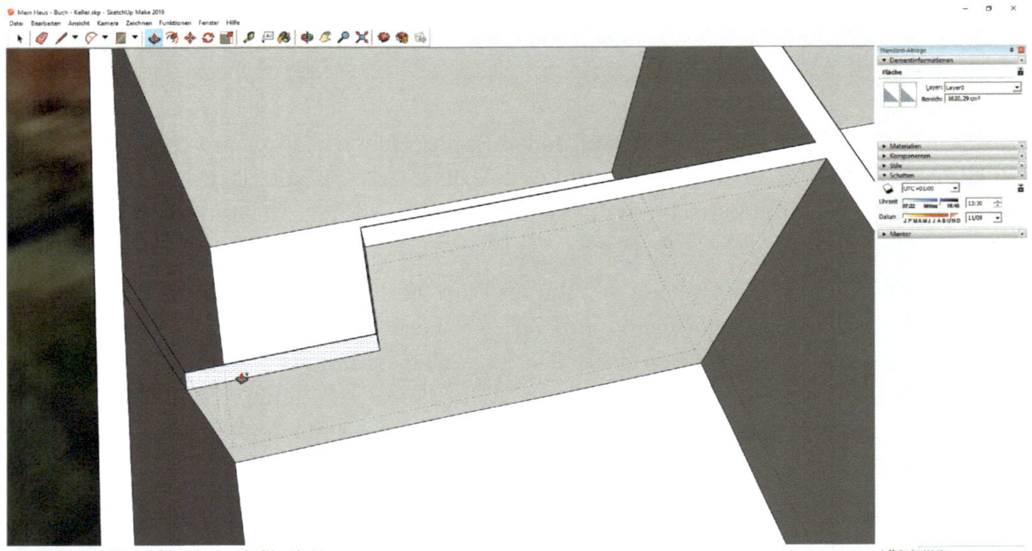

Bild 5.11 Nur durch Einzeichnen einer Querlinie, die als obere Kante an der Decke über der Brüstung stehen bleibt, entsteht eine Öffnung.

So entstand beispielsweise die Trennwand in meinem Heizungskeller, welche die im hinteren Teil befindlichen Öltanks abtrennt und gleichzeitig die Sicherheitswanne bindet, falls die Tanks auslaufen. Der Raum ist nur über eine Öffnung mit einer hohen Brüstung zugänglich. Ich zeichnete erst die Wand und zog diese dann nach oben, fügte nun einen Querstrich ein und erzeugte durch Abwärtsdrücken die Öffnung. Das ist die Stärke von SketchUp: Komplexe Formen entstehen auf einfachste Weise, indem Bereiche markiert und dann gedrückt und gezogen werden.

Zum Erzeugen eines Wanddurchbruchs zeichnest du auf Innen- oder Außenwand ein Rechteck der gewünschten Größe und schiebst dessen Fläche dann nach innen, bis am Cursor *Auf Fläche* erscheint und sich die Fläche der Farbe ändert (Bild 5.12). Dann überdecken sich Innen- und Außenfläche und eliminieren sich gegenseitig. Eine Öffnung entsteht. Bei den Türen musst du die Rechtecke auf die Innenflächen zeichnen, sonst erwischst du die Unterkante des Hauses statt des Innenbodens (wir haben ja eine „Bodenplatte“ von zehn Zentimetern eingebaut).

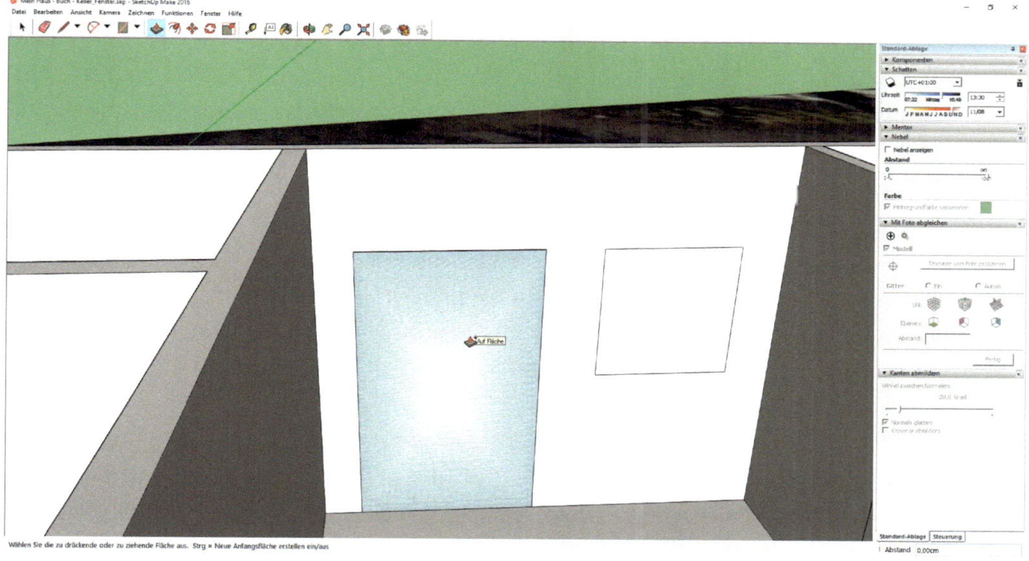

Bild 5.12 Die Fläche muss nach innen geschoben werden, bis sie auf der Außenfläche zu liegen kommt. Dann entsteht eine Öffnung.

5.4 Vorsicht instabil! SketchUp-Modelle sind schnell verbogen

Als ich den am Ende von Abschnitt 5.1 geschilderten Modellstand erreicht hatte, bemerkte ich, dass mein Modell nicht mehr funktionierte. Wie bereits erwähnt, hatte ich irgendwann die obere Fläche verschoben und die Innen- und Außenflächen der Wände waren nicht mehr parallel. So überdecken sich die Flächen nicht mehr und es entsteht keine Öffnung. Auch ein Neuausrichten der Wände brachte nichts. Ich musste von vorn beginnen.

An dieser Stelle muss ich SketchUp kritisieren: Es gibt praktisch keinen Mechanismus, bestimmte Geometrien zu sperren. Optimal wäre es ja, wenn man die Wände sperren könnte, damit man diese beim Erstellen der Öffnungen nicht mehr verändern kann. Sinnvollerweise sortiert man die Geometrien nach Typ und Art, also „Wände Erdgeschoss“, „Türen erster Stock“ und so weiter. Das ist in SketchUp leider so nicht vorgesehen.

Zwar bietet SketchUp sogenannte *Layer*, also Ebenen, an, diese funktionieren aber leider nicht so, wie man es beispielsweise aus Photoshop oder vielen anderen CAD-Systemen kennt. Dort lassen sich Elemente oder Geometrien in Layern organisieren. Man kann immer nur mit der Geometrie des aktuellen Layers arbeiten, alle anderen Layer sind gesperrt. So könnte man beispielsweise Hilfsgeometrien auf einen Layer legen, um zu verhindern, dass sie die Modellierung verändern. In SketchUp steuern Layer lediglich die Sichtbarkeit. Man kann also Elemente sichtbar beziehungsweise unsichtbar schalten. Der Hersteller selbst empfiehlt, Geometrie nur auf Layer 0 zu erstellen.

Die zweite Funktionalität in diesem Bereich wird in SketchUp *Gruppen* genannt. Durch Markieren und Rechtsklick kann man viele Elemente zu einer Gruppe zusammenfassen, die sich dann aber nicht mehr bearbeiten lässt. Sind also alle Wände in einer Gruppe, kann ich keine Fenster hineinschneiden – es sei denn, ich öffne die Gruppe zur Bearbeitung. Dann aber ist wieder jedes Element frei beweglich. Gruppen machen also nur Sinn, wenn man einen Bereich komplett abgeschlossen hat, beispielsweise das Erdgeschoss.

Die dritte Art, Geometrie zu erzeugen, ist eine *Komponente*. Komponenten verhalten sich ähnlich wie Gruppen, lassen sich aber extern abspeichern oder beispielsweise aus dem *3D Warehouse* laden. So habe ich das Erdgeschoss zum Beispiel mit einigen Fenstern und Türen aus dem *3D Warehouse* vervollständigt (Bild 5.13). Auf Innentüren habe ich bewusst verzichtet, da diese beim Durchgehen und 3D-Drucken nur stören würden.

Bild 5.13 Das Erdgeschoss ist mit Türen und Fenstern sowie Materialien vervollständigt.

5.5 Materialkunde: Schönheitsoperationen in SketchUp

Der Schönheit wegen belegen wir die Oberflächen nun noch mit realistischen Materialien. Dazu liefert SketchUp in der Standard-Ablage unter *Materialien* eine Vielzahl von Oberflächen mit – vom weißen Putz bis zum Parkett. Die von mir ausgewählte gelbe Außenwand entstand durch Bearbeiten des weißen Stuckmaterials in der Bibliothek *Backstein, Fassade und Schalung*.

Du musst das Material zunächst auf irgendeine Wand auftragen, um es bearbeiten zu können. Gehe dann im *Materialien*-Dialog auf *Bearbeiten*. Nun kannst du die Farbe irgendwo vom Bildschirm abnehmen. Dies machen wir uns zunutze. Rufe das dritte Symbol rechts neben der Auswahlbox *Farbrad* auf und klicke auf die Fassade eines Fotos des Hauses, das du vorher auf dem Bildschirm aufgerufen hast (Bild 5.14). Zum Abspeichern klickst du auf das Bücher-Symbol mit dem Pluszeichen rechts oben im *Materialien*-Dialog. Jetzt öffnet sich ein Fenster, in dem du dem neuen Material einen Namen geben kannst.

Bild 5.14 Wir erstellen ein eigenes Material für die Außenwand und nehmen die Farbe von einem Foto des Originals ab.

Nach dem Schließen des Dialogs ist das neue Material allerdings nicht in der Bibliothek *Backstein, Fassade und Schalung*, sondern in der automatisch erstellten Bibliothek *Im Modell* zu finden. Um das Material in die SketchUp-Datenbank zu transferieren, um es in allen Modellen zur Verfügung zu haben, suchst du das neue Material in der Modell-Bibliothek und klickst mit der rechten Maustaste auf das Symbol. Daraufhin erscheint ein SPEICHERN UNTER ...-Dialog. Dank der Windows-Berechtigungen können wir leider nicht direkt in das Bibliotheksverzeichnis (*C:\Program Files\SketchUp\SketchUp 2016\Materials\Brick, Cladding and Siding*) speichern. Lege die Datei, welche die Endung *.skm* hat, auf dem Desktop ab und verschiebe sie dann manuell in das gewünschte Verzeichnis. Nun befindet sich das neue Material in der Fassaden-Bibliothek.

Am Ende definierst du das ganze Erdgeschoss als eine Gruppe, indem du im Menü BEARBEITEN auf ALLES AUSWÄHLEN klickst und dann mit der rechten Maustaste gruppierst. Nun wird beim Klicken mit dem *Auswahl*-Werkzeug immer die gesamte Gruppe ausgewählt. Wenn du nun noch im Kontextmenü SPERREN auswählst, ist die Gruppe komplett fixiert und nicht mehr veränderbar. Zum Bearbeiten kannst du das Sperren auf demselben Weg wieder rückgängig machen. Zum Bearbeiten der Gruppe kannst du GRUPPE BEARBEITEN nutzen. Dann öffnet sich die Gruppe zur Bearbeitung, bleibt aber insgesamt bestehen. Noch weiter geht der Befehl IN EINZELTEILE AUFLÖSEN, der die Gruppierung komplett löscht.

5.6 Weiter geht's – jetzt aber genau! Die weiteren Stockwerke entstehen

Die Oberkante des Erdgeschosses hatten wir ja genau auf die Deckenhöhe gesetzt. Also ziehst du jetzt ein neues Rechteck auf, indem du die Maus an den Eckpunkten ansetzt. Extrudiere die Decke 281 cm (das ist die Deckendicke von 23 cm plus die Raumhöhe von 258 cm im ersten Stock). Auch hier zeichnest du wieder den Grundriss auf die Oberseite des Quaders und drückst dann alle Flächen 258 cm nach unten.

Diesmal wollen wir aber genauer vorgehen. Schließlich wollen wir hier Möbel einstellen, um Inneneinrichtungen testen zu können. Dazu nutzen wir Hilfslinien, die in SketchUp *Führungen* heißen. Mit ihnen bauen wir die Maßketten im Stockwerkplan des ersten Stocks auf (Bild 5.15). Architekten legen gerne alle Hauptmaße der Zimmer außerhalb des eigentlichen Grundrisses, um mehr Überblick zu haben und Platz für das Einzeichnen von Einrichtungsgegenständen zu haben. Diese Maßketten bauen wir nun nach, um ein Netz von Hilfslinien zu erhalten.

Drehe das Modell nun so, dass du genau von oben auf das Modell blickst, und achte auf die Ausrichtung. Diese sollte mit dem Plan oder deiner selbst gemessenen Skizze übereinstimmen. Zur besseren Sichtbarkeit kannst du das Google Earth-Bild temporär ausblenden. Gehe dazu in den Dialog *Gliederung* in der Ablage. Diesen musst du eventuell erst noch sichtbar schalten, indem du einen Rechtsklick auf die Titelzeile der Ablage ausführst und *Ablagen verwalten* anwählst.

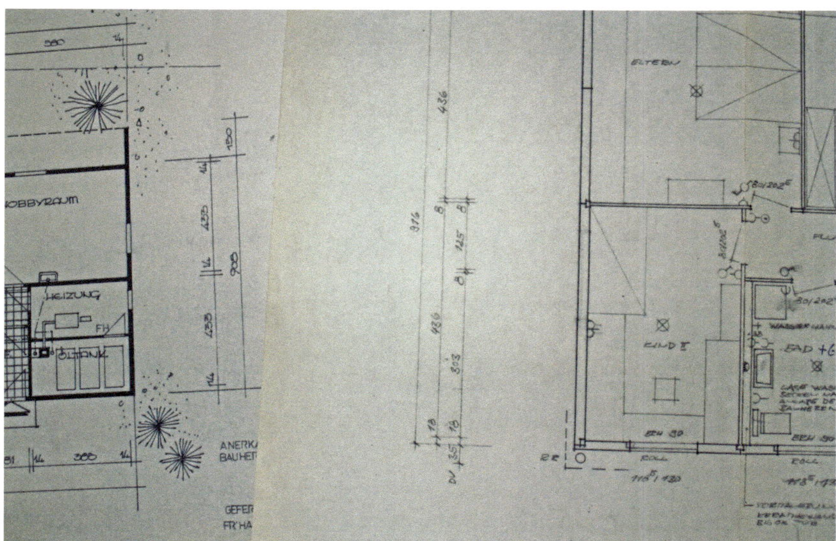

Bild 5.15 Maßketten beschreiben die Größenverhältnisse im Gebäudeplan.

Die Gliederung zeigt die Gruppenstruktur des Modells. Bislang besteht diese aus einer Gruppe – das ist das Erdgeschoss – und dem Eintrag *Location Snapshot*. Führe einen Rechtsklick auf diesen Eintrag aus, entsperre ihn und blende ihn dann aus. Nun verschwindet das Google-Bild, bleibt aber intern erhalten und kann später wieder angeschaltet werden.

An der Ecke, an der ich angefangen habe, ragt keine Achse heraus. Deshalb klicke ich mit dem *Maßband*-Werkzeug erst einmal auf die Kante des Rechtecks und ziehe eine Hilfslinie parallel zur Kante. Das Maßband rastet auf diese Richtung ein – etwas entfernt von der Geometrie, um den Startpunkt der Maßkette zu erstellen. Berühre nun den Endpunkt der Hilfslinie – der Punkt wird daraufhin etwas größer – und ziehe in Richtung der Maßkette. Die Linie wird rot oder grün, wenn sie parallel zu einer der Achsen ist. Liegt die Linie richtig, dann tippe die erste Länge ein. Die Linie springt jetzt auf diese Länge. Wiederhole dies so lange, bis die gesamte Kette eingegeben ist (Bild 5.16).

Von den Endpunkten ziehst du nun rechtwinklig Hilfslinien über das gesamte Rechteck und baust so Stück für Stück das Netz der Maßlinien auf. Je nach Plan sitzen an allen Seiten des Grundrisses Maßketten, die sich aber teils überschneiden. Ziehst du eine Hilfslinie von einer zur anderen Kette, interpretiert SketchUp das als unendlich lange Hilfslinie.

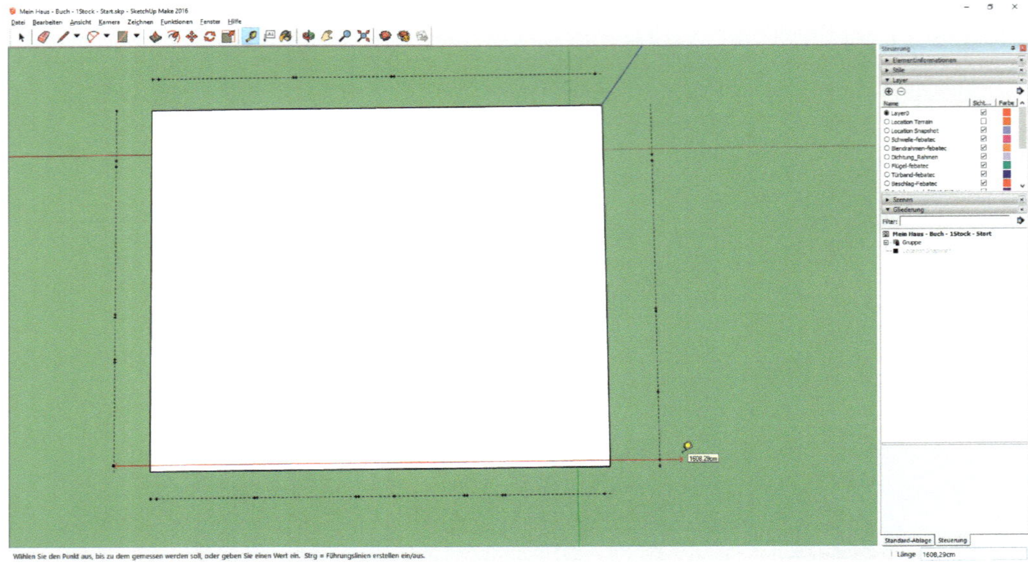

Bild 5.16 Die Maßkette entsteht: Wenn eine Linie achsparallel liegt, ändert sie ihre Farbe. (Ich habe zur besseren Sichtbarkeit das Google Maps-Bild ausgeblendet.)

Ist das ganze Netz ausgelegt, folgt die Fleißarbeit. Ziehe mit dem *Linien-* und dem *Rechteck*-Werkzeug alle Mauerlinien nach, bis der gesamte Grundriss steht (Bild 5.17). Vergiss auch nicht, Mauerenden zu schließen, sonst entsteht keine geschlossene Umrandung, die SketchUp zum Aufbau einer Fläche benutzen kann.

Leider sind nur die unendlich langen Hilfslinien magnetisch, sodass sie den Cursor „einrasten" lassen. Treffen sich zwei kurze Linien, wird der Linienschnittpunkt nicht erkannt. Gehe mit der Zoomfunktion nahe an die Linienkreuzung, dann kannst du diese genau auswählen. Es ist auch klug, zunächst ein großes Rechteck für die Innenseite der Außenwände zu ziehen, dann ist wenigstens eine der zwei Linien einer Kreuzung magnetisch.

Mache es dir auch hier zur Gewohnheit, so einfach wie möglich zu arbeiten, also zunächst einmal die Räume als Rechteck modellieren und erst später die Details einzeichnen. Ich habe das beispielsweise mit der Gästetoilette und dem Kamin in Bild 5.18 so gemacht.

Die Hilfslinien kannst du am Ende mit dem Befehl FÜHRUNGEN LÖSCHEN im Menü BEARBEITEN komplett entfernen.

Modelliere die weiteren Räume in gleicher Weise und erzeuge im nächsten Schritt die benötigten Fenster- und Türöffnungen. Ob du die Türen, Fenster und andere Bereiche mit Komponenten ausstattest, ist Geschmackssache. Beim 3D-Druck stören die kleinen Details eher, als dass sie helfen.

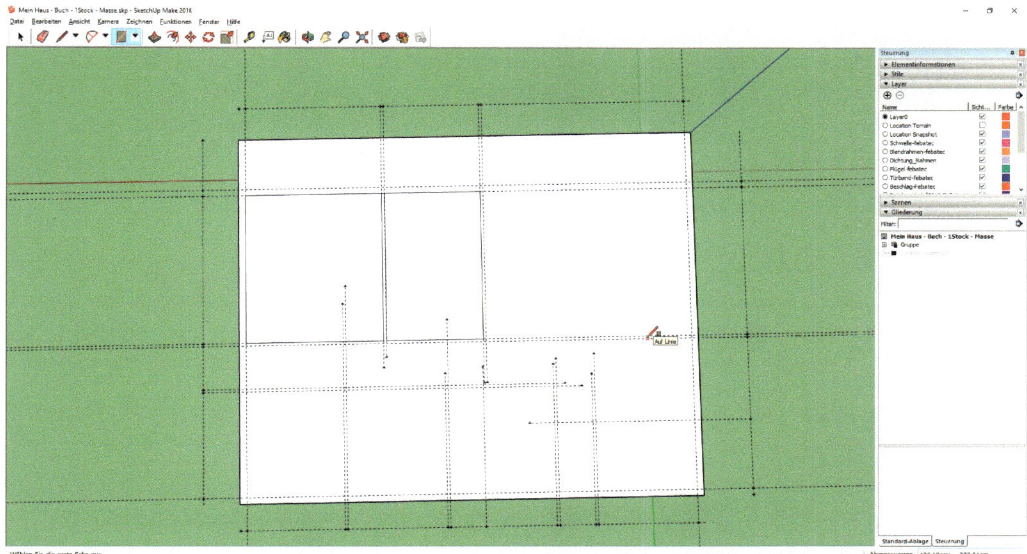

Bild 5.17 Durch Nachzeichnen der Hilfslinien entsteht Stück für Stück der exakte Grundriss des ersten Stocks.

Bild 5.18 Die Details wie die Gästetoilette und der Kamin werden erst nach dem Erstellen der Räume modelliert.

TIPP: Bei den großen Fenstern in der Vorderfront habe ich einen kleinen Trick angewandt, um sie schnell und einfach gleich groß zu bekommen. Ich habe zum Ausrichten der Rechtecke in der Höhe die Linie markiert, habe dann mit der *Pfeil-nach-oben*-Taste die Verschiebung auf die Senkrechte beschränkt und bin mit der Maus quer auf das andere Fenster gefahren, um dort die Höhe „abzunehmen".

Den ersten Stock gruppierst du ebenfalls. Das geht ganz einfach, wenn du mit Strg-A alles markierst und dann mit gedrückter Umschalttaste das Erdgeschoss wieder abwählst. Nun führst du wieder Rechtsklick auf die Auswahl aus und wählst *Gruppieren.*

Die Modellierung des Dachgeschosses überlasse ich dir. Verwende eine clevere Kombination aus Hilfslinien und Linien, um die beiden Giebelwände zu erzeugen. Mit dem Befehl *Achsen* kannst du das Koordinatensystem auch auf die Dachschräge setzen, wenn du einen 90-Grad-Winkel am First konstruieren möchtest. Setze für die Räume einen Klotz dazwischen, auf den du wieder den Grundriss zeichnest und dann die Flächen bis aufs Bodenniveau schiebst.

HINWEIS: Pass auf, dass du das Koordinatensystem wieder genau auf die Kanten des Hauses zurücksetzt. Ich hatte einen winzigen Versatz drin, der dazu führte, dass am Ende die Wände im Dach nicht zu 100 % rechtwinklig waren und sich die Türen nicht durchstoßen ließen.

5.7 STL-Export für den 3D-Druck und Datenaufbereitung in 3D Builder

Die Dachflächen lassen wir bewusst weg, da diese beim 3D-Druck sehr viel Stützmaterial erforderlich machen würden. Für Modelleisenbahn-Häuschen findest du im Handel fertig geprägte Dachverkleidungsplatten, die du auf das 3D-gedruckte Modell setzen kannst. Auch den Balkon bauen wir aus Konstruktionsplatten und Holzstäben für die Säulen. Ich habe für Balkon und „Dekomaterial" sowie für das Dach zwei weitere Gruppen erstellt.

Im Standard-Lieferumfang kann SketchUp keine STL-Dateien lesen und schreiben. Du musst also spätestens jetzt das STL-Plug-in installieren. Dazu klickst du auf den Button EXTENSION WAREHOUSE und suchst im folgenden Fenster nach „STL". Klicke auf SKETCHUP STL und dann auf INSTALL (Bild 5.19). Danach besitzt dein SketchUp-Programm Import- und Exportschnittstellen für STL.

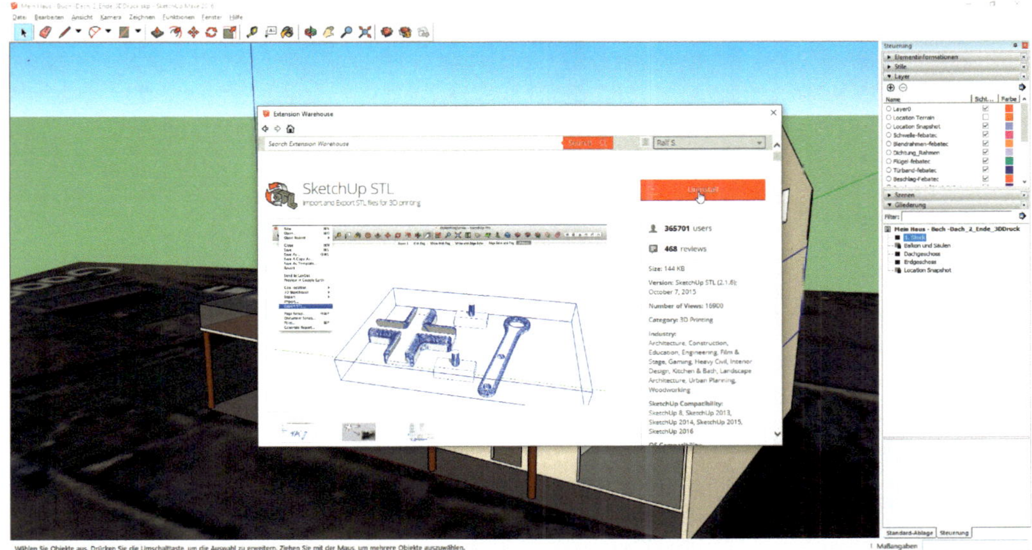

Bild 5.19 Hier steht auf dem Installationsbutton für das STL-Plug-in *Uninstall* statt *Install*, weil ich dieses schon geladen habe.

Speichere das Modell unter einem neuen Namen, der beispielsweise mit *..._3DDruck* endet. Lösche nun alle Fenster und Türen, denn diese stören beim 3D-Druck. Außerdem soll das Häuschen später beleuchtet werden. Deshalb muss durchscheinendes Material hinter die Fensteröffnungen geklebt werden.

Für den 3D-Druck brauchen wir STL-Modelle aller Stockwerke. Diese erhältst du, wenn du – nachdem du die gewünschte Stockwerkgruppe aktiviert hast – im Menü Datei den Punkt Exportiere STL... anwählst (Bild 5.20). Nun öffnet sich ein Optionsfenster, in dem du den ersten Punkt *Export selected geometry only* aktivierst. Die Einheit stellen wir auf „Millimeter", das Dateiformat auf ASCII. Mit dem Export in Millimetern wissen wir im nächsten Schritt, dem Import in 3D Builder, welche Einheiten wir definieren müssen.

Die entstehende Datei würde jeden 3D-Drucker überfordern, da sie das Stockwerk in Originalgröße enthält. Das Skalieren auf den H0-Maßstab für die Modelleisenbahn erledigt am einfachsten das in Windows enthaltene Programm3D Builder. Lade das Modell in 3D Builder und klicke zunächst auf den Menüpunkt *Importieren*, um die Bearbeitung zu ermöglichen. Hierbei legst du die Einheiten auf Millimeter fest, um dieselbe Größe zu erhalten wie beim SketchUp-Export definiert. Am unteren Bildschirmrand klickst du nun auf den dritten Button von Links, um das Modell auf H0 zu skalieren. Die Skalierungsfunktion erlaubt die Eingabe eines Endmaßes in Millimeter oder eines Skalierungsfaktors in Prozent. 1:87 bedeutet einen Skalierungsfaktor von 0,0 114 942, was gerundet 1,15 % entspricht. Vergiss nicht, das Schlosssymbol umzustellen, um alle drei Dimensionen identisch zu skalieren (Bild 5.21).

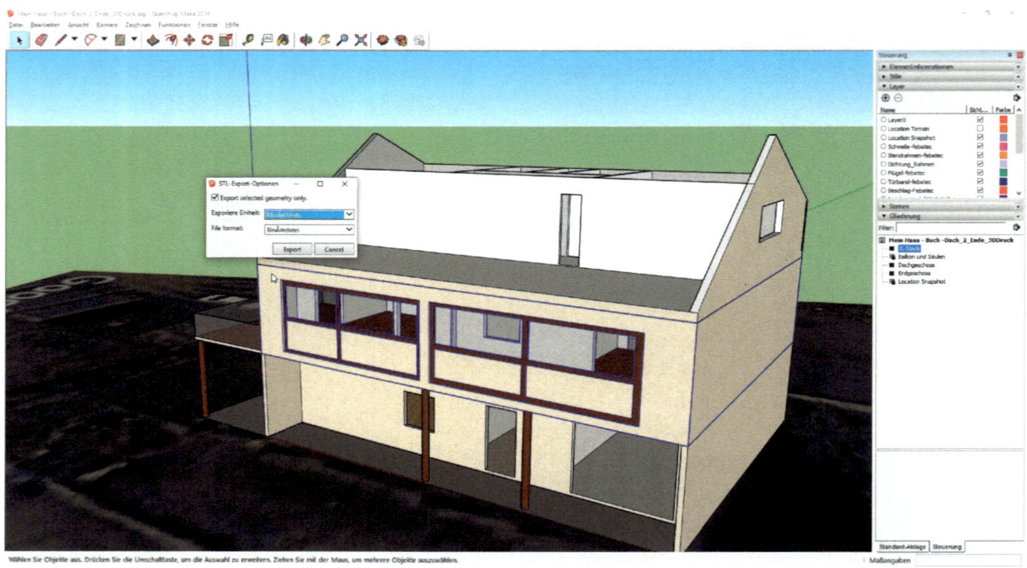

Bild 5.20 Der Export für den 3D-Druck klappt stockwerkweise mit dem Häkchen in der ersten Auswahl des Exportfensters.

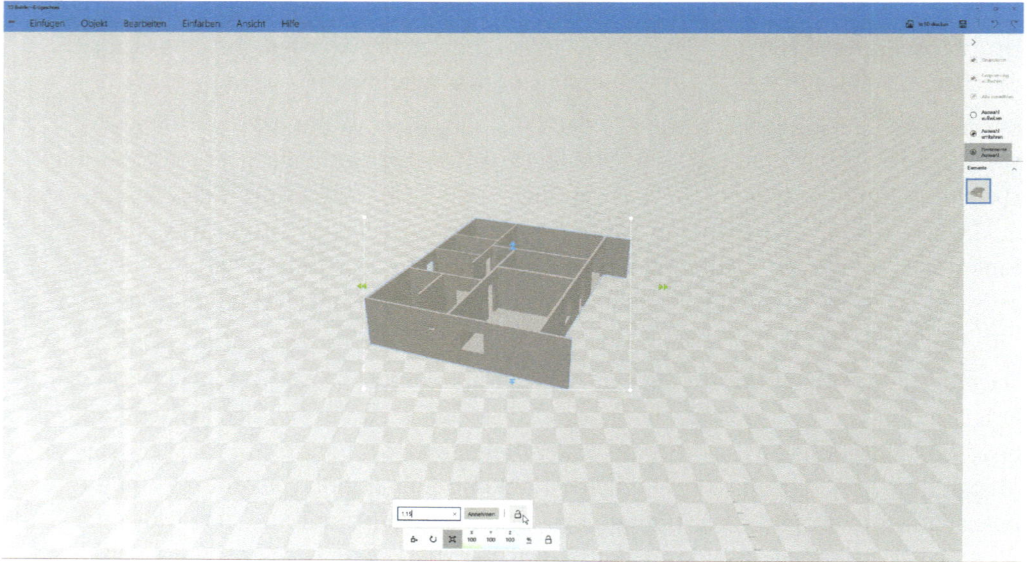

Bild 5.21 Vergiss nicht, beim Skalieren die Dimensionen zu sperren, damit die Seitenverhältnisse erhalten bleiben.

Das Modell ist, wie man in der Infoleiste von 3D Builder sehen kann, nun ungefähr 167 × 183 × 31 mm groß. Nun passt es in die meisten Drucker. Am Ende kannst du das Modell wieder als STL exportieren – jetzt in der richtigen Größe. Die schiefe Orientierung kommt übrigens davon, dass SketchUp sein Hauptkoordinatensystem nach Norden ausrichtet und mein Haus nicht rechtwinklig zu den Windrichtungen steht.

TIPP: Ich musste nach dem ersten 3D-Druck feststellen, dass das Modell im Verhältnis zu anderen H0-Modellhäuschen viel zu groß ist. Etwas Recherche ergab, dass die für die Modellbahn gedachten Hausbausätze in sehr viel kleinerem Maßstab im Bereich von 1:90 bis 1:110 gehalten sind, weil wirklich maßstabsgerechte Gebäude viel zu viel Platz erfordern würden. Sogar viele Bahnwagen sind in der Länge eher 1:100 als 1:87.

Wenn du also dein Haus in eine Modelleisenbahnlandschaft stellen möchtest, mache zunächst mit Zeichnungen oder Pappdummys einen Test auf der Anlage, um herauszufinden, wie groß das Haus sein muss, um zum Restensemble zu passen. Im nächsten Schritt kannst du das Modell dann entsprechend verkleinern. 3D Builder zeigt ja vor dem Skalieren die Größe des STL-Modells an. Daran kannst du dich orientieren.

5.8 Sortieren und schalten in SketchUp

Für die Nutzung als virtuelles Inneneinrichtungsmodell wäre es schön, wenn man jedes Stockwerk einzeln ein- und ausblenden könnte. Dies geht auch tatsächlich mit dem Dialog *Gliederung* in der Ablage. Zu Beginn des Projekts hatte ich diesen Dialog in die Ablage *Steuerung* verlegt. Ansonsten gelangst du zum Dialog, indem du mit der rechten Maustaste auf die Fensterleiste der Ablage rechts klickst und dort unter ABLAGEN VERWALTEN bei *Gliederung* ein Häkchen setzt.

Hier sollten nun – wenn du wie ich vier Gruppen erstellt hast – vier Elemente mit dem Namen *Gruppe* und ein Element namens *Location Snapshot* zu sehen sein. Wenn du ein Gruppenelement nach dem anderen anklickst, kannst du sie im Modell identifizieren und per Rechtsklick umbenennen. Dazu musst du die jeweilige Gruppe allerdings erst entsperren. Auch das lässt sich über das Kontextmenü erledigen (Bild 5.22).

Ob eine Gruppe gesperrt oder entsperrt ist, siehst du an den Symbolen vor dem Gruppennamen. Ein graues Rechteck mit schwarzem Schloss kennzeichnet eine gesperrte Gruppe, ein schwarzes Rechteck eine entsperrte. Entsperrte Gruppen lassen sich nun im Kontextmenü ausblenden. Dann wird der Name grau und kursiv dargestellt. Einen Nachteil hat das Ausblenden: Die ausgeblendeten Gruppen werden auch in der Sonnensimulation nicht mehr berücksichtigt. Die Sonne scheint also zur Decke hinein, wenn das darüber liegende Stockwerk ausgeblendet ist.

Bild 5.22 Rechts im Gliederungsdialog lassen sich Gruppen ein- und ausblenden sowie umbenennen.

Übrigens tauchen in der Gliederung als Untergruppen auch die Fenster und Türen auf, denn die eingesetzten Komponenten sind nichts anderes als Gruppen. Mit Komponenten – diesmal in Form von Möbeln – geht's nun auch in Abschnitt 5.9 weiter.

■ 5.9 SketchUp für den Innenarchitekten

Wie bereits angekündigt, wollen wir uns nun der Einrichtung des Hauses zuwenden. Dazu nutzen wir die Vielfalt des *3D Warehouse*, das eine fast unendliche Auswahl an Möbeln und Einrichtungsgegenständen bereithält. In der Komponenten-Bibliothek finden sich sowohl Einzelmöbel als auch Sammlungen, die von anderen Anwendern modelliert und zusammengestellt wurden. Das bedeutet auch, dass die Qualität der Modelle sehr schwankt. Teils stimmt der Maßstab nicht, teils ist ein „Vergleichsmännchen" dabei, teils stimmt die Ausrichtung nicht.

Zum Auswählen von Komponenten öffnest du den entsprechenden Dialog in der Standard-Ablage. Dort findest du ein Suchfeld, in welchem du die gewünschten Möbel suchen kannst. Dabei lohnt es sich, neben der deutschen Bezeichnung auch die englischen Begriffe auszuprobieren. So findet sich unter „Ikea Lack Birke" kein einziger Eintrag, unter „Ikea Lack Birch" dagegen ganze 23 Einträge.

Je nachdem, wohin du bei einem Eintrag klickst, werden verschiedene Aktionen ausgelöst. Klickst du auf das Vorschaubild, wird die Komponente direkt in dein Modell geladen und du kannst sie platzieren (Bild 5.23). Ein Klick auf den blau dargestellten Namen der Komponente öffnet ein neues Fenster mit zusätzlichen Informationen. Dort findest du auch die Hinweise „Andere Modelle, die Sie interessieren könnten" und „Sammlungen mit diesem Modell" mit ähnlichen Objekten. Das hilft beim Suchen anderer Elemente einer Möbelserie.

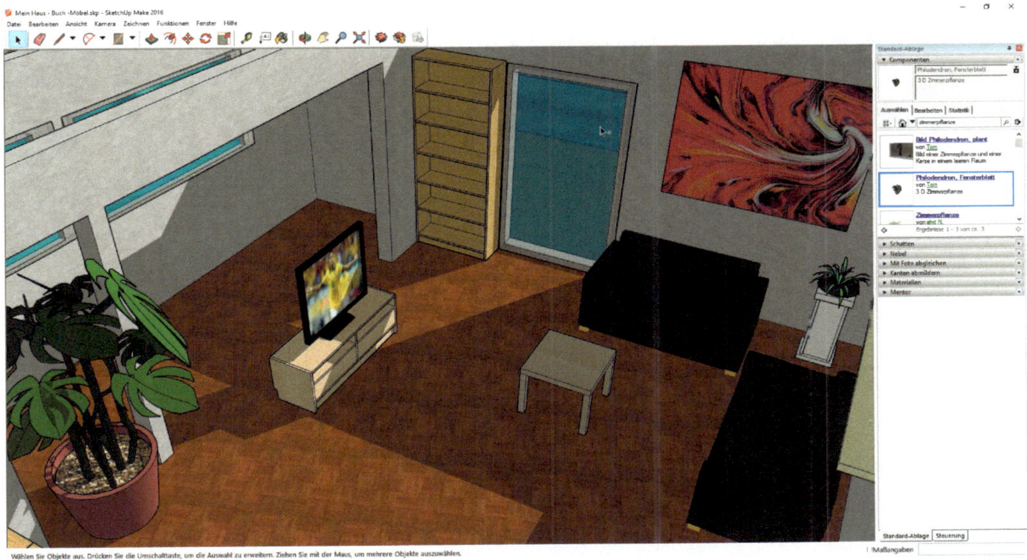

Bild 5.23 Ein komplett und realistisch ausgestattetes Wohnzimmer ist schnell zusammengeklickt.

Hast du ein schönes Objekt gefunden, kann es sich lohnen, auf den grün dargestellten Namen des Autors der Komponente zu klicken, vielleicht hat der Autor ja weitere, ebenso sorgfältig modellierte Komponenten veröffentlicht. Ein User namens „Nina S." hat zum Beispiel eine Vielzahl von Komponenten aus dem Ikea-Programm modelliert, es lohnt sich, hier hineinzuschauen (Bild 5.24).

Nach dem Herunterladen hängt die Komponente am Mauszeiger und kann positioniert werden. Dabei erkennt SketchUp unter anderem den Boden und zeigt dies durch den Hinweis *Auf Fläche in Gruppe*, wenn die Komponente auf dem Boden – der ja zur Gruppe „1. Stock" gehört – aufliegt. Mit den üblichen Verschiebe- und

Drehwerkzeugen lässt sich die Komponente danach genauer positionieren. Berührst du eine Fläche des blauen Quaders, der die Komponente umschließt, tauchen rote Griffe auf, mit denen sich das Modell drehen lässt. So kannst du das Modell sehr frei positionieren und drehen. Du kannst jede Komponente per Doppelklick öffnen und ändern und auf diese Weise beispielsweise das erwähnte „Vergleichsmännchen“ herauslöschen.

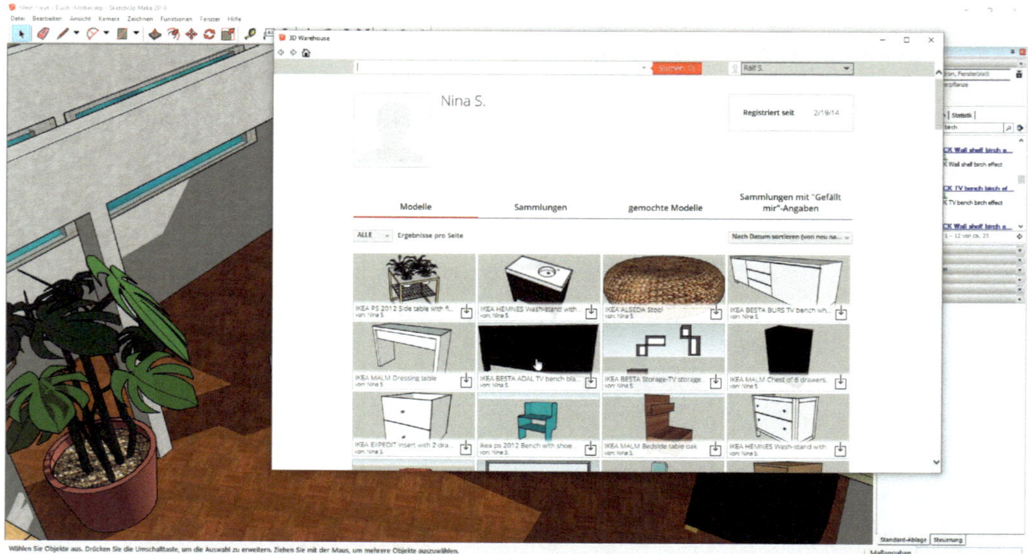

Bild 5.24 Manche SketchUp-User bieten Dutzende qualitativ hochwertiger Modelle an.

TIPP: Spätestens beim Einrichten des Modells lohnt sich die Anschaffung einer 3D-Maus, wie sie in Kapitel 2 beschrieben wurde. Sie ermöglicht es, sehr einfach im Raum zu navigieren und die Möbel zu positionieren.

5.10 Ein Spaziergang durch das Haus

Wenn du fertig mit dem Einrichten bist, solltest du einen Spaziergang durchs Haus machen und dabei die Sonneneinstrahlung beurteilen. Dazu nutzen wir den *Schatten*-Dialog und die Tools *Kamera positionieren*, *Gehen* und *Umschauen*.

SketchUp berechnet anhand der geografischen Lage und Ausrichtung den Sonnenstand und daraus wiederum die Sonneneinstrahlung. Da die Sonne im Tages- und

Jahreslauf wandert, sind natürlich auch noch ein Datum und eine Uhrzeitangabe notwendig. Diese kannst du im *Schatten*-Dialog in der Standard-Ablage einstellen. Erweitere den Dialog mit einem Klick auf das schwarz-weiße Symbol oben rechts. Nun kannst du den Schatten *Auf Flächen* einschalten (Bild 5.25). Mit der Option *Auf Boden* wirft das Haus einen Schatten auf die Google Earth-Oberfläche.

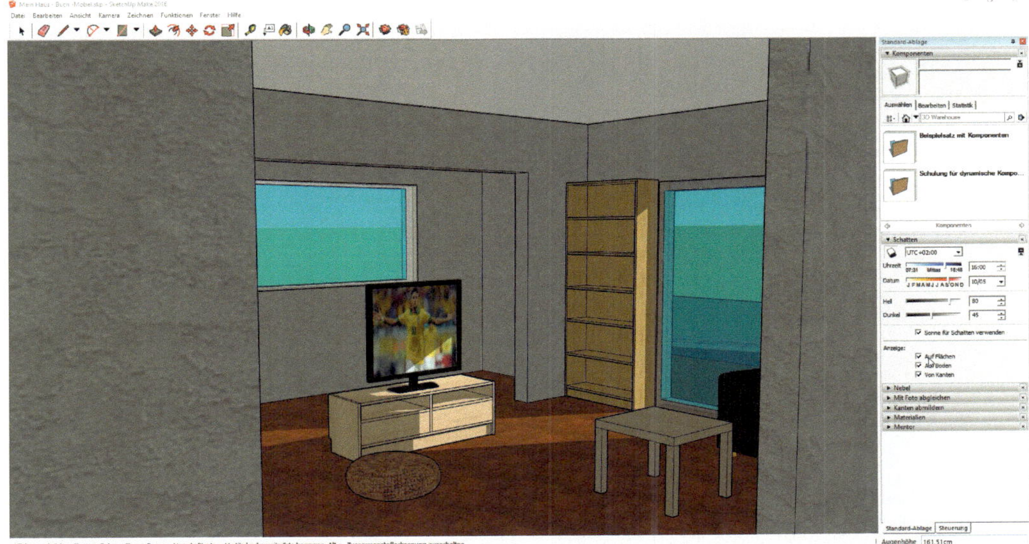

Bild 5.25 Um 16:00 Uhr im Oktober fällt Sonne auf den Fernseher. Dieser sollte also etwas anders gestellt werden.

Wie schon in Kapitel 2 erwähnt, arbeiten CAD-Systeme (und damit auch SketchUp) mit einem Kameramodell. Die Darstellung auf dem Bildschirm ist so, wie es eine Kamera von einer bestimmten Stelle aus sehen würde. Rotieren auf dem Bildschirm bedeutet nicht, dass sich ein Objekt vor deinem Auge dreht, sondern dass dein Auge beziehungsweise die Kamera um einen Punkt vor dir schwenkt und das Objekt umkreist. Die Bildschirmansicht entspricht also immer einer ganz bestimmten Position im Raum. Genau das macht sich der *Walk Through*-Modus von SketchUp zunutze.

Mit dem Tool *Kamera positionieren* im Menü KAMERA stellst du die Startposition der Kamera ein. Klicke auf eine Fläche (sinnvollerweise den Zimmerboden), dann siehst du im Eingabefeld die Augenhöhe. In der aktuellen Version bezieht sich diese allerdings seltsamerweise auf den Erdboden statt auf deine Augenhöhe. Die stellt man mit dem *Gehen*-Tool besser ein. Interessant ist das Positioniertool allerdings, wenn du einen ganz bestimmten Blickwinkel einnehmen willst. Dazu klickst du beispielsweise auf den Kopf der Figur, deren Stelle du einnehmen möchtest, und ziehst bei gedrückter linker Maustaste eine Linie zu dem Objekt, das du ansehen möchtest. Dann wird die Kamera genau so positioniert, dass du entlang dieser Linie schaust. Dies kannst du beispielsweise nutzen, um die Sicht vom Sofa auf den Fernseher zu zeigen (Bild 5.26). Nachdem die Kamera positioniert ist, nimmt diese den neuen Ort ein und das Tool schaltet auf *Umschauen* um.

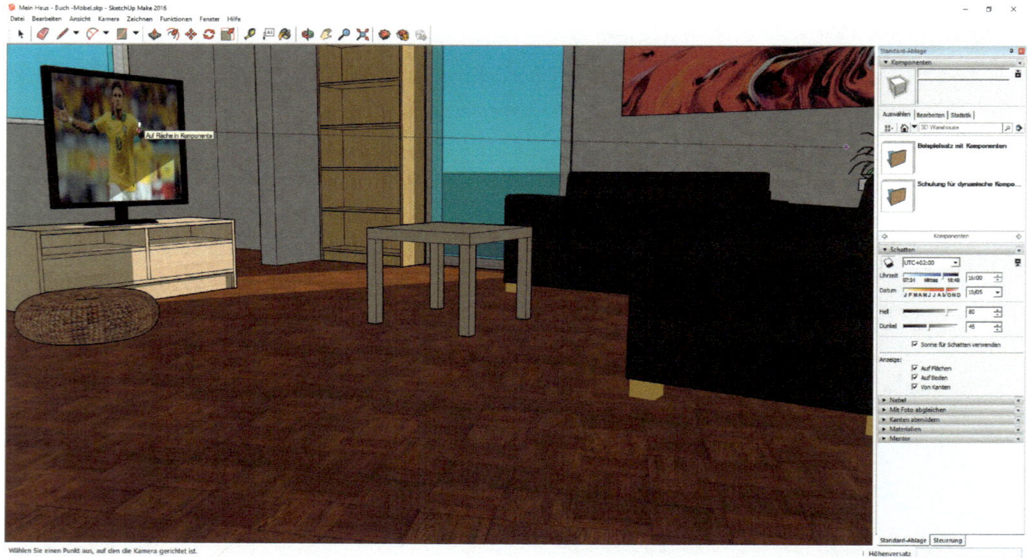

Bild 5.26 Mit einer Mausbewegung legst du eine Blickachse vom Sofa auf den Fernseher fest.

Jetzt wird es in der dreidimensionalen Vorstellung kompliziert: Das Tool *Umschauen* belässt die Kamera an ihrem Ort, dreht sie aber. Bewegst du die Maus, dreht sich die Kamera in die gewünschte Richtung. In Verbindung mit dem Tool *Gehen* macht das Sinn. Klicke mit der rechten Maustaste in das Bild und wähle *Gehen* aus (alternativ steht der Befehl auch im KAMERA-Menü zur Verfügung). Der Cursor verändert sich zu zwei Schuhen. Klicke nun irgendwo ins Bild und halte die Maustaste gedrückt. Es erscheint ein Kreuz. Je weiter du den Mauszeiger von diesem Kreuz entfernst, desto schneller geht es in diese Richtung – wobei oberhalb des Kreuzes „nach vorn gehen“ bedeutet, unterhalb des Kreuzes bewegst du dich nach hinten.

Alternativ kannst du dich über die Maustasten bewegen. Das ist oft einfacher zu steuern. Im *Gehen*-Modus kannst du übrigens nicht durch Wände gehen. Das führt manchmal zu seltsamen Situationen, wenn du dich in einer Ecke „verkeilst“. Schaue mal in die Statusleiste. Dort steht nun rechts im Eingabefeld *Augenhöhe* und die Höhe über dem aktuellen Boden. Tippst du eine Zahl ein – wie üblich ohne Aktivieren des Felds –, kannst du die Augenhöhe genau auf deine Größe einstellen.

TIPP: Denk dran! Deine Augen sind nicht oben auf deinem Kopf. Ziehe von deiner Körpergröße etwa zehn bis zwölf Zentimeter ab, um realistische Blickwinkel zu erhalten.

Gehen bedeutet also ein Bewegen der Kamera in der waagerechten Ebene. Wenn du im *Gehen*-Modus die mittlere Maustaste drückst, wechselt SketchUp in den *Umschauen*-Modus. Das ist also genau so, als ob du stehen bleiben und nur noch den Kopf drehen würdest. Hast du das einmal richtig verstanden, wird die Navigation im Hausmodell ganz natürlich funktionieren. Du kannst nun herumgehen, den Sonnenlichteinfall beobachten, Wände umfärben und die Wirkung beurteilen (nicht vergessen: mit rechter Maustaste GRUPPE ENTSPERREN wählen und dann GRUPPE BEARBEITEN aktivieren) – wie in einem realen Haus, nur dass die Änderungen viel einfacher rückgängig zu machen sind (Bild 5.27).

Damit sind wir am Ende dieses Projekts angelangt. Du hast nun gelernt, wie man sehr schnell ein Hausmodell mit SketchUp erstellen und im Anschluss ein reales ein 3D-Druck-Objekt herstellen kann. Ich habe das Modell bewusst einfach gehalten. Wenn du dein Haus mit Schnörkeln und Details verfeinern möchtest, hast du nun das notwendige Rüstzeug dafür. Alles andere ist Fleiß und Übung. Viel Spaß dabei!

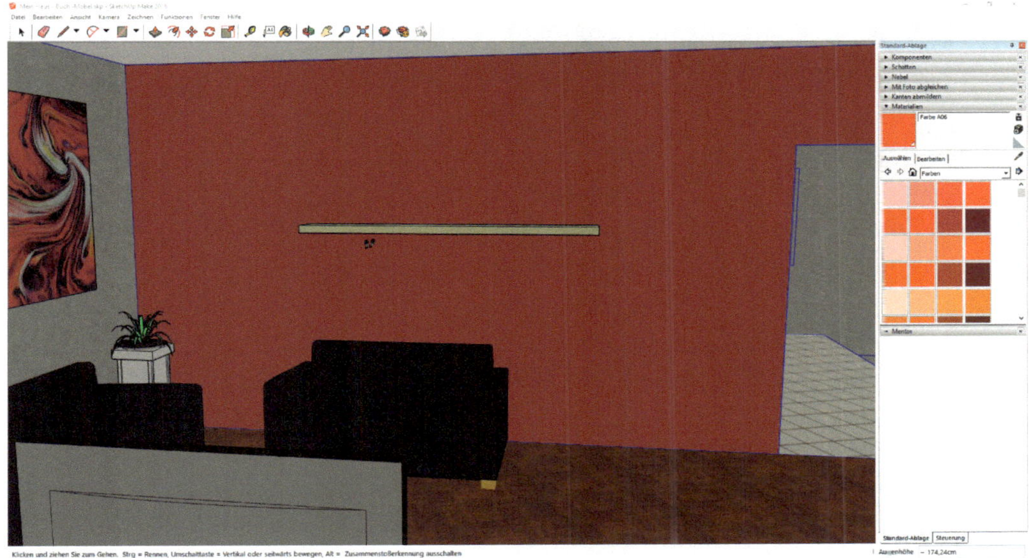

Bild 5.27 Die rote Wand ist etwas heftig, oder? Gut, dass wir das am virtuellen Modell getestet haben, bevor wir die Farbe kauften.

5.11 Exkurs: ein Hausmodell aus zwei Fotos erstellen

Anstatt 3D-Modelle aus dem Nichts zu erschaffen, bietet SketchUp noch eine weitere Möglichkeit, 3D-Modelle zu erzeugen - und zwar per Fotogrammetrie. Dazu benötigst du lediglich zwei Bilder des Hauses, die in der Verlängerung zweier gegenüberliegender Ecken aufgenommen wurden. Das Haus sollte so fotografiert sein, dass die beiden sichtbaren Seitenwände möglichst im gleichen Winkel abgebildet sind, sonst wird der Winkel für eine der beiden Wände schnell zu steil (Bild 5.28).

Bild 5.28 Ein fast optimaler Standpunkt - negativ sind nur die harten Schlagschatten des Dachs und die Büsche, die den unteren Rand des Hauses verdecken.

Dies ist auch schon das größte Problem: In der Innenstadt wird es kaum möglich sein, diese zwei Bilder zu machen, ohne Autos, Straßenlaternen oder anderes im Vordergrund zu haben (Bild 5.29). Trotzdem wollen wir die Fotoversion ausprobieren, denn sie eignet sich beispielsweise auch für die Duplizierung von Modellbahngebäuden.

Die Funktionsweise ist schnell erklärt, aber schwer verständlich: Wenn man weiß, wo der Horizont ist und auf jeder Fläche zwei Linien findet, die im Original parallel sind, im Bild aber aufeinander zulaufen, kann man die Fluchtpunkte des Bildes konstruieren. Diese liegen auf dem Kreuzungspunkt von Horizont und der Verlängerung der Linien im Bild. Der Horizont zeigt dabei die Höhe an, die die Kamera in Bezug auf das Objekt eingenommen hat.

Auf Basis der Fluchtpunkte lässt sich dann die Verzerrung des Bildes und daraus wiederum die dreidimensionale Form des fotografierten Objekts berechnen. SketchUp verzerrt dann die Bildteile so, dass sie wieder auf die Geometrie passen, und nutzt sie als Texturen.

Bild 5.29 Wegen eines Baums hat es nicht geklappt, das Haus sauber von der Ecke zu fotografieren. Das wird uns noch Schwierigkeiten machen.

Die einfachere Version: Es funktioniert, und zwar umso besser, je genauer man die Linien am Objekt platziert und je genauer das Bild so aufgenommen wurde wie vorangehend beschrieben.

Um an dein Hausmodell zu gelangen, gehst du wie folgt vor: Starte SketchUp und lade ein neues, leeres Projekt. In der *Standard-Ablage* findest du den Dialog *Mit Foto abgleichen*. Alternativ findest du die Funktion auch im Menü KAMERA. Arbeitest du mit dem Dialog, musst du das Pluszeichen im Kreis drücken. Dann kannst du das erste Foto laden. Wähle das bessere der Bilder aus, dann wird es später einfacher.

Nun erscheinen das Foto und ein wilder Wust aus Linien und Gitternetzen (Bild 5.30). Um eine bessere Übersicht zu bekommen, kannst du im Dialog den Punkt *Gitter* von *Ein* (dann sind die Gitter immer sichtbar) auf *Autom.* stellen. Jetzt erscheinen die Gitter nur beim Verschieben der sogenannten Achsenleisten. Darunter sind die wichtigen Einstellungen *Stil* und *Ebenen* angeordnet. Mit *Stil* stellst du ein, wie das Foto zu verstehen ist: Handelt es sich um eine Innenansicht, ein Foto von oben oder vor dem Gebäude? Wir stellen natürlich den dritten Punkt *Außerhalb* ein. Die *Ebenen*-Einstellung schaltet die Gitter ein, welche die grüne, rote und blaue Ebene visualisieren. Aktiviere die beiden senkrechten Ebenen *Rot/Blau* und *Grün/Blau*, denn diese sollen ja später auf den Wandflächen des Hauses liegen. Mit *Abstand* stellst du die Gitterweite ein. Das ist für die Skalierung des Hauses sehr praktisch.

Über dem Bild siehst du den Nullpunkt des Koordinatensystems mit den Achsen und jeweils zwei rote und grüne Achsenleisten. Dies sind die gestrichelten Linien mit Anfassern am Ende. Die gelbe, waagerechte Linie ist der Horizont. Ziehe den Nullpunkt auf das untere Ende der dir zugewandten Hausecke. Dabei verformen sich die Gitter und die Achsen, die den Nullpunkt mit den Fluchtpunkten verbinden, bewegen sich mit.

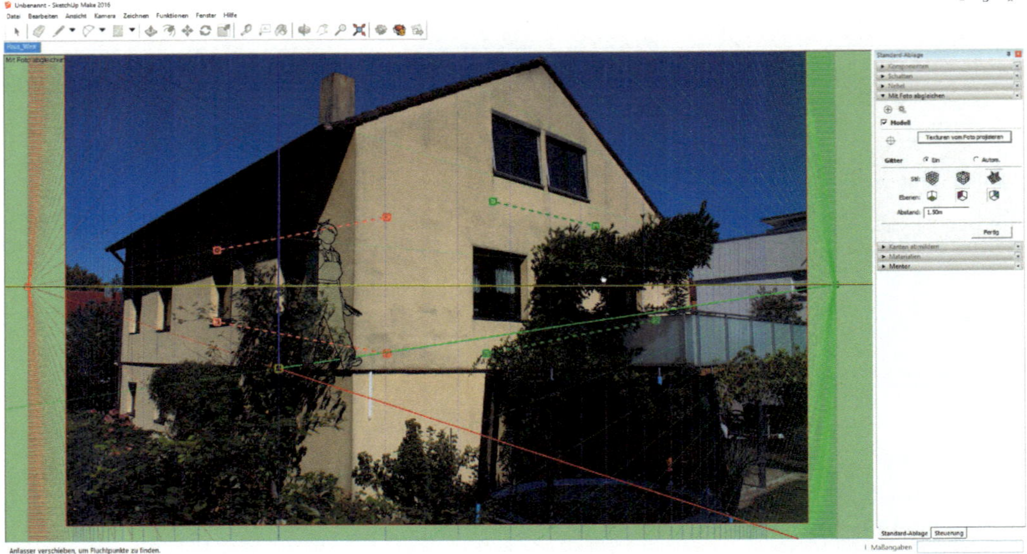

Bild 5.30 Das sieht wild aus! Links und rechts des Fotos sind die noch nicht passenden Fluchtpunkte zu sehen.

Beim Anklicken des gelben Quadrats, das den Nullpunkt darstellt, wird der Mauszeiger zu einer weißen Hand mit ausgestrecktem Zeigefinger. Berührst du eine der Achsen, erscheinen waagerechte Pfeile, die zeigen, dass du hier die Achsen skalieren kannst. Der Horizont zeigt Pfeile nach oben und unten und kann nur in der Höhe verschoben werden.

Nun kannst du beginnen, die Ebenen an das Foto anzupassen. Dazu verschiebst du die Achsenleisten so, dass sie möglichst genau einer der fliehenden Kanten im Foto folgen. Ich habe für die roten Linien die Dachkante und die Kante zwischen Erdgeschoss und erstem Stock gewählt, auf der anderen Ebene die Fenstersimse. Je genauer du das machst, desto besser wird das Ergebnis am Ende aussehen (Bild 5.31).

TIPP: Nutze die Zoomfunktion mit dem Scrollrad der Maus, um ganz nah an die Anfasser der Achsenleisten heranzugehen, und drücke das Scrollrad, um den sichtbaren Bildausschnitt zu verschieben.

Nimm dir Zeit und setze die Achsenleisten erst grob an die gewünschte Stelle. Zoome dann auf die Anfasser, um die Leiste so genau wie irgend möglich zu positionieren. Hier kommt es wirklich auf höchstmögliche Genauigkeit an. Schiebe die Horizontleiste so, dass sie der Kamerahöhe beim Fotografieren entspricht – und ja, dabei verschieben sich die Achsenleisten wieder. Zupfe sie wieder an die gewünschten Stellen. Das ist ein langwieriger, iterativer Prozess. Wenn man ein Teil bewegt, bewegt man alle anderen mit, bis es irgendwann passt. Habe Geduld! Ich habe alleine für diese eine Perspektive mehr als eine halbe Stunde Zeit benötigt (Bild 5.32).

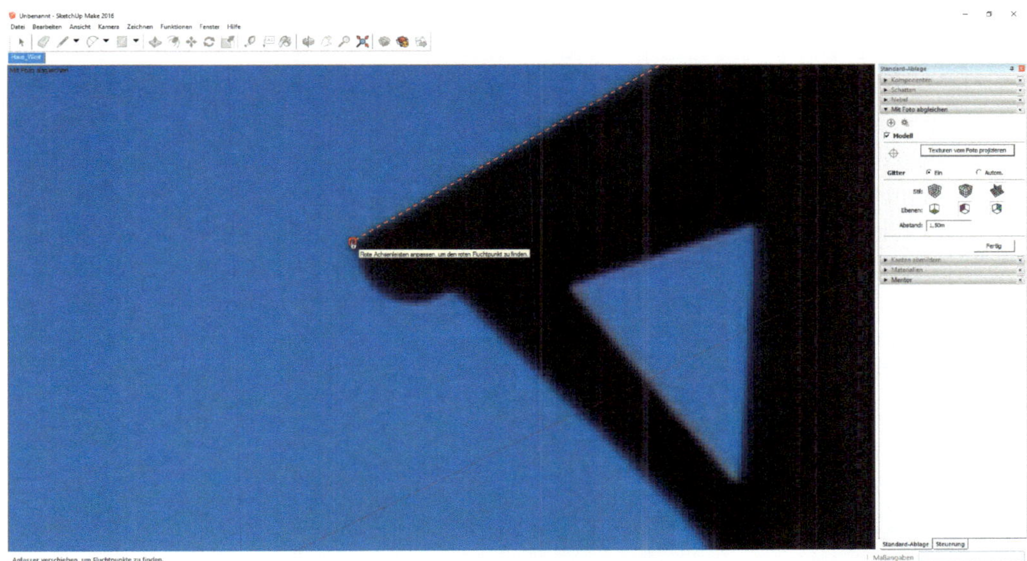

Bild 5.31 Hier ist extrem genaues Arbeiten gefragt. Die Zoomfunktion hilft beim genauen Positionieren.

Bild 5.32 Nicht genau genug: Die Achsenleiste liegt nicht exakt entlang des Fenstersimses. Das muss genauer positioniert werden.

Und wann passt es? Ein guter Anzeiger ist die blaue Achse. Sie sollte genau auf der dir zugewandten Kante des Hauses liegen. Für die Feinsteinstellung am Ende kannst du natürlich auch so an den Achsleisten zupfen, dass die blaue Achse die Kante genau trifft. Am Ende sollte jedenfalls die blaue Achse wie beschrieben liegen, die rote und grüne Achse folgen der Kante zwischen Haus und Boden - wenn der Boden waagerecht ist. Solltest du das erreicht haben, dann speichere unbedingt ab. Es wäre schade, all diese Arbeit zu verlieren.

Messe jetzt ein Fenster in Höhe und Breite ab. Ich habe das untere Fenster auf der rechten, „grünen“ Seite gewählt, dessen äußere Öffnung 1,48 m breit und 1,28 m hoch ist. Tippe den Wert in das Feld *Abstand* ein, dann ändert sich das Gitter entsprechend und du kannst an der grünen Achse die Skalierung so verstellen, dass die Gitterbreite der Fensterbreite entspricht. Gib dann die 1,28 m ein und überprüfe den Höhenmaßstab (Bild 5.33). Sobald alles zur vollen Zufriedenheit passt, klickst du im Dialog auf FERTIG. Die Hilfslinien verschwinden nun.

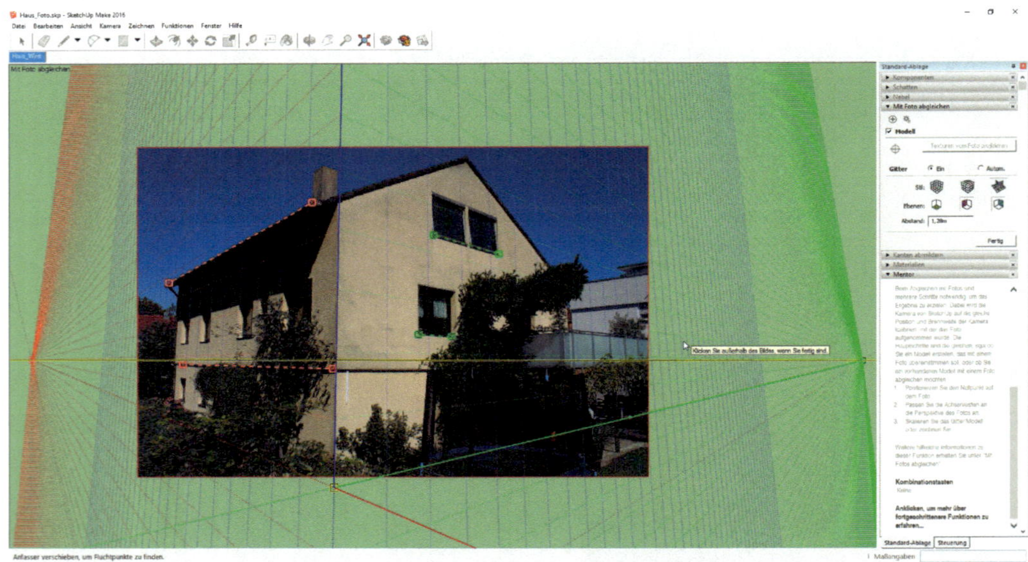

Bild 5.33 Nun passen alle Linien, Fluchtpunkte und Skalierfaktoren.

Nun geht's ans Zeichnen. Wähle das Linienwerkzeug und zeichne die Giebelseite nach. Dabei ist mir ein seltsames Verhalten aufgefallen: SketchUp versucht ja, eigene Logik in die Zeichnungsfunktion einzubringen, also beispielsweise die Zeichenebene zu erraten. Beim Umzeichnen der Giebelwand fing SketchUp den Giebelpunkt immer auf der roten Achse, sodass sich kein flaches Fünfeck ergab, sondern das obere Giebeldreieck nach vorn kippte (Bild 5.34).

Ich musste am Ende erst ein Rechteck zeichnen, dessen obere Linie ich leicht knickte, um einen Anfasspunkt in der Mitte der Linie zu erhalten, und dann in einem zweiten Schritt, wenn alle Punkte auf einer Ebene liegen, die Linien am Foto ausrichten. Das Foto ist nur in einer Perspektive zu sehen. Verschwindet es, weil du die Kamera bewegst, kannst du auf den Reiter unterhalb der Buttonleiste klicken. Dann bewegt sich die Kamera an den Fotostandort und das Foto erscheint wieder.

Sobald die Fläche dem Umriss der Giebelwand entspricht, schiebst du die Fläche nach hinten, um einen Block zu erzeugen, der der Grundform des Hauses entspricht. Auch hier kannst du dich in der Tiefe nach dem Foto richten. Wenn du dir das Modell jetzt genau anschaust und die Winkel der Längsseiten nachmisst, wirst du feststellen, dass diese nicht genau senkrecht stehen, denn so genau kann niemand zeichnen. Es ist aber wichtig, später zum Durchbrechen der Fenster genau parallele Flächen zu haben. Verlege deshalb bitte das Koordinatensystem an jede Hausecke und richte die Kante zwischen Längswand und Dachfläche möglichst genau an der blauen Achse aus, bis die Flächen exakt senkrecht stehen.

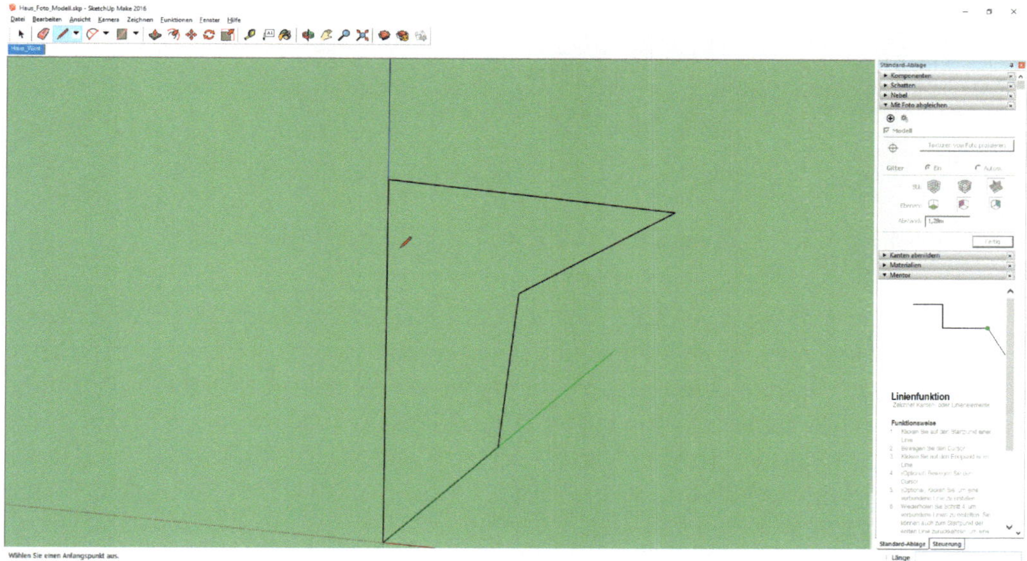

Bild 5.34 Mist, das ging daneben! Die Giebelfläche ist abgekippt.

Dann ziehst du das Foto als Textur auf das 3D-Modell, indem du im Dialog *Mit Foto abgleichen* den Button TEXTUREN VOM FOTO PROJIZIEREN anklickst. Wenn dein Modell wie meines an einer Stelle über das Foto hinausragt, splittet die Abfrage im folgenden Fenster *Teilweise sichtbare Flächen stutzen* beim Bejahen die Flächen auf. Da wir das nicht wollen, wählen wir hier NEIN aus. Wenn du nun das Modell drehst, verschwindet zwar das Foto, nicht aber die Textur auf der Oberfläche des Hausmodells. Und sie ist so verzerrt beziehungsweise entzerrt, dass die Fenster, die vorher ja „hinten" niedriger waren als „vorn", rechteckig sind. Das sieht natürlich etwas seltsam aus, die Umrisse sind aber klar erkennbar und könnten nun genutzt werden, um die Fenster als Rechteck nachzuziehen und nach innen zu schieben (Bild 5.35).

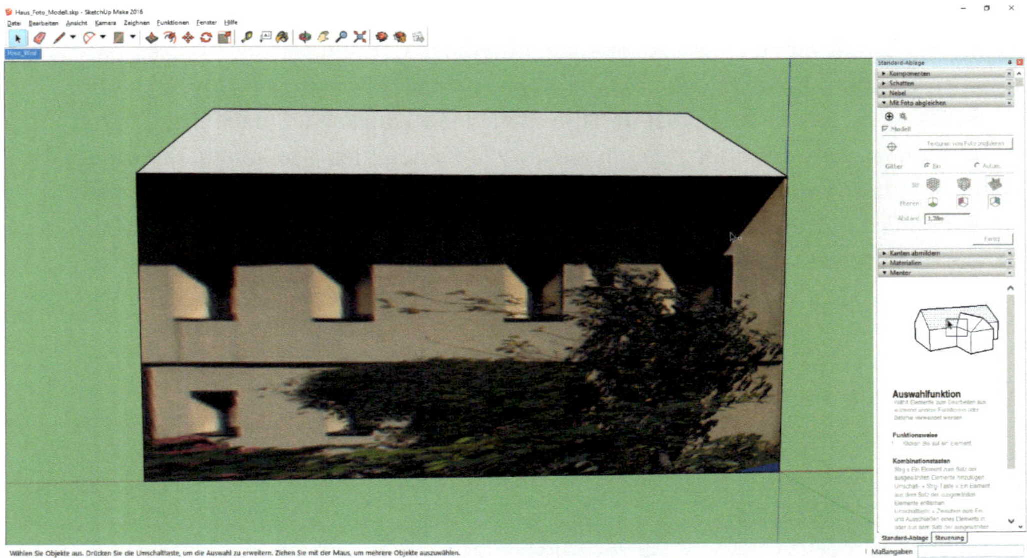

Bild 5.35 Das Foto ist entzerrt und als Textur auf das 3D-Modell aufgebracht.

Vorher wollen wir aber noch das zweite Foto auf die anderen Seiten aufbringen. Dazu müssen wir das Koordinatensystem auf die gegenüberliegende Ecke verlegen und die rote und grüne Achse entlang der Unterkanten des Hauses platzieren. Dann wählst du den Menüpunkt Mit neuem Foto abgleichen und lädst das zweite Foto. Im nächsten Schritt folgt wieder das langwierige Abgleichen der Fluchtpunkte – mit dem Unterschied, dass jetzt schon ein 3D-Modell vorhanden ist und sich beim Anpassen mitbewegt.

TIPP: Auf diese Weise lässt sich natürlich auch ein bestehendes 3D-Modell nachträglich mit Texturen vervollständigen.

Mein Foto ist, wie anfangs erwähnt, nicht gut geeignet für die Fotogrammetrie, da die beiden Hausflächen sehr unterschiedlich groß abgebildet sind. Deshalb ist es hier nahezu unmöglich, das Foto und das Modell tatsächlich genau übereinander gelegt zu bekommen (Bild 5.36). Für die Zwecke, schnell ein buntes Häuschen zu erstellen, reicht es dennoch. Natürlich könnte man noch weitere Fotos aus anderen Perspektiven einbauen und deren Texturen auf die schlecht fotografierten Seiten legen.

Bild 5.36 Das passt so einigermaßen. Die zweite Fotografie konnte nicht von der richtigen Stelle aus aufgenommen werden und lässt sich nicht exakt anpassen.

Nun projizierst du auch auf dieser Seite die Texturen wie vorangehend beschrieben auf das Objekt. Alle Seiten bis auf eine Dachhälfte sind nun mit Texturen belegt, allerdings ist eine Giebelseite sehr stark verzerrt. Doch das macht beides nichts, weil die Texturen ja nur zum Positionieren der Details dienen.

Im nächsten Schritt höhlen wir das Modell aus. Zeichne dazu einen Versatz mit 18 cm Abstand auf die Unterseite des Hauses und schiebe die Fläche so weit, bis sie beginnt, sich mit den Dachflächen zu verschneiden. Ziehe die Fläche nun ein kleines Stück zurück. Zeichne eine Linie auf die Innenfläche parallel zum Dachfirst und schiebe diese Linie nach oben. Du merkst, dass du zu weit bist, wenn die Flächen sich verformen. So erhalten wir natürlich keine exakte Geometrie, das macht aber für den 3D-Druck nichts. Wichtig ist nur, dass die senkrechten Flächen parallel sind.

Und nun ist wieder Fleißarbeit angesagt: Fenster nachzeichnen, durchschieben und Details modellieren (Bild 5.37).

Am Ende exportierst du das 3D-Modell als STL und kannst es drucken (Bild 5.38). Zum Verzieren schlage ich vor, dass du das Haus nochmals frontal von allen Seiten fotografierst, skalierst, das Foto in einer Bildbearbeitung entzerrst und die Bilder dann ausdruckst. Diese kannst du nun außen auf das 3D-Druck-Häuschen kleben.

Oder du bemalst das 3D-Druck-Teil einfach. Viel Spaß mit deinem neuen Modelleisenbahn-Haus!

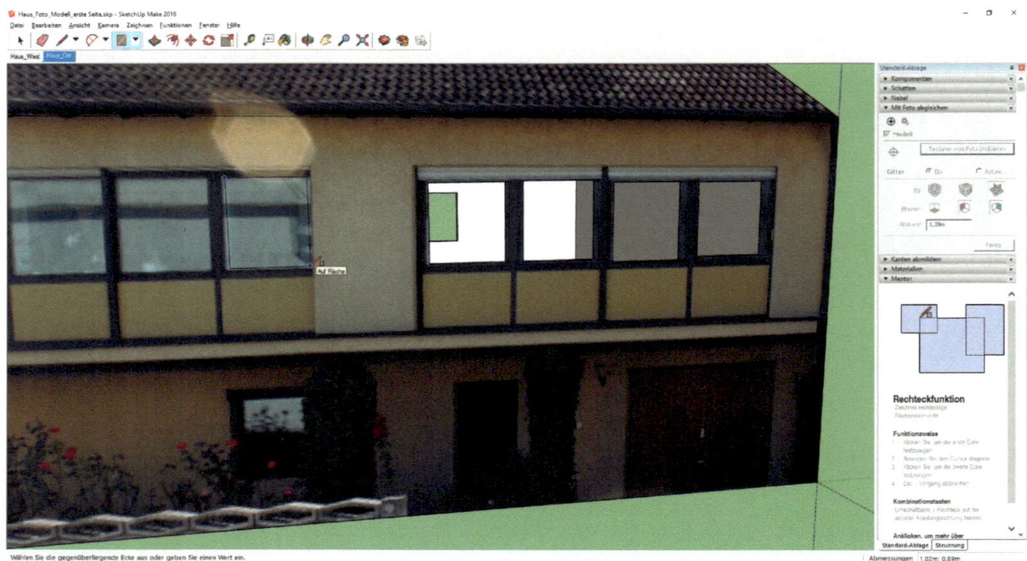

Bild 5.37 Stück für Stück werden Rechtecke über die Fenster gezeichnet und die Flächen nach innen geschoben, bis Löcher entstehen.

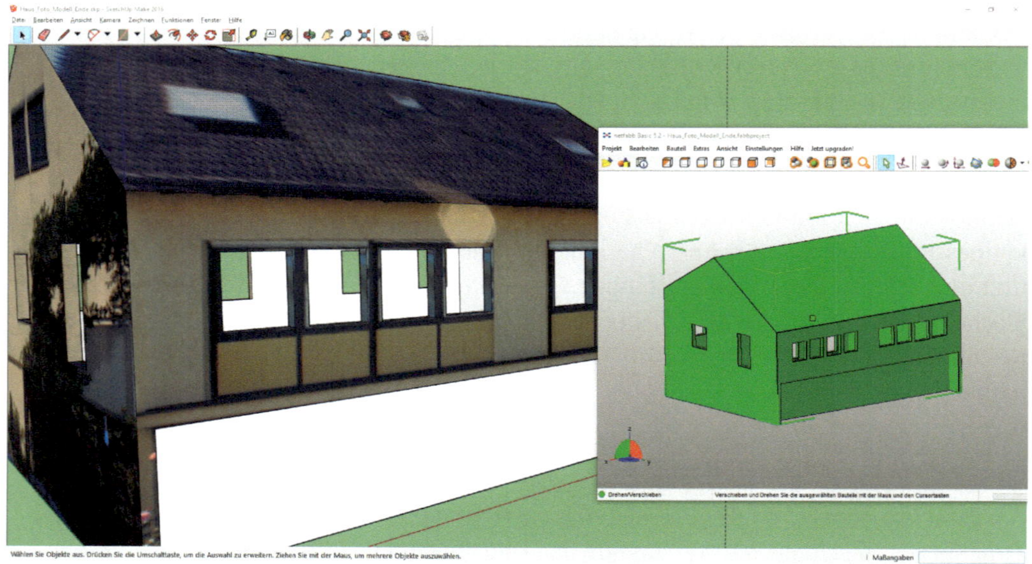

Bild 5.38 Nun hast du aus zwei Fotos ein dreidimensionales digitales Modell erstellt. Herzlichen Glückwunsch!

6 Von 2D nach 3D und zurück: Erstellung einer Gartenskulptur

In den Kapiteln 3, 4 und 5 geht es um das Modellieren von 3D-Modellen, die sozusagen aus dem Nichts entstehen. Wir nutzen Grundkörper, parametrisierte Skizzen oder direkte Modellierung, um eine sehr genaue digitale Abbildung des gewünschten Objekts zu erzeugen. In diesem Kapitel geht es nun darum, ein bestehendes dreidimensionales Objekt zu digitalisieren, zu bearbeiten und in einem neuen Zusammenhang wieder zu einem realen Objekt zu machen.

Dazu scannen wir ein Objekt, säubern, beschneiden und bearbeiten das resultierende digitale Modell. Am Ende werden die Daten genutzt, um in zwei beispielhaften Prozessen eigene Ideen umzusetzen. Dabei begegnen uns zwei neue Möglichkeiten, Daten dreidimensional abzuspeichern: Die Punktewolke und die Netzgeometrie. Beides sind keine echten, absolut korrekten Beschreibungen einer Geometrie, sondern eine mehr oder weniger genaue Annäherung. Im einen Fall definieren sehr viele 3D-Punktkoordinaten die Außenflächen des Objekts, im anderen Fall viele kleine Dreiecksflächen (Bild 6.1). Dass mit Dreiecksflächen eine homogen gerundete Oberfläche nicht identisch nachgezeichnet werden kann, ist logisch. Netzgeometrien sind dir in Abschnitt 2.9 schon einmal begegnet, das STL-Format basiert auf solcher Netzgeometrie.

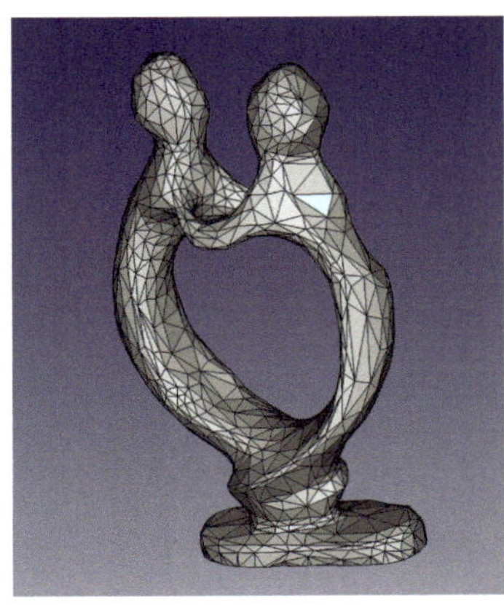

Bild 6.1 In FreeCAD zeigt sich das Dreiecksnetz, das die Statue, die aus vielen Rundungen aufgebaut ist, nur relativ ungenau repräsentiert.

Je mehr Punkte oder Dreiecke genutzt werden, um die Form zu beschreiben, desto genauer wird die Darstellung – gleichzeitig wächst aber auch die Dateigröße, was das Arbeiten schwierig macht. Es gilt also, einen guten Kompromiss zwischen Datenmenge und Genauigkeit zu finden. Es macht durchaus einen Unterschied, ob eine Datei am Ende auf einem relativ ungenauen Filament-3D-Drucker landet oder einem hochpräzisen DLP-Gerät. Bei ersterem werden die Dreiecke so „verschwimmen“, dass sich am Ende wieder eine schöne Rundung bildet, letzterer bildet im schlimmsten Fall jedes einzelne Dreieck sauber ab.

Punktewolken (Bild 6.2) und Dreiecksnetze haben einige gemeinsame Eigenschaften, die man kennen muss, um vernünftig damit zu arbeiten. Die erste dieser Eigenschaften ist: Sie sind „sehr dumm“. Das bedeutet, dass in der Datei die Punkte und Dreiecke einzeln und unsortiert abgespeichert sind, benachbarte Punkte und Dreiecke „wissen“ also nichts voneinander. Das Auge sieht Flächen, diese sind aber mathematisch nicht vorhanden und können deshalb erst einmal nicht als Fläche bearbeitet werden. Im Gegensatz dazu bestehen „intelligente“ CAD-Formate aus Kurven, mathematisch beschreibbaren Flächen und Grundkörpern, die das Modell genau repräsentieren und die vor allem als Einheit bearbeitet werden können.

Das fällt uns vor allem bei Dreiecksnetz-Geometrien auf die Füße. Auf der einen Seite müssen die Kanten benachbarter Dreiecke bis auf die letzte Nachkommastelle genau übereinanderliegen, um ein „wasserdichtes“ – man nennt das wirklich so – Modell zu ergeben. Auf der anderen Seite sind diese Dreieckskanten in der Datei völlig willkürlich und ohne Bezug zueinander abgelegt. Dreiecke können auch „falschherum“ definiert sein, also mit der Innenseite nach außen. Deshalb haben Softwarelösungen für die Bearbeitung von Dreiecksnetzen, aber auch 3D-Druckersoftware, die mit STL-Dateien umgehen muss, ausgefeilte Reparaturroutinen, die Dreiecke drehen und Lücken schließen können, um ein wasserdichtes Modell zu erzielen.

Auch Punktewolken haben ihre Macken, so werden die Punkte – die durch Abtasten mit einer Messmaschine, optische oder andere Messtechniken entstehen, nie absolut genau auf der gemessenen Fläche liegen, es entstehen Ausreißer und Ungenauigkeiten. Aufgabe der Software ist es nun, durch diese ungenaue Punktewolke möglichst genaue Flächen zu ziehen. Punktewolken und Netze sind deshalb nur schwer dreidimensional zu bearbeiten, lassen sich aber ineinander und am Ende in eine Regelgeometrie konvertieren.

Scansoftware und Software zur Bearbeitung von Netzgeometrie ist deshalb relativ rar gesät – vor allem kostenlose Software, die ich in diesem Buch wo immer möglich verwende. Du sollst ja in alle Techniken reinschnuppern können, ohne ständig Geld ausgeben zu müssen. Aus diesem Grund ist die Softwareauswahl in keinem Bereich dieses Buchs so schwierig wie hier.

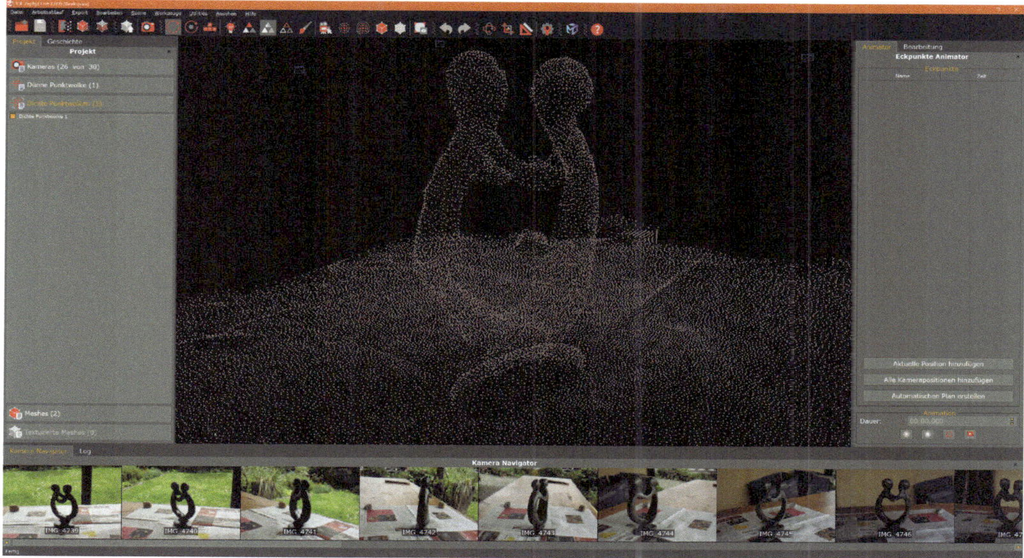

Bild 6.2 3DF Zephyr berechnet aus Fotografien eine Punktewolke und daraus wiederum eine Netzgeometrie.

6.1 Software – manchmal ist die Wahl eine Qual

Vor einigen Jahren bot Autodesk eine ganze Reihe cleverer Softwareprodukte in diesem Bereich an, die aber inzwischen wieder vom Markt genommen, mit einer Abolizenz versehen oder in anderen Produkten, vor allem in Fusion 360, integriert wurden.

So nutzte die 1. Auflage dieses Buchs zunächst die 123D-Produktreihe, die kurz vor der Drucklegung eingestellt wurde. Ich stellte auf die Produkte ReMake, Meshmixer, Netfabb, Slicer für Fusion 360 und Fusion 360 um. In der 2. Ausgabe war das kostenlose ReMake in das kostenpflichtige Produkt ReCap integriert worden, von dem es aber wenigstens eine 30-Tage-Testlizenz gab. Inzwischen ist die Testlizenz nur noch für Unternehmen oder Bildungseinrichtungen verfügbar – ich habe mit 3DF Zephyr und Polycam Ersatz gefunden.

Zum Glück ist Fusion 360 nach wie vor für Privat- und Hobbyanwender erhältlich. Es sind zwar viele Funktionen nur in der kommerziellen Version verfügbar, die allermeisten Einschränkungen betreffen uns zum Glück aber nicht. Lediglich Netfabb, früher ein hervorragendes Netzbearbeitungsprogramm, ist inzwischen in der kommerziellen Version von Fusion 360 gelandet und steht uns nicht mehr zur Verfügung.

Zwei Produkte, die in diesem Kapitel zum Einsatz kommen, werden zwar nicht mehr weiterentwickelt, die Installationsdateien stehen aber noch zur Verfügung: Meshmixer und Slicer für Fusion 360. Meshmixer ist die bedienerfreundlichste kostenlose Netzbearbeitungssoftware, die ich kenne. ZBrushCore wäre eine Alternative zu Meshmixer, ist aber nicht kostenlos, die nochmals reduzierte – und kostenlose – Version ZBrushCoreMini wiederum kann keine Dateien importieren. Slicer bietet einzigartige Umsetzungsmöglichkeiten für 3D-Modelle, die ich so noch nirgendwo anders gesehen habe.

Deshalb habe ich mich entschlossen, beide Programme weiterhin einzusetzen und darauf zu hoffen, dass Autodesk die Installationsdateien weiterhin verfügbar hält. Beide Anwendungen sind mit einem aktuellen Windows kompatibel und stabil, es spricht also nichts dagegen, sie zu verwenden (und die Installationsdateien gut zu sichern). Übrigens bietet auch FreeCAD in der Mesh-Workbench einige interessante Funktionen für die Netzbearbeitung, -reparatur und -konvertierung.

So, nun aber rein ins Projekt. Im ersten Schritt werden wir eine Specksteinskulptur mit 3DF Zephyr oder Polycam scannen. Als Nächstes werden wir Meshmixer einsetzen, um den 3D-Scan zu säubern und zu vervollständigen. Mit Slicer for Fusion 360 werden wir die dreidimensionalen Modelle dann in Papp- oder Sperrholzobjekte überführen und auf diese Weise eine Rasterskulptur für den Garten erstellen. Der hintergründige Spaß dabei ist, dass wir aus 2D-Fotos ein 3D-Modell erstellen, um daraus dann wiederum mithilfe von 2D-Material (Sperrholz oder Pappe) ein 3D-Objekt zu produzieren.

Und am Ende zeige ich dir, wie du in Fusion 360 eine Netzgeometrie in eine „echte" CAD-Geometrie integrieren kannst, um ein ansprechendes Objekt zu erstellen. Hieran sieht man schön, wie gescannte, also sozusagen aus der Realität „geborgte" Geometrie mit selbst entwickelter CAD-Geometrie zusammenkommt.

■ 6.2 3D-Scanning: die digitale Erfassung eines realen Objekts mit Fotos

Das Objekt, mit dem ich in diesem Kapitel arbeiten werden, ist eine etwa 20 cm hohe afrikanische Skulptur aus Speckstein, die die Vorlage für eine vergrößerte Gartenskulptur sein soll (Bild 6.3). In diesem Projekt geht es weniger um technisch exakte Maße und Flächen, als vielmehr darum, wie man ein reales Objekt als 3D-Modell auf den Rechner bekommt, und um die spannende Technik, wie man das 3D-Modell wieder in ein abgewandeltes, reales Objekt überführt.

Um an das 3D-Modell eines realen Objekts zu gelangen, musst du es digitalisieren. Dazu benötigst du einen 3D-Scanner, der die Oberfläche des Objekts abtastet. 3D-

Scanner nutzen dafür eine Reihe verschiedener Techniken - vom mechanischen Abtasten mit einer Messmaschine bis hin zu Ultraschall- oder auch Laserentfernungsmessungen. Weitverbreitet ist die Fotogrammetrie, bei der eine Kamera als Bildaufnehmer dient.

Bild 6.3 Diese Specksteinskulptur soll gescannt, bearbeitet und zur Gartenskulptur abgewandelt werden.

Manche Systeme, beispielsweise der Ciclop von bq (Bild 6.4), aber auch professionelle Streifenprojektionssysteme projizieren einen Strich oder ein Muster auf das Objekt und machen in einer Position zwei Fotos - einmal mit und einmal ohne Projektion. Nun rechnet die Scansoftware das Bild ohne Muster zu einem Negativ um und legt beide Bilder übereinander. Die Bilder heben sich dann - bis auf das Muster - auf und das durch die Form der Oberfläche verzerrte Muster bleibt übrig. Aus dieser Verzerrung berechnet die Software die Oberfläche.

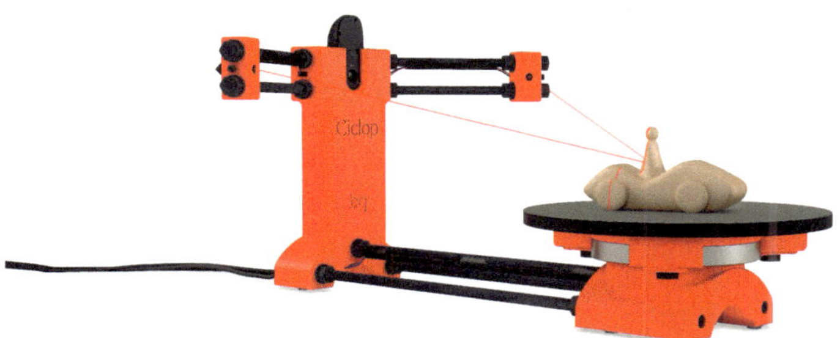

Bild 6.4 Der bq Ciclop arbeitet mit zwei Streifenlasern in den Auslegern, die senkrechte Striche auf das Objekt projizieren. Die Kamera in der Mitte nimmt die Bilder auf (© bq).

Moderne Fotogrammetrielösungen arbeiten dagegen ohne Streifenmuster, sie benötigen lediglich eine Reihe von Bildern, auf denen das Objekt aus allen Richtungen zu sehen ist. Ab etwa 20 Bildern - je nach Komplexität des Objekts - lassen sich durchaus ordentliche 3D-Modelle erzeugen. Um gute Ergebnisse zu erzielen, ist es wichtig, zu verstehen, wie Fotogrammetrie funktioniert.

6.3 Tipps und Tricks zur Fotogrammetrie

Das Verfahren beruht im Prinzip auf dem 3D-Sehen, wie es (fast) jeder Mensch und die meisten Tiere können. Durch das Vergleichen von zwei Bildern desselben Objekts, die von zwei verschiedenen Standorten aufgenommen wurden, kann das Gehirn – aber eben auch der Computer – die dreidimensionale Form des Objekts berechnen. Durch das Fotografieren eines Objekts von allen Seiten lassen sich dementsprechend alle sichtbaren Oberflächenpunkte dreidimensional definieren. Die Einschränkung „sichtbar" ist wichtig, denn alle Bereiche, die nicht in mindestens zwei Fotos vorkommen, lassen sich nicht anordnen, und es entsteht am Ende ein Loch im 3D-Modell. Objekte mit vielen Hinterschnitten und einer sehr zerklüfteten Oberfläche eignen sich daher weniger für dieses Verfahren. Bei meiner Skulptur ist der Bereich zwischen den Armen schwierig zu fotografieren, weshalb ich für diese Stellen zusätzliche Fotos geschossen habe.

Bevor die Software die Geometrie eines Objekts berechnet, muss sie die Bilder bzw. deren Aufnahmeort und -ausrichtung berechnen. Dazu analysiert die Software den Hintergrund der Bilder. Optimalerweise ist die gesamte Umwelt des Orts, an dem du fotografierst, auf den Fotos abgebildet, sodass die Software den Hintergrund optimal zusammensetzen und daraus die Fotostandorte berechnen kann. Damit wird auch klar: je abwechslungsreicher der Hintergrund, desto einfacher hat es die Software. Ein leerer, weiß tapezierter Raum wird nicht zu verwertbaren Ergebnissen führen, ich erstelle die Fotos am liebsten im Garten hinter dem Haus, da finden sich viele Strukturen. Smartphone-basierte Systeme können zusätzlich die Winkel-, Kompass- und GPS-Sensoren des Device nutzen und erreichen damit oft bessere Ergebnisse als reine Fotoserien.

Eine gute Idee ist es deshalb, beispielsweise eine Zeitung oder einen zerknitterten Karton unter das Objekt zu legen (Bild 6.5). Diese bieten der Software viele Anhaltspunkte zum Verorten der Bilder. Eine andere Möglichkeit sind Post-it-Zettel, die man bekritzelt, sodass jeder Zettel anders aussieht, und die man dann auf gleichförmigen Flächen verteilt.

Ein großer Vorteil der Fotogrammetrie ist ihre Unabhängigkeit von der Größe des Objekts – Satelliten erstellen mit diesem Prinzip extrem genaue 3D-Karten der gesamten Erde. Das Aufkommen von Drohnen mit guten Kameras ermöglicht es jedem, ein 3D-Modell seines Hauses oder eines Denkmals zu erstellen – einfach, indem man einige Schleifen um das Objekt fliegt und dabei ein Video filmt. Später entnimmt man dem Video die besten Standbilder oder lässt die Software das gesamte Video verarbeiten.

Optimal ist es, einen Kreis von Fotos frontal, also auf der mittleren Höhe des Objekts, zu schießen und eine weitere Serie von schräg oben. Weitere Fotos decken schlecht einsehbare Bereiche ab. Es macht aber keinen Sinn, Detailfotos zu schießen, denn diese kann die Software nicht räumlich mit den anderen Bildern verbinden, wenn zu wenig Hintergrund zu sehen ist. Das Objekt sollte dabei möglichst wenig bewegt werden. Deshalb ist es auch einfacher, ein 3D-Modell eines Bauwerks oder einer Staue zu erstellen, als das eines Tiers oder Menschen. Aber dazu kommen wir später.

Nahezu die größte Schwierigkeit bei der Fotogrammetrie war für mich das Suchen nach geeigneter Software – möglichst kostenlos bzw. Open Source und gut bedienbar. Die von mir getesteten Open-Source-Lösungen Colmap, Meshroom oder VisualSFM sind teils extrem komplex zu benutzen, dagegen sind andere Lösungen wie Autodesk Recap Photo zwar komfortabel, aber nicht kostenlos. In der 2. Auflage konnte ich noch eine kostenlose Testversion von Recap Pro nutzen, in der Recap Photo enthalten ist. Diese ist aber auch nicht mehr verfügbar. In dieser 3. Auflage arbeite ich deshalb mit der App Polycam für Android und iPhone und 3DF Zephyr für den PC.

Das Ergebnis aller Scans – unabhängig von der Technik – ist eine Punktewolke, also eine Sammlung von 3D-Koordinaten der Messpunkte, die die Scansoftware erkannt hat. Punktewolken haben zwei Nachteile: Sie werden schnell extrem groß, da umso mehr Punkte notwendig sind, je genauer bzw. je detaillierter das 3D-Modell werden soll. Bei professionellen Systemen geht die Zahl der Punkte eines Scans in die Millionen.

Ein weiterer Nachteil: Es entsteht kein Volumenmodell, sondern eine leere Hülle, die sogar oft Löcher aufweist. Zum Beispiel kann der Scanner die Standfläche eines Objekts nicht sehen und deshalb auch keine Punkte dort messen. Ebenso verhält es sich mit tiefen oder gekrümmten Löchern im Objekt. CAD-Software muss in der Lage sein, mit solchen Modellen umzugehen, was gar nicht so einfach ist.

Bild 6.5 Es braucht einige Anläufe und Tests mit unterschiedlichen Hintergründen, bis ein akzeptables Ergebnis erzielt wird.

Spiegelnde, glänzende oder gar durchsichtige Oberflächen bringen die Software durcheinander und sind zu vermeiden. Ich habe deshalb den Staub auf der Skulptur belassen. Etwas Mehl könnte ebenfalls helfen, Reflexionen zu vermeiden – aber bitte nicht zu viel, sonst ist die Textur der Figur nicht mehr sichtbar, die der Software ebenfalls bei der 3D-Erkennung hilft.

6.4 3D-Scanning mit dem Fotoapparat (Fotogrammetrie)

Nach meiner Erfahrung reagiert Fotogrammetriesoftware bei der Berechnung recht empfindlich auf die Belichtung. Führt man sich das Prinzip nochmals vor Augen (nämlich Features auf mehreren Bildern zu erkennen), wird schnell klar: Je ähnlicher sich die Fotos in Bezug auf die Beleuchtung und Belichtung sind, desto einfacher hat es die Software. Deshalb ergaben die ersten Versuche, die ich mit der Smartphone-Kamera durchführte, relativ bescheidene Ergebnisse, denn die Kamera der meisten Smartphones erlaubt keine Eingriffe in die Belichtungszeit- und Blendeneinstellung. Diese werden bei jedem Bild neu und jeweils für dieses Bild optimal berechnet. Das bedeutet aber auch, dass der Hintergrund auf jedem Bild etwas anders aussieht und die Software wesentlich mehr Mühe hat, die für ein genaues 3D-Modell notwendigen gemeinsamen Punkte zu finden.

Dasselbe gilt für Videos. Auch hier regelt das Smartphone ständig mit. Trotzdem kann es sinnvoll sein, statt einzelner Fotos mit dem Smartphone einen Videoclip zu drehen und daraus die Bilder für ReCap Photo zu erzeugen. Das Fotografieren dauert schnell einmal 10 Minuten – zu viel, wenn man beispielsweise ein Kind oder ein Tier scannen möchte. Für das Video muss man das Objekt nur zweimal mit laufender Kamera umkreisen, was wesentlich schneller geht.

Das brachte mich auf die Idee, es mit der Spiegelreflexkamera (Digital Single Lens Reflex, DSLR) zu versuchen. Bei dieser ist es möglich, in einen manuellen Modus zu schalten, in dem die Kamera die Belichtung nicht selbstständig ändert. Das Ergebnis gab mir recht (Bild 6.6). Die Berechnung auf Basis der Spiegelreflexbilder ergab das sauberste Ergebnis, obwohl die Software nur 27 Bilder (statt 50 wie im Fall des Videos) zur Verfügung hatte. Die Spiegelreflexkamera erbrachte also bei Weitem die besten Bilder. DSLR mit Videofunktion können natürlich auch Videos mit fester Einstellung liefern, was die Qualität der daraus gewonnenen Bilder stark verbessern sollte.

Bild 6.6 Die Scanqualität ist je nach Rohmaterial sehr unterschiedlich (links: Smartphone-Fotos; Mitte: Video, rechts: DSLR-Fotos).

Unter *plus.hanser-fachbuch.de* findest du meinen Satz Fotos, den du gerne verwenden darfst, um das Projekt nachzuvollziehen. Du kannst aber ebenso gut eigene Fotos benutzen. Der Ablauf des Projekts ist in jedem Fall derselbe.

Lass uns nun mit dem ersten Scan beginnen. Ich habe die Skulptur an einem schattigen Platz im Freien aufgestellt. Unser Haus hat im ersten Stock einen Balkon. Darunter findet sich ein idealer Platz zum Scannen. Die Ausleuchtung ist im Halbschatten relativ gleichmäßig. Ein leicht bedeckter Himmel ist natürlich besser als strahlender Sonnenschein, der harte Schatten verursacht. Zudem bilden der Garten und die unter dem Balkon gelagerten Holzscheite, Kinderspielzeuge und Stühle einen sehr bewegten Hintergrund, was der Erkennung zugutekommt. Es zeigte sich, dass das Holzmuster des Biertisches, auf dem die Skulptur stand, nicht ausreichte. Mit einer Zeitungsseite unter dem Objekt wurden die Scans wesentlich besser.

TIPP: Lass das Objekt nach dem Fotografieren erst einmal stehen, damit du bei Bedarf Fotos neu schießen kannst. Ich vergesse das immer, nehme das Objekt mit und kann es natürlich nie wieder exakt so wie vorher aufstellen, um die fehlenden Bilder nachzufotografieren.

Für ein gutes Ergebnis braucht es gar nicht so viele Bilder. Wichtiger ist eine gute Überlappung, damit die Software die Bilder sauber positionieren kann. Das Modell, das ich hier als Basis benutze, basiert auf lediglich 27 Bildern. Achte darauf, dass das Objekt schön in der Bildmitte ist und nur etwa ein Drittel von Höhe und Breite einnimmt. Zoome also nicht zu nah heran. Verändere die Brennweite zwischen zwei Fotos nicht, denn auch das erschwert die Erkennung.

Versuch, in einem Kreis um das Objekt herumzugehen. Schieße nicht ein Bild aus der Nähe und das nächste aus der Ferne. Fotografiere etwa 20 Bilder aus der Horizontalen. Das bedeutet, dass die Kamera mit der Skulptur auf gleicher Höhe ist. Etwa weitere zehn Bilder fotografierst du von schräg oben (wieder im Kreis herum). Hat dein Modell viele überhängende Bereiche, die auf den bisher geschossenen Fotos nicht zu sehen sind, kann es sich lohnen, einen weiteren Satz Fotos von schräg unten zu schießen.

Die gesammelten Fotos solltest du sofort auf dem PC ansehen und unscharfe oder verwackelte Bilder nochmals fotografieren. Dann sind wir so weit, dass wir die Bilder in die Fotogrammetriesoftware laden können. Allerdings will ich vorher noch kurz den Trick mit dem Video erläutern.

6.5 3D-Scanning von Menschen und Tieren: Bilder aus einem Video extrahieren

Das Abfotografieren eines Objekts mit zwei oder drei Umrundungen und 30 bis 40 Bildern ist bei einer Skulptur, wie ich sie hier verwende, relativ problemlos möglich. Geht es dagegen darum, einen Menschen, ein Tier oder auch eine fragile Struktur, die sich im Wind bewegt, zu scannen, kann das Fotografieren im wahrsten Sinn des Worts zum Geduldsspiel werden. Denn der Scan wird nur ein gutes Ergebnis erzielen, wenn sich das „Scanobjekt" nicht bewegt und keine Miene verzieht.

Anstatt mühsam ein Foto nach dem anderen zu machen, nutzen wir diesmal die Videofunktion des Smartphones, um die benötigten Bilder zu erzeugen. So ein Video ist schließlich nichts anderes als eine Abfolge von Bildern, die bei modernen Smartphones, die in Full HD filmen, auch eine ordentliche Auflösung haben.

Um die einzelnen Bilder aus dem Video zu extrahieren, nutzen wir den kostenlosen Videoplayer VLC Media Player. Dieser lässt sich unter *www.videolan.org* herunterladen und ist für Windows, MacOS, Linux sowie Android und iOS verfügbar. Für unsere Zwecke brauchst du eine der Desktop-Versionen.

Das Video, bei dem du das Objekt wie in Abschnitt 6.4 zweimal umkreist, lädst du am besten per USB-Kabel vom Smartphone auf den PC. Nun brauchst du noch ein Verzeichnis, in das die Bilder gespeichert werden. Lege es auf dem Desktop an, dann findest du es schnell wieder. Ich habe mein Verzeichnis *Statuen-Bilder* genannt.

Nun startest du VLC und rufst im Menü WERKZEUGE den Punkt EINSTELLUNGEN auf. Das Einstellfenster zeigt zunächst nur einen Teil der Optionen, die wir ändern möchten. Deshalb stellst du unten links im Fenster unter *Einstellungen zeigen* auf *Alle* um. Nun zeigt VLC die Einstellungen in einer Liste untereinander an (Bild 6.7). Im unteren Bereich findest du den Hauptpunkt *Video*. Klicke auf das kleine Dreieck neben dem Eintrag, falls die Menüstruktur noch eingeklappt ist. Uns interessiert der Punkt *Filter* und darin der *Szenen-Filter*. Stelle das *Bildformat* auf *jpg* (in das entsprechende Feld eintippen) und das *Verzeichnispfad-Präfix* auf das vorher erstellte Verzeichnis. VLC ist an dieser Stelle leider etwas unkomfortabel und erwartet tatsächlich den vollen Pfad zum Zielverzeichnis. Den beschaffen wir uns mit einem Trick: Öffne den Ordner, klicke mit der rechten Taste in die Adressleiste und wähle *Adresse als Text kopieren*. Nun liegt dir der Pfad in der Zwischenablage vor und du kannst ihn mit der Tastenkombination Strg-V in das Feld *Verzeichnispfad-Präfix* kopieren. Bei mir lautet der Pfad *C:\Users\ralf\Desktop\Statuen-Bilder*, bei dir wird das „ralf“ durch deinen Windows-Benutzernamen ersetzt sein.

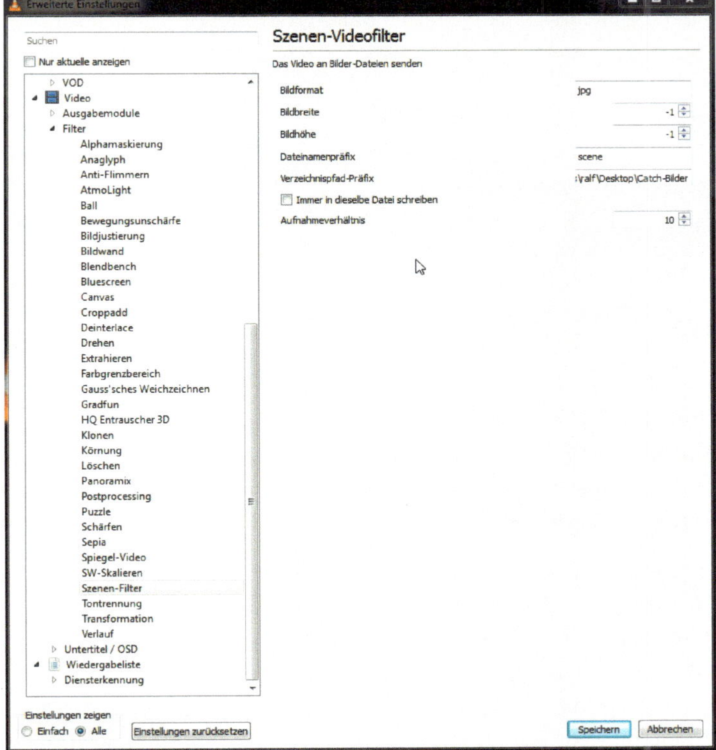

Bild 6.7 In VLC wird ein Filter so eingestellt, dass er alle 10 Sekunden einen Screenshot abspeichert.

Nun kannst du noch ein *Dateinamenpräfix* vergeben. Ich habe es bei der Vorgabe *scene* belassen. Das *Aufnahmeverhältnis* beschreibt, das wievielte Bild jeweils abgespeichert wird. „10“ ist ein guter Mittelwert, um viele, aber nicht zu viele Bilder zu erhalten. Die beiden Werte *Bildbreite* und *Bildhöhe* sollten auf „-1“ gestellt bleiben, dann belässt VLC die Bilder in der Auflösung, in der sie entstanden sind. Mit SPEICHERN schließt du den Dialog für Einstellungen (Bild 6.8).

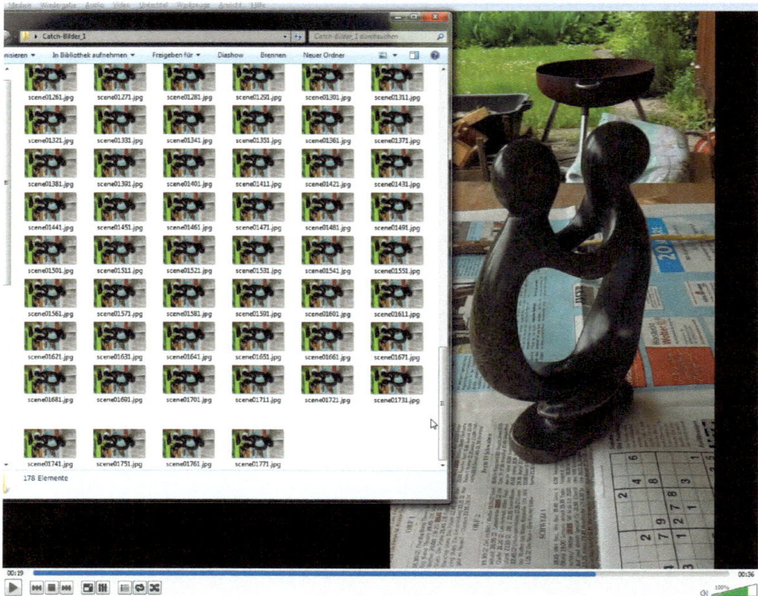

Bild 6.8 VLC speichert während des Abspielens des Videos jedes zehnte Bild in ein Verzeichnis ab.

Lade nun das Video mit dem Befehl MEDIEN > DATEI ÖFFNEN ... und spiele es ab. Wechselst du jetzt zum Verzeichnis *Statuen-Bilder*, kannst du zusehen, wie sich dieses mit Bildern füllt. Es werden sehr viele Bilder werden. Mein Video war 36 Sekunden lang und erzeugte 96 Bilder, also etwa 2,5 Bilder pro Sekunde.

Zwar akzeptiert 3DF Zephyr schon in der freien Version bis zu 50 Bilder, trotzdem ergibt es Sinn, die Bilder durchzugehen und schlechtere Bilder auszusortieren. Zuerst kannst du die Bilder wegwerfen, bei denen das Objekt aus dem Bild herausgerutscht ist (Bild 6.9). Das passiert beim Filmen schnell. Das betrifft aber hoffentlich nur einzelne Bilder. Grundsätzlich sollten die zu löschenden Bilder gleichmäßig über das gesamte Bildmaterial verteilt sein, damit aus allen Richtungen genügend Fotos übrig bleiben.

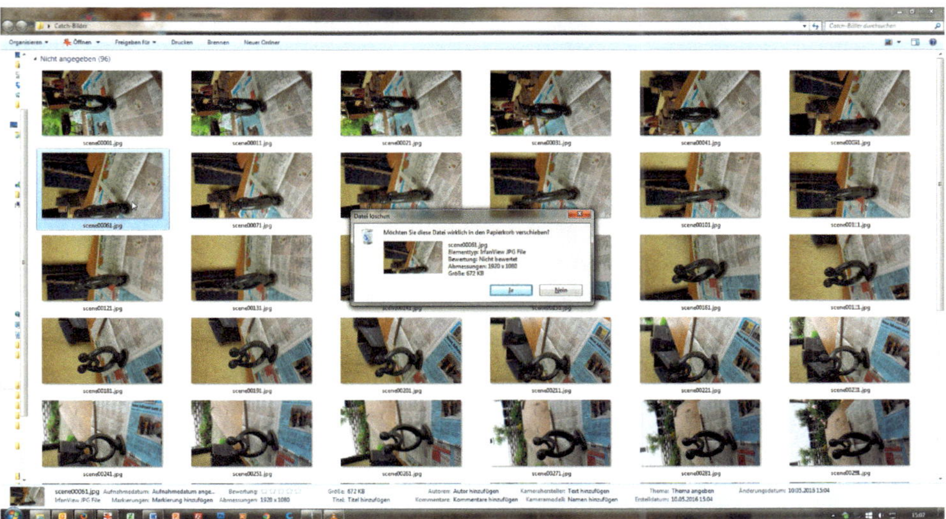

Bild 6.9 Nun geht es ans Sortieren. Vor allem Bilder, auf denen das Objekt nicht komplett zu sehen ist, werden gelöscht.

■ 6.6 Verarbeiten der Bilder mit 3DF Zephyr

3DF Zephyr ist eine kommerzielle Fotogrammetriesoftware, die von der italienischen Softwareschmiede 3Dflow SRL aus Verona entwickelt wird. Die Vollversion kostet 250 Euro monatlich zuzüglich MwSt.; netterweise bietet 3DFlow jedoch auch eine Free-Version an, die auf 50 Bilder und eingeschränkte Export- und Editierfunktionen beschränkt ist. Zudem unterstützt 3DF Zephyr nur einen einzelnen Nvidia-Grafikprozessor, während diese extrem leistungsfähigen Recheneinheiten in den Kaufversionen mindestens im Doppelpack genutzt werden. Zum Glück für mich und alle anderen, die keine Nvidia-Grafik im Rechner stecken haben, kann die Software auch – allerdings sehr viel langsamer – auf dem normalen Prozessor rechnen.

Der große Vorteil gegenüber anderen Lösungen – beispielsweise auch gegenüber Polycam, mit dem wir später arbeiten – ist, dass 3DF Zephyr Free keine Beschränkung der kostenlosen Scananzahl hat. Du kannst also ohne weitere Kosten immer wieder Modelle einscannen, während beispielsweise bei Polycam nach sechs kostenlosen Scans ein Abonnement für 10,99 Euro erforderlich ist.

3DF Zephyr erhältst du auf der Website *https://www.3dflow.net/3df-zephyr-free/*; lade die Installationsdatei herunter und installiere die Software. Nach dem Start und dem Schließen der Einladung auf Social-Media-Seiten klickst du im Menü oben auf ARBEITSABLAUF > NEUES PROJEKT... Es öffnet sich der Projektassistent, der durch die Erstellung des Scans führt. Nach dem Klick auf WEITER kannst du deine Bilder laden. Zephyr kann sogar Videos direkt laden und Bilder herausziehen, ich finde es aber besser, die Bilder selbst auswählen zu können. Im nächsten Schritt kalibriert Zephyr die Bilder, indem es aus den EXIF-Daten Informationen über Kamera, Objektiv und andere Fotoparameter holt und damit beispielweise die Verzerrung von Objektiven ausgleicht. Es folgen weitere Voreinstellungen, die ich bei den Vorgaben belassen habe, danach kannst du im nächsten Fenster die Berechnung starten. Die Berechnung kann je nach vorhandener Hardware einige Zeit dauern (Bild 6.10).

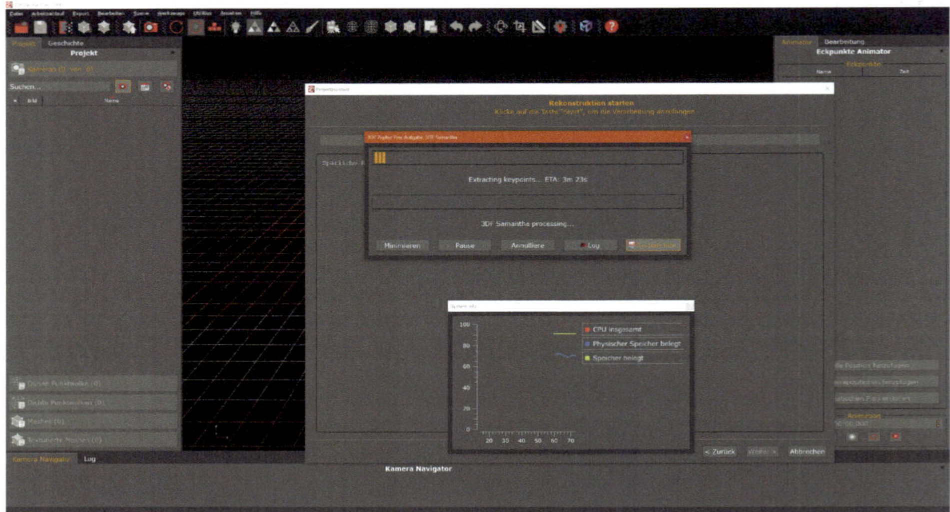

Bild 6.10 3DF Zephyr beginnt mit der Berechnung der 3D-Geometrie. Das kann dauern.

Nach dem ersten Rechenlauf zeigt das System an, welche Kamerapositionen es verorten konnte – bei mir 26 von 30 Bildern. Über ARBEITSABLAUF > 3D-MODELL ERSTELLEN kann der zweite Rechenlauf gestartet werden, in dem eine dichte Punktewolke und die eigentliche 3D-Geometrie entstehen. Davor kannst du natürlich noch Bilder hinzufügen und den ersten Rechenlauf nochmals starten.

Das Ergebnis nach etwa einer Viertelstunde Rechenzeit kann sich sehen lassen, nur einige tiefe Dellen stören das Bild, einer der Arme ist auch nicht vollständig. Aktuell besteht ein Mesh, also ein Berechnungsgitter, das auf dem Bildschirm in Braun dargestellt wird. Im nächsten Schritt – wieder im Menü *Arbeitsablauf* – kannst du das Berechnen eines texturierten Meshes anstoßen, bei dem die Kamerabilder auf die 3D-Geometrie „tapeziert" werden.

Das Ergebnis (Bild 6.11) zeigt: Wie zu erwarten war, ist der Scan an den Stellen, die von eher dunklen Fotos abgedeckt werden, relativ schlecht, gut ausgeleuchtete Bereiche dagegen sind wirklich schön abgebildet.

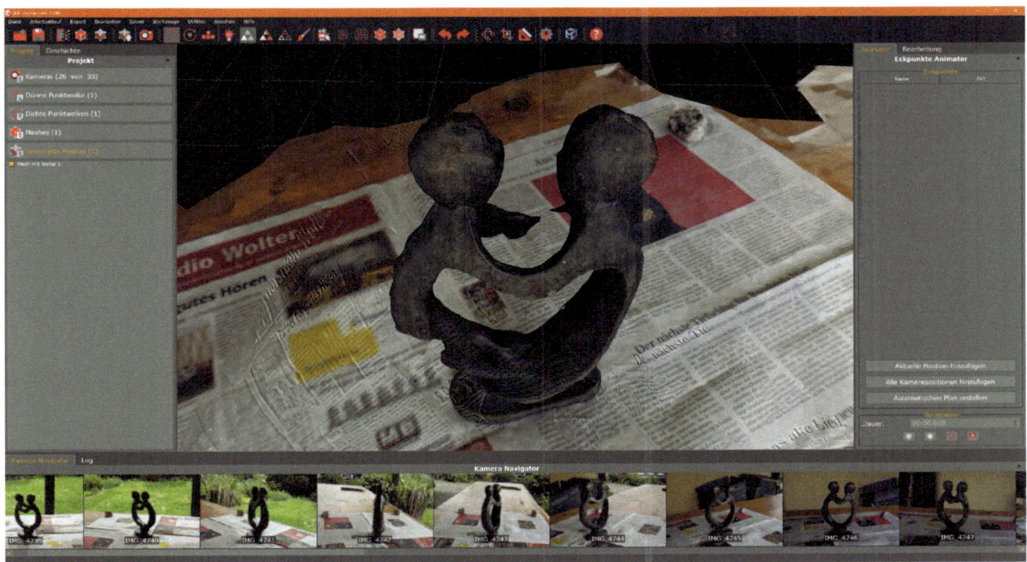

Bild 6.11 Das Ergebnis der Berechnung in 3DF Zephyr kann sich im Großen und Ganzen sehen lassen.

Um nun ein 3D-Modell zu erhalten, das wir weiterverarbeiten können, müssen die Daten exportiert werden. Im Menü Export findest du den Menüpunkt Texturiertes Mesh exportieren. Es öffnet sich ein Fenster, in dem der Export konfiguriert werden kann. Als Exportformat wählen wir *Obj/Mtl*, ansonsten ist nur der Punkt *Exportiere Normalenvektoren* aktiv.

HINWEIS: Meshformate wie OBJ oder STL enthalten die Geometrie in Form vieler kleiner Dreiecke. Jedes Dreieck ist über die *XYZ*-Werte der drei Eckpunkte und den Normalenvektor definiert. Der Normalenvektor ist ein Vektor, der von der Mitte des Dreiecks senkrecht weg weist. Der Normalenvektor gibt der Fläche im Dreieck eine Richtung und damit dem gesamten Objekt eine Innen- und eine Außenseite. Außen ist auf der positiven Seite des Vektors. Da die Dreiecke in Meshformaten völlig unabhängig voneinander und auch nicht nach Lage sortiert sind, kann es vorkommen, dass Normalenvektoren in die falsche Richtung weisen. Sie müssen dann in einem Mesh-Reparaturprogramm korrigiert werden.

Es entstehen drei Dateien: Die eigentliche OBJ-Datei mit dem 3D-Modell, ein JPG-Bild mit der Textur und eine MTL-Datei, in der Beleuchtungen und andere Parameter definiert sind. Uns interessiert später vor allem die OBJ-Datei.

6.7 Alternative: 3D-Scan mit dem Smartphone und Polycam

Eine interessante Alternative zum Berechnen auf dem eigenen Rechner ist das 3D-Scannen mit dem Smartphone. Im Vergleich zu dem 3D-Modell aus Zephyr war das Modell aus der App Polycam qualitativ wesentlich besser. Das dürfte vor allem den zusätzlichen Informationen geschuldet sein, die das Smartphone beim Fotografieren aufnehmen kann: Neigung, Ausrichtung und GPS-Daten. Ich habe Polycam gewählt, weil es im Android-Store ebenso verfügbar ist wie bei Apple. In den App-Stores findest du eine Vielzahl weiterer Apps, die ich aber nicht getestet habe. Ich arbeite hier mit der Android-Version.

Die App aus dem Store installieren, öffnen und loslegen – viel mehr ist zu Polycam nicht zu sagen. Startet man das Programm, öffnet es sich nach einer Rückfrage

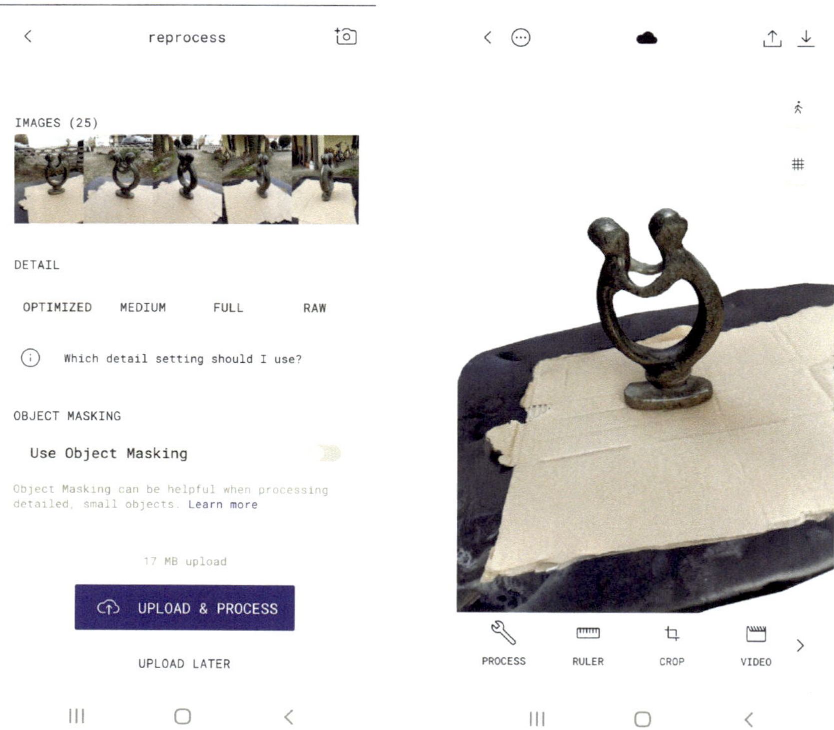

Bild 6.12 Nach dem Fotografieren kannst du die Bilder in Polycam prüfen, ergänzen und am Ende zur Berechnung hochladen.

Bild 6.13 Das Ergebnis des Scans ist schon beim ersten Versuch durchaus beeindruckend.

nach dem Recht, die Kamera zu nutzen, direkt im Fotomodus. Du kannst nun Fotos machen oder ein Video drehen – ich mag es lieber, mit Fotos zu arbeiten, denn es ist schwieriger als man denkt, das Objekt beim Umrunden immer im Fokus zu halten. Fotos kann ich einzeln schießen und dabei den Bildausschnitt optimal auswählen. Hast du genug Bilder geschossen – die App möchte mindestens 20 Bilder haben –, klickst du auf DONE. Im nächsten Bildschirm kannst du die Bilder nochmals durchschauen, verwackelte aussortieren und bei Bedarf Fotos nachschießen (Bild 6.12). Bist du mit den Bildern zufrieden, klickst du auf UPLOAD & PROCESS, dann werden die Bilder in die Cloud geladen und die Berechnung gestartet. Die Vorgaben in Sachen Qualität und Masking kannst du bei den Default-Werten belassen.

Nach einer gewissen Zeit erscheint das berechnete 3D-Modell, das du auf dem Bildschirm drehen und ansehen kannst (Bild 6.13). Entspricht das Ergebnis nicht deinen Vorstellungen, kannst du mit einem Klick auf PROCESS zurückgehen, zusätzliche Bilder aufnehmen, hochladen und neu berechnen. So kommst du recht schnell zu einem ansprechenden Modell.

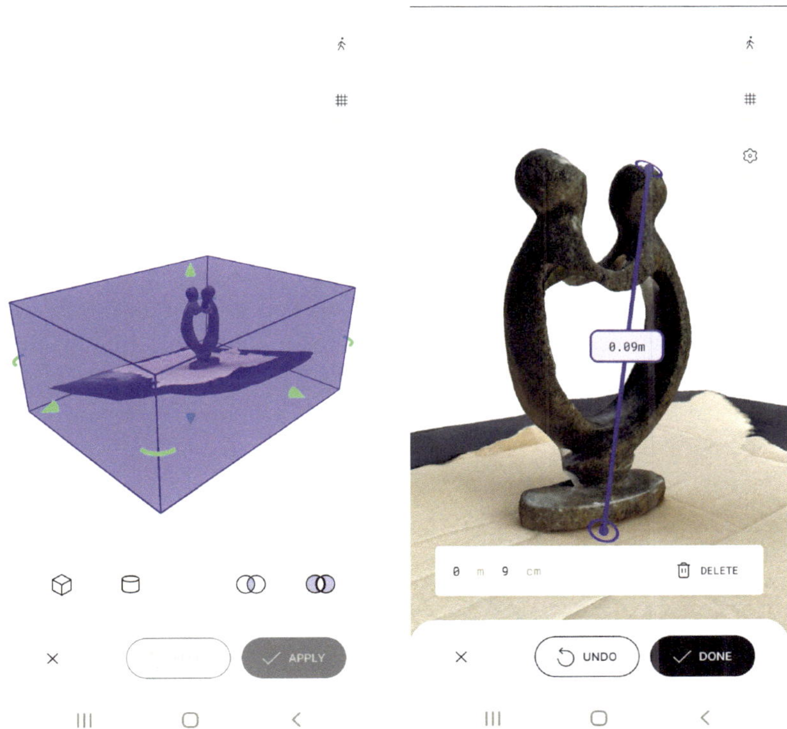

Bild 6.14 Mithilfe der lila Box kannst du das Modell auf die wichtigen Bereiche reduzieren.

Bild 6.15 Hinter *Ruler* verbirgt sich eine Messfunktion. Hier zeigt sich, dass die Statue viel zu klein abgebildet ist – das lässt sich aber einfach richtigstellen.

Schon in der App kannst du das Modell bearbeiten, indem du auf das Register *Crop* drückst. Es erscheint eine rechteckige Box, die du so positionieren kannst, dass das eigentliche Modell gerade noch hineinpasst (Bild 6.14). Dann löscht du mit einem Klick auf APPLY alles außerhalb der Box. Du kannst die Box auch unterhalb des Modells positionieren und dann alles innerhalb der Box löschen. So isolierst du das eigentliche Modell recht einfach. Ich zeige dir später aber noch weitere Möglichkeiten zur Bereinigung des Modells.

Praktisch ist auch die *Ruler*-Funktion, über die du das Modell vermessen kannst – praktischerweise bietet die App auch eine *Rescale*-Funktion zum Vergrößern und Verkleinern des Modells (Bild 6.15). Mit *Extend* lassen sich zusätzliche Fotos einfügen – besonders praktisch, wenn das Objekt Löcher aufweist. Diese entstehen, wenn eine Stelle von nur einem oder keinem Foto abgebildet wird. Mit gezielten Fotos dieser Stelle aus mehreren Perspektiven lassen sich – nach einer Neuberechnung – solche Löcher schließen.

Du hast fünf kostenlose Captures zur Verfügung, kannst die Zahl aber recht einfach erhöhen, ohne ein kostenpflichtiges Abo abschließen zu müssen. Das Anlegen eines Accounts bringt eine zusätzliche Berechnung, Ausfüllen des eigenen Profils fünf und die Freigabe eines 3D-Modells für die Öffentlichkeit nochmals 15 Berechnungen. Eine Bewertung auf Google Play bringt sogar 25 weitere Berechnungsläufe. Das sollte für eine ganze Weile reichen.

Einen Benutzer-Account anzulegen lohnt sich vor allem deshalb, weil die Modelle auch im Web zur Verfügung stehen (Bild 6.16). Unter *https://poly.cam* findest du nach dem Login deine Modelle wieder. Die Editierfunktionen im Web sind allerdings geringer als in der App. Dafür ist es hier einfacher, das Modell zu exportieren und auf dem PC abzulegen als auf dem Smartphone, von wo die Datei dann erst einmal auf den PC transferiert werden muss. Als Format steht ohne Abo von den vielen vorhandenen Optionen nur GLTF zur Verfügung. Ein Klick auf START DOWNLOAD befördert eine GLB-Datei in das Downloadverzeichnis deines Browsers.

Bild 6.16 Die Scans lassen sich auch im Webbrowser bewundern und exportieren.

TIPP: In der App wie auf der Website kannst du übrigens auf den Katalog der von anderen Nutzern freigegebenen Modelle zugreifen – da sind recht interessante Anregungen dabei (Bild 6.17). Wieso nicht mal im Urlaub von einer Sehenswürdigkeit ein 3D-Modell erstellen? Dann kannst du dir zu Hause auf dem 3D-Drucker ein eigenes Souvenir drucken.

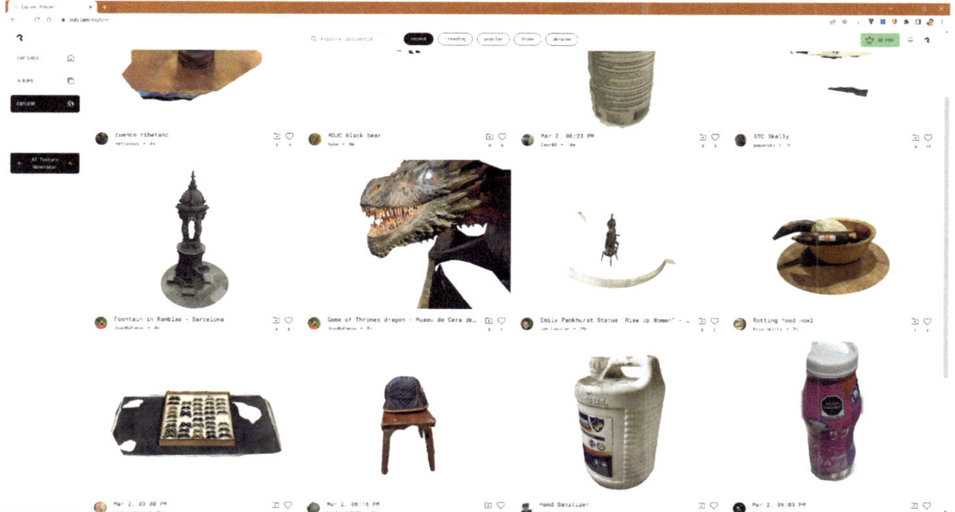

Bild 6.17 Der Polycam-Katalog bietet eine Fülle interessanter Anregungen für eigene Scans.

6.8 Ansichtssache: Ansehen und Weiterbearbeitung des 3D-Modells

Nun hast du – je nachdem, welchen Weg du genommen hast – ein OBJ- oder ein GLB-Modell auf der Festplatte. Um diese anzuschauen, musst du unter Windows 10 normalerweise nicht einmal eine Software installieren, denn das Betriebssystem bringt schon einen 3D-Viewer mit, der eine Vielzahl von Formaten liest. Noch besser ist der ebenfalls in Windows 10 mitgelieferte 3D Builder, denn der bietet einige interessante Werkzeuge und vor allem wichtige Exportformate wie 3MF oder STL.

TIPP: Viele 3D-Formate sind mit 3D Viewer verbunden. Klicke das Modell mit der rechten Maustaste an, dann kannst du es unter ÖFFNEN MIT... im 3D Builder öffnen.

Bild 6.18 Einige Bodenflächen sehen seltsam aus, ansonsten lädt der 3D Builder das Modell problemlos.

Nach dem Laden des Modells in 3D Builder meckerte die Software bei mir, dass eine Reparatur notwendig sei. Dabei sind einige Flächen in der Tischoberfläche des Scans verschwunden (Bild 6.18). Da wir diese Flächen eh loswerden wollen, ist das kein Problem. Nach dem Ausführen der Reparatur kannst du das Modell bearbeiten. Um es in die richtige Stellung zu drehen, bietet 3D Builder am unteren Bildrand drei Buttons zum VERSCHIEBEN, ROTIEREN und SKALIEREN. Die eigentliche Bewegung steuerst du über die eingeblendeten grünen und blauen Pfeile. Wie so oft hat auch dieses Programm eine Besonderheit: Ist das Objekt markiert, drehst du das Objekt im Raum. Hebst du rechts in der Seitenleiste die Auswahl auf, drehst du den ganzen Raum inklusive des Objekts. Das ist sehr praktisch, um Objekte entlang der Koordinatenachsen auszurichten.

Im Menü unter OBJEKT findest du verschiedene Befehle zum Duplizieren von Objekten in derselben Szene, zum KOPIEREN, AUSSCHNEIDEN und EINFÜGEN aus der Zwischenablage sowie zum LÖSCHEN ganzer Objekte. PLATZIEREN stellt das Objekt flach auf die Arbeitsebene, die Buttons SPIEGELN und MESSEN erklären sich von selbst. Interessanter wird es unter BEARBEITEN. Hier kannst du die Anzahl der Dreiecke herabsetzen und vor allem das Objekt AUFTEILEN. Dazu blendet 3D Builder eine grüne Ebene ein, die sich in der Höhe verschieben und kippen lässt. Dann kannst du das Objekt entlang der Ebene zerschneiden und nur die Bereiche darunter oder darüber oder auch beide behalten (Bild 6.19). Damit beschneiden wir nun die Skulptur. Fasst du die Fläche mit der Maus an, kannst du sie in der Höhe verschieben, durch Ziehen an den blauen Pfeilen kippst du sie.

Bild 6.19 Mit der grünen Ebene entfernst du alle Geometrie unterhalb der Fläche. Es bleiben einige Inseln übrig, die mit weiteren Schnitten gelöscht werden.

Stelle die Ebene senkrecht. Dann kannst du mit mehreren Schnitten schnell die Bereiche rund um die Skulptur anschneiden. Sind fast alle Fitzel entfernt, schneidest du mit einer horizontalen Ebene die Reste rund um den Sockel frei – fertig! Der rote Rahmen zeigt die *X*- und die *Y*-Ausdehnung der Figur. Wenn diese Umrandung, von oben gesehen, größer ist als dein Objekt, hängt irgendwo noch ein Minifitzelchen des Bodens herum. Auch die Schnittebene gibt Hinweise, sie ist immer nur so groß wie notwendig, um alles zu schneiden.

Das war es auch schon wieder im 3D Builder. Speichere jetzt das Objekt ab. Ich nutze dazu gern das 3MF-Format, denn dieses kann Geometrie und Textur in einer Datei abspeichern, und vor allem kann Meshmixer dieses Format lesen.

Das unbearbeitete und das in 3D Builder bearbeitete Scanmodell der Skulptur findest du unter *plus.hanser-fachbuch.de*.

■ 6.9 Renovierungsarbeiten: gescannte Modelle mit Meshmixer beurteilen und reparieren

Für den nächsten Projektschritt, das Optimieren der Geometrie, nutzen wir Meshmixer. Auch diese Software kommt von Autodesk und kann unter *http://meshmixer.com* heruntergeladen werden. Lass dich von den Hinweisen, dass die Meshmixer-

Funktionalität in Fusion 360 verlagert wurde, nicht stören. Unter *Download* findest du Meshmixer 3.5, das meiner Ansicht nach wesentlich bessere Netzbearbeitungstools bietet als Fusion 360.

Leider ist das Autodesk-Softwareportfolio eher eine Patchwork-Familie, deren Mitglieder verschiedene Stammbäume haben bzw. aus unterschiedlichen Quellen (oft aus Zukäufen) stammen. Wir dürfen uns also wieder auf eine neue Bedienung einstellen.

Meshmixer hat eine eigene Vorstellung, wie die Navigation funktioniert. Im Meshmixer-Modus ist Drehen über die mittlere Maustaste bzw. das gedrückte Mausrad möglich. Es darf aber auch mit Alt und rechter Maustaste gedreht werden. Das Modell wird mit Shift und mittlerer Maustaste verschoben. Der Zoom versteckt sich hinter Alt und der rechten Maustaste.

Zum Glück lässt sich Meshmixer auf die von Tinkercad gewohnte Navigation umstellen. Geh hierzu auf FILE > PREFERENCES und kontrolliere, ob der Navigationsmodus auf *Fusion 360* steht. Bei mir war dieser nicht eingestellt, obwohl es eigentlich die Standardeinstellung sein sollte. Dann funktioniert die Navigation wie gewohnt, und das Scrollrad ist nutzbar.

Beim Start von Meshmixer ermöglicht die Software direkt den IMPORT oder das Öffnen (OPEN) von Geometrien. Rechts oben bietet ein Auswahlfeld Zugriff auf eine Vielzahl von 3D-Drucker-Modellen. Nach der Auswahl eines Modells wird der jeweilige Bauraum des Geräts angezeigt, sodass man jederzeit sieht, ob das Modell in den Bauraum passt (Bild 6.20). Die Darstellung des Druckbetts lässt sich unter VIEW > SHOW PRINTER BED abschalten.

Bild 6.20 Im Meshmixer-Startfenster kann man direkt die Bauplatte des eigenen 3D-Druckers einstellen.

Öffne den Importdialog über den Startbildschirm oder über das Menü FILE und wähle deinen besten Scan aus. In kurzer Zeit wird das Modell geladen und dargestellt. Da Meshmixer dabei die Texturen aus ReCap übernimmt, ist mein dunkles Scanobjekt vor dem dunklen Hintergrund kaum zu sehen – eine gute Gelegenheit, die *Hotbox* einzuführen. Wenn du im Meshmixer die Leertaste drückst, erscheint ein Menü in der Mitte des Bildschirms, das dir Zugriff auf einige wichtige Einstellungen gibt (Bild 6.21). In der obersten Reihe in der Mitte findest du die Befehle fürs Drehen, Schieben und Zoomen, also den Zugriff auf die Navigationsmodi, die wir aber lieber mit Tastatur und Maus steuern.

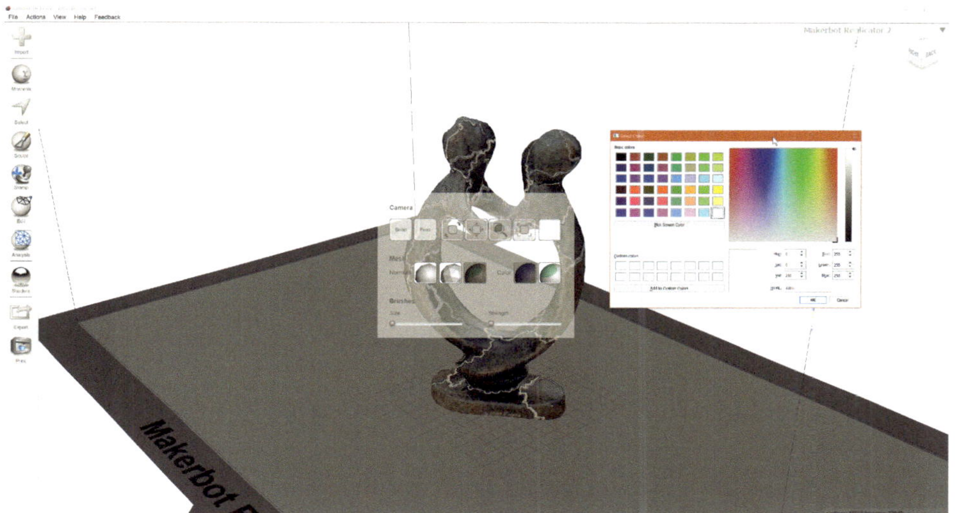

Bild 6.21 Im *Hotbox*-Fenster (Leertaste) lässt sich die Hintergrundfarbe ändern. Dies ist bei meinem dunklen Objekt auch bitter nötig.

Die beiden ersten Buttons im *Hotbox*-Fenster SNAP und FREE limitieren die Bewegungen der Kamera, wenn sie aktiv sind. Dann wird der Hintergrund der Buttons heller. SNAP lässt die Kamera „einrasten“, wenn du nahe an der Vorder- oder Seitenansicht bist. So lassen sich diese Ansichten einfacher ansteuern. Ist FREE eingeschaltet, kann sich die Kamera, durch die du auf das Objekt blickst, sozusagen überschlagen. Ist FREE ausgeschaltet, kommst du beim Hoch- und Herunterdrehen nicht über die Pole der Kugel, auf der die Kamera sich bewegt, hinaus. Das erleichtert die Navigation. Ich habe FREE deshalb immer ausgeschaltet.

Der vorletzte Button in der oberen Reihe des *Hotbox*-Menüs löst einen *Fit*-Befehl aus, der das Objekt bildschirmfüllend heranzoomt (Bild 6.21). Dies ist sehr praktisch, wenn du dich einmal „verfahren“ hast. Aber eigentlich wollte ich ja den letzten Button, die Auswahl der Hintergrundfarbe, ansteuern. Hier ist es möglich, eine beliebige Farbe als Hintergrund des Bearbeitungsfensters einzustellen. Ich wähle Weiß.

Da die *Hotbox* nach dem Einstellen des Hintergrunds nicht wie sonst gleich wieder verschwindet, haben wir Zeit, die anderen Optionen anzusehen. Die mittleren Buttons verändern die Darstellung am Bildschirm und sind für diesen Workflow weniger interessant. Ganz unten finden sich jedoch Schieberegler, mit denen sich die Größe und Stärke der Manipulationswerkzeuge ändern lassen, ohne ganz nach links scrollen zu müssen (Bild 6.21). Das Menü verschwindet wieder, wenn du noch mal die Leertaste drückst.

Nun wollen wir das Gitter bearbeiten. Bei dunkleren Objekten ist das Gitter, das sich über View > Show Wireframe oder die Taste W einschalten lässt, kaum sichtbar. Zum Bearbeiten wäre es praktisch, wenn die Textur unsichtbar wäre. Das erreichst du über das Shaders-Menü in der linken Werkzeugleiste. Klickst du darauf, so zeigt Meshmixer eine Reihe von Kugeln an, die du zum Wechseln des Shaders auf das Objekt ziehen musst. Shader sind die Softwaremodule, die die Bildschirmdarstellung rendern (also berechnen). Ich nutze zum Bearbeiten des Netzes gerne eine einheitliche Farbe, beispielsweise das Flaschengrün, das im Dialogfenster in der zweiten Reihe rechts zu sehen ist. Willst du wieder die Textur sehen, ziehst du die im Dialogfenster enthaltene Weltkugel auf das Objekt. Ich schalte im View-Menü auch noch das Gitter mit *Show Grid* ein, das mir eine bessere Orientierung im Raum gibt.

Die gleichförmige Farbe und der Schattenwurf enthüllen es schonungslos: Das Objekt ist voller Beulen und Dellen (Bild 6.22). So genau ist die fotogrammetrische Methode eben doch nicht. Da es uns aber weniger um die millimetergenaue Abbildung des gescannten Objekts geht als um eine schöne Form, werden wir diese nun verschleifen.

Bild 6.22 Der Shader bringt es ans Licht: Die Form ist voller Beulen und Dellen.

HINWEIS: Sichere das Objekt erst einmal im Meshmixer-Format auf dem Desktop, denn bislang arbeiten wir immer noch mit den Importdaten aus Polycam.

Als Erstes wollen wir die Form schließen. An meinem Objekt hängt unten sogar noch ein Teil des Tisches. Wenn das Objekt unten sauber abgeschnitten ist, kann die Software auch einen sauberen unteren Abschluss berechnen. Dazu nutzen wir im Werkzeug-Menü die Funktion EDIT > PLANE CUT. Dieses Werkzeug blendet eine Ebene ein. Unter- oder oberhalb dieser Ebene wird alles gelöscht.

Aktiviere also das Werkzeug *Plane Cut* (Bild 6.23). Jetzt werden die Schnittebene und in der Mitte das Manipulationswerkzeug für die Ebene eingeblendet. Mit den drei Pfeilen lässt sich die Schnittebene bewegen, mit den farbigen Bögen lässt sie sich kippen. Fasst du das Werkzeug an einem der Dreiecke nahe dem Ursprung der Pfeile an, kannst du die Schnittebene in der Ebene zwischen den beiden benachbarten Pfeilen frei bewegen. Der dicke blaue Pfeil rechts kehrt die Schnittseite um. Er entscheidet also, ob alles unter oder über der Schnittebene gelöscht wird.

Das kennst du jetzt ja schon aus 3D Builder, allerdings mit einem entscheidenden Unterschied: 3D Builder löschte alle Dreiecke unterhalb der Ebene, auch diejenigen, die von der Ebene geschnitten wurden und eigentlich oberhalb der Fläche weitergehen. Danach schloss er die Form, aber mit einer Vielzahl von Dreiecken, die eine sehr raue Ebene ergaben. Es entsteht also keine saubere Schnittkante. Meshmixer ist da cleverer.

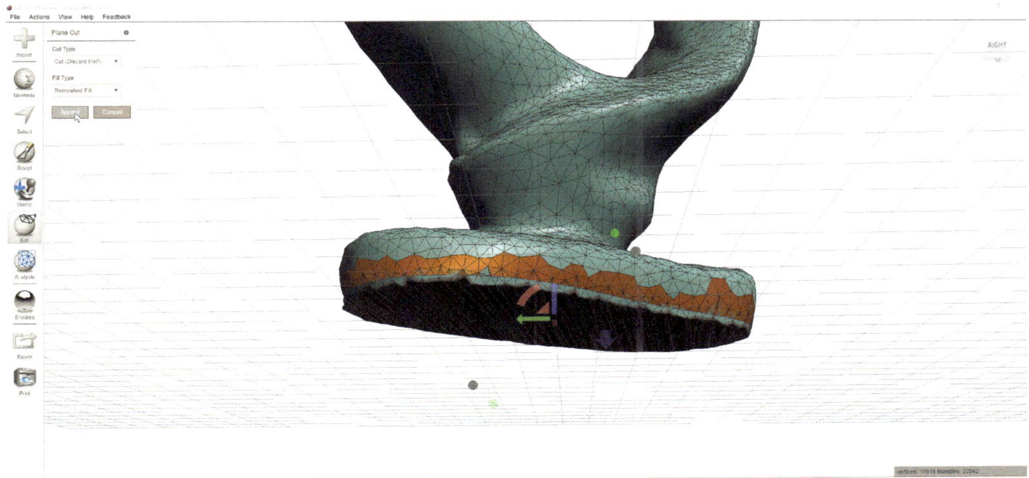

Bild 6.23 Meshmixer berechnet die orangen Dreiecke, um eine saubere Schnittkante zu erzeugen.

Wenn du die Schnittkanten genau betrachtest, siehst du, dass Meshmixer die geschnittenen Enden neu berechnet. Am unteren Rand siehst du eine Reihe orangefarbener Dreiecke, mit denen Meshmixer die Löcher schließt, die entstehen, wenn Dreiecke sozusagen halb geschnitten werden (Bild 6.23). Meshmixer löscht alle Dreiecke unterhalb der Schnittebene, und damit auch alle Dreiecke, durch die die Schnittebene hindurchgeht. Im Gegensatz zu anderen Programmen schließt die Software dann aber diese Lücken. Dadurch entsteht die von uns gewünschte glatte Unterkante.

Nun ziehst du die Ebene am blauen Pfeil nach unten, bis nur noch der raue untere Rand des Modells geschnitten wird. Wenn dabei einige „Inseln" des Untergrunds übrig bleiben, ist das kein Beinbruch. Wir löschen diese später. Das geht am einfachsten, wenn sie komplett vom Hauptobjekt getrennt werden. Hast du eine passende Höhe gefunden, kannst du mit Accept den Befehl abschließen.

Plane Cut schließt das Modell übrigens auch gleich mit einer schönen glatten Ebene (Bild 6.24). Eine andere Möglichkeit, Löcher zu schließen, bietet der *Inspector*, den du unter Analysis findest. Der *Inspector* findet Löcher ab einer bestimmten Größe (0,01 mm ist ein guter Wert) und zeigt diese mit einer Stecknadel an. Klickst du auf diese Stecknadel, erzeugt der *Inspector* je nach Einstellung eine glatte Fläche (*Flat Fill*) oder einen rundlichen Abschluss mit einem sauberen Übergang (*Smooth Fill*). Noch mehr Möglichkeiten gibt Meshmixer, wenn du rechts auf den Stecknadelkopf klickst.

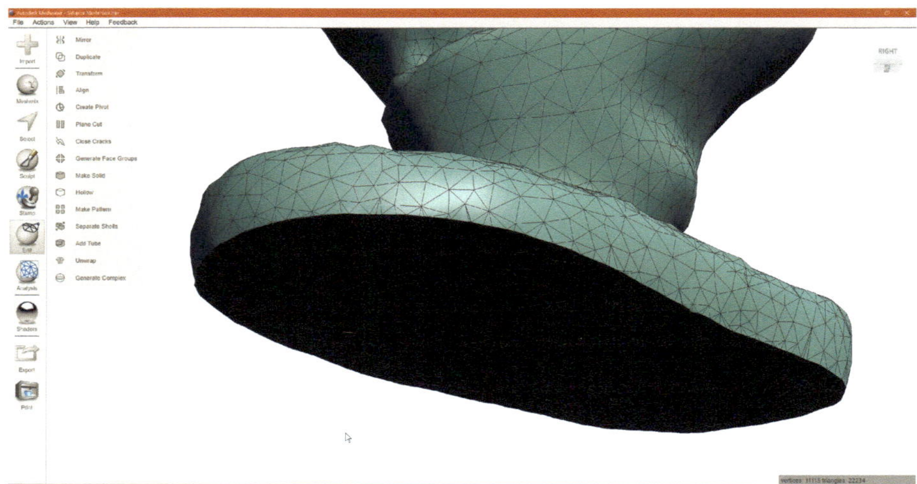

Bild 6.24 Ein perfekter unterer Abschluss, erkennbar an dem gleichmäßigen Dreiecksmuster – vergleiche die Vernetzung mal mit der von 3D Builder im letzten Bild!

In Abschnitt 6.10 wollen wir uns nun den Beulen und Dellen widmen.

6.10 Weg mit der Cellulite! Meshmixer als Schönheitschirurg für 3D-Scans

Die größte Stärke von Meshmixer ist die Bearbeitung von Netzen, deren Werkzeuge sich im SCULPT-Menü in der Werkzeugleiste finden. Eine genaue Beschreibung aller Werkzeuge findest du unter *https://meshmixer.com* im Menüpunkt *MM Manual*. Dabei unterscheidet Meshmixer zwei grundsätzlich unterschiedliche Modi: Volumen- und Flächenmodellierung. Im SCULPT-Menü ganz oben wird zwischen den Modi umgeschaltet (Bild 6.25).

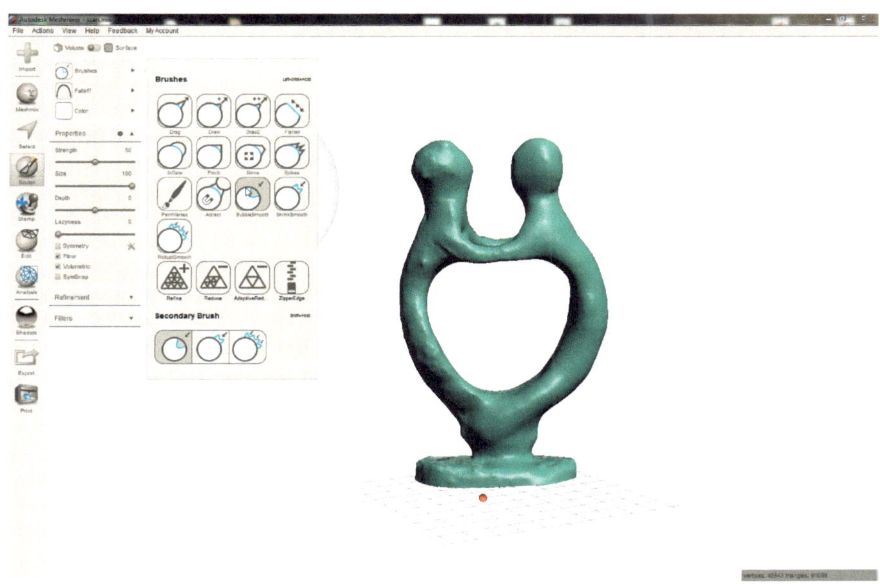

Bild 6.25 Beim Bearbeiten der Figur ist Ausprobieren angesagt. Die hier abgebildete rechte Figur ist schon geglättet, die linke noch roh.

Im Volumenmodus wird das Material des Objekts als Volumen bewegt. Das Werkzeug ist dabei eine Kugel, die Volumen auf- oder abbaut. Die Auswahl des Brushes beeinflusst die Art, wie dies geschieht. Die *Volume Brushes* arbeiten immer auf einer Fläche parallel zum Standpunkt. Du kannst also eine Geometrie nicht „zu dir" ziehen, sondern drehst die Figur seitlich und ziehst dann in der Bildschirmebene.

Die *Surface Brushes* des Flächenmodus arbeiten dagegen immer senkrecht zur Oberfläche. Das Werkzeug wird durch eine Scheibe dargestellt, die immer senkrecht auf der Oberfläche steht. Die Größe dieser Scheibe, die am Objekt durch einen grauen Kreis dargestellt wird, beschreibt den Bereich, der bearbeitet wird. Teils sind die Namen der *Surface Brushes* identisch zu den Namen im Bereich *Volume Brushes*. Dann unterscheiden diese sich nur in der Art des Werkzeugs.

Das Bearbeiten der Figur ist reine Gefühlssache. Probiere selbst aus, mit welchen Werkzeugen du die besten Ergebnisse erzielst. Du kannst eine missglückte Manipulation jederzeit mit Strg-Z ungeschehen machen. Die besten Erfahrungen habe ich mit einer Kombination aus den Volumenwerkzeugen *Drag* und *Bubble* oder *Robust Smooth* gemacht. Mit *Drag* kannst du die Beulen und Dellen ausgleichen, wobei am Rand der Kugel gerne Kanten entstehen, die man dann im zweiten Schritt mit *Smooth*-Brushes wieder glättet (Bild 6.25).

Dabei ist der *Secondary Brush* sehr praktisch, um effizient zu arbeiten. Man kann im SCULPT-Menü ein zweites Werkzeug setzen, das man über eine Tastenkombination jederzeit aktivieren kann (Bild 6.25). Ich habe beispielsweise gerne *Drag* als „Hauptbrush" eingestellt und *Bubble Smooth* als *Secondary Brush*. Auf diese Weise kann ich mit Ziehen der linken Maustaste einen Bereich ziehen und mit der Shift-Taste auf den *Secondary Brush* umschalten, um den Bereich gleich zu glätten.

Der *Flow*-Haken im SCULPT-Menü bewirkt, dass man die Brushes nicht punktuell setzt, sondern immer wieder beim Bewegen (Bild 6.25). Das funktioniert bei *Drag* natürlich nicht. Zieht man entlang der Oberfläche, geht diese mit. Beim Glätten macht es dagegen Sinn, den Haken bei *Flow* zu setzen. Man kann schön über die Oberfläche fahren und kleine Unebenheiten ausgleichen.

Sehr praktisch ist hier auch die *Hotbox*, die beim Drücken der Leertaste erscheint. Ändert man die Größe des Werkzeugs im normalen Menü, verdeckt das Menü die Kugel und man sieht nicht, wie groß das Werkzeug gerade ist. Drücke die Leertaste und nutze die dortigen Regler. Dabei bleibt das Werkzeug im Blick (Bild 6.26).

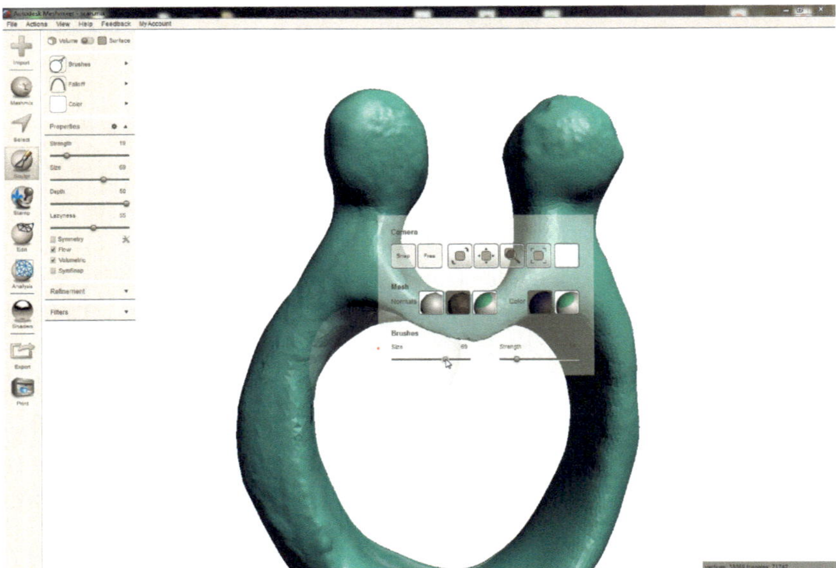

Bild 6.26 *Secondary Brush* und *Hotbox* zum Einstellen der Werkzeuggröße machen das Arbeiten intuitiv.

Natürlich musst du aufpassen, dass du das Glätten nicht übertreibst und gewollte Details zerstörst. Spiele mit den Einstellungen, bis du mit den Ergebnissen zufrieden bist. Die meisten Einstellungen sind verständlich – bis auf *Lazyness* (Bild 6.26). Die „Faulheit" funktioniert wie ein langhaariger Pinsel. Der Arbeitspunkt der Brushes bleibt hier hinter dem Mauscursor und wird wie an einem Gummiband nachgezogen. Das führt dazu, dass der Arbeitspunkt kleine „Wackler" nicht mitmacht und die Bewegungen der Brushes weicher werden lässt.

Zum Abschluss arbeite ich noch mit folgenden *Surface Brushes*: *Bubble Smooth* und *Shrink Smooth* als *Secondary Brush*. *Bubble Smooth* zieht beim Glätten die Oberfläche nach außen, *Shrink Smooth* schiebt sie hinein. So lassen sich mit einem relativ großen Werkzeug sehr feine Oberflächen erzielen (Bild 6.27).

HINWEIS: Kontrolliere am Ende nochmals die Bodenfläche. Sie kann durch die Bearbeitung in Mitleidenschaft gezogen worden sein. Schneide einfach noch einmal mit *Plane Cut* eine winzige Scheibe ab.

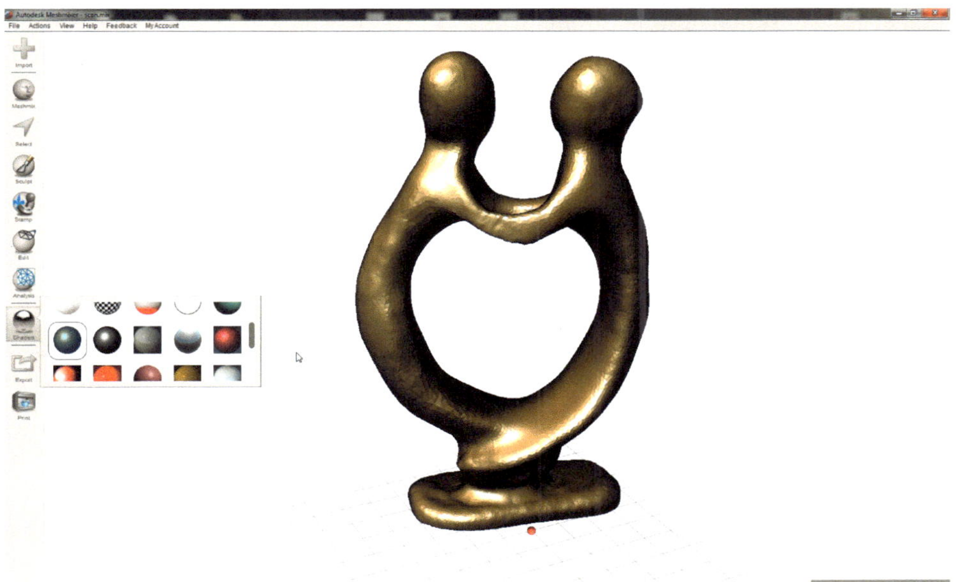

Bild 6.27 Ein Shader mit glänzender Oberfläche ermöglicht es, die Kantenverläufe nochmals zu kontrollieren und nachzubessern.

Damit sind wir mit der Bearbeitung des Netzes fertig. Speichere die Geometrie mit FILE > SAVE als OBJ- oder STL-Datei.

Die in Meshmixer erzeugte Datei der Skulptur findest du unter *plus.hanser-fachbuch.de*.

6.11 Scheibenwelt: mit Slicer for Fusion 360 aus 2D-Gitterstrukturen 3D-Objekte erstellen

Auch Slicer for Fusion 360 – früher unter dem Namen 123D Make bekannt – wird offiziell nicht mehr unterstützt, kann aber nach wie vor heruntergeladen werden. Du findest den Download für Windows und Mac im Autodesk Knowledge Network – am einfachsten über eine Google-Suche nach „slicer for fusion 360“. Ein Zeichen dafür, dass die Software nicht mehr unterstützt wird, ist die Tatsache, dass man sich nicht mehr mit der Autodesk-ID einloggen kann. Das stört aber nicht weiter bei dem, was wir vorhaben. Auf Hoch-DPI-Monitoren zeigt Slicer wie FreeCAD ein kaum sichtbar kleines Menü, Abhilfe schafft das Umschalten der DPI-Skalierung auf *System*, wie in Kapitel 4 erklärt.

Die Software hat – anders als der Name „Slicer“ erwarten lässt – nichts mit 3D-Druckern zu tun (dort berechnet ein Slicer die Druckschichten). Stattdessen geht es hier um traditionellere Materialien wie Sperrholz oder Pappe. Slicer for Fusion ist ein Geniestreich von Autodesk, ermöglicht es doch jedem, der eine Schere halten kann, das Bauen dreidimensionaler Objekte. 3D-Drucker? CNC-Fräse? Überflüssig! Slicer for Fusion wandelt 3D-Modelle in Gitterstrukturen um, die im einfachsten Fall aus Pappe oder Papier ausgeschnitten werden können.

Die einzelnen Scheiben werden platzsparend auf Blättern angeordnet, deren Größe man selbst bestimmen kann. Man kann hier die Größe angeben, die ein Lasercutter oder eine CNC-Fräse, auf die man Zugriff hat, bearbeiten kann. Man kann die auf Papier gedruckten Schnitte auf Sperrholz übertragen und mit der Laubsäge aussägen (Bild 6.28). Alternativ arbeitet man mit A4-Papier, das man später ausdruckt, auf Pappe klebt und mit der Schere ausschneidet (Bild 6.29). Die Möglichkeiten sind nahezu unbegrenzt. Slicer for Fusion kann sogar Papierfaltmodelle erzeugen.

Auch in Slicer for Fusion erwartet uns wieder eine neue Oberfläche – in diesem Fall jedoch eine sehr übersichtliche. Rechts oben begegnet uns erstmals der Navigationswürfel, den Autodesk auch in Fusion 360 oder seinen Profisystemen wie Inventor nutzt (Bild 6.29). Der Würfel dreht sich mit dem Modell und zeigt die Ausrichtung über die Beschriftung der Würfelseiten, beispielsweise *Front*, *Right* oder *Top*. Sobald du eine dieser Beschriftungen anklickst, dreht sich das Modell in die entsprechende Ansicht. Auch die Kanten und Ecken des Würfels lassen sich anklicken. Dann dreht sich das Modell in eine entsprechende seitliche bzw. isometrische Ansicht. In der Hauptansicht erscheinen rund um den Würfel Pfeile, die es mit einem Klick ermöglichen, beispielsweise von der Vorderansicht in die rechte Seitenansicht zu wechseln. Das Häuschen links oberhalb des Würfels dreht das Modell in eine perspektivische Grundausrichtung. Zwei gebogene Pfeile drehen das Modell zur Seite.

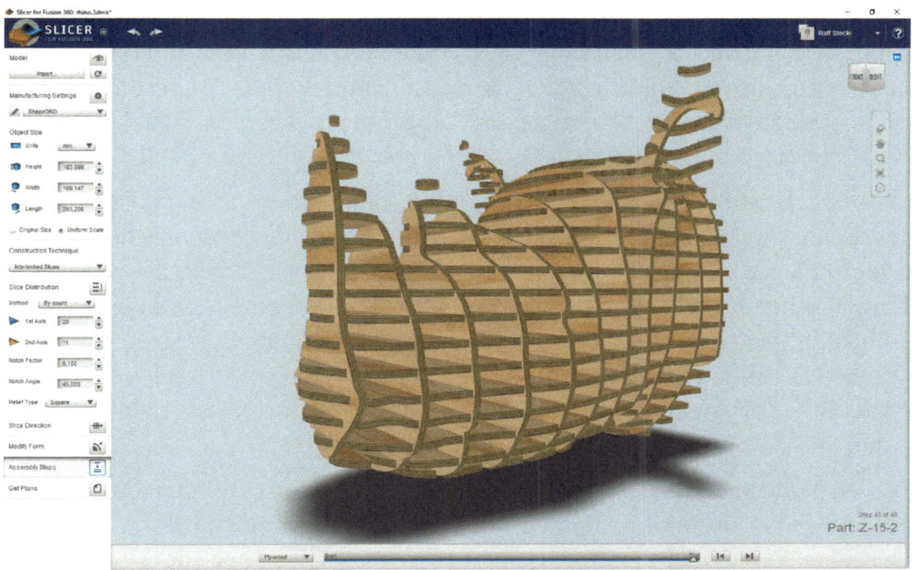

Bild 6.28 Sägen statt schießen – die Jagdtrophäe aus Sperrholz ist mit Slicer for Fusion schnell erstellt.

Bild 6.29 ... oder schnibbeln statt schießen für einen Nashornkopf aus Pappe!

Darunter erwartet uns wieder das bekannte Navigationsmenü mit Buttons zum Drehen, Schieben und Zoomen (Bild 6.29). Diese brauchen wir als alte Hasen nicht mehr. Inzwischen sollte dir die Maustastenbedienung in Fleisch und Blut übergegangen sein. Links ist das Werkzeugmenü angeordnet, das man mehr oder weniger von oben nach unten durchgeht, während man die Skulptur erstellt.

Hinter der Schrift SLICER FOR FUSION 360 links oben verbirgt sich ein Dateimenü, in dem man lokal laden und speichern kann. Eine kleine Besonderheit ist der Menüpunkt OPEN EXAMPLE SHAPES, hinter dem sich eine ganze Reihe von mitgelieferten Formen für erste Versuche verbirgt. Dort findest du auch den in Bild 6.28 und Bild 6.29 gezeigte Nashornkopf. Rechts oben unter dem Fragezeichen verbirgt sich das Hilfemenü, in dem du unter HELP ein sehr gutes Handbuch findest, das alle Schritte und alle verschiedenen Fertigungstechniken detailliert beschreibt.

Wir arbeiten diesmal mit der eben in Meshmixer erzeugten OBJ-Datei. Dazu importierst du diese mithilfe des obersten Buttons im Werkzeugmenü links. Slicer for Fusion importiert Daten in den Formaten STL und OBJ. Früher konnte man auch ein Modell aus der Fusion 360-Cloud laden – mangels funktionierenden Logins ist uns dieser Weg inzwischen versperrt. Unter FROM MY COMPUTER lassen sich Slicer-for-Fusion-eigene Dateien laden – beispielsweise wenn du die Software beendest und wieder startest.

TIPP: Auch das Laden und Speichern auf Netzwerklaufwerken, beispielsweise von einem NAS, funktioniert nicht mehr – zieh deine Arbeitsdaten einfach auf den Desktop und lade sie von dort.

Der oberste Bereich im Werkzeugmenü ist der Importdialog. Diesen benötigen wir zum Import der Skulptur. Drücke auf den Button, woraufhin sich ein Dateimenü öffnet, das mit einer Besonderheit ausgestattet ist: Unter dem Dateinamen und dem Datenformat kannst du die Achse einstellen, die nach oben zeigen soll. Das ist hilfreich, wenn das schon angesprochene Problem auftaucht, dass manche Systeme die *Y*-Achse, andere die *Z*-Achse oben definieren. Schau einfach mal auf den Ansichtswürfel: Wenn das Modell beim Klick auf *Top* die Oberseite des Modells zeigt, ist alles gut. Der Button mit dem Auge stellt die Darstellung des Modells auf *Netzansicht*, wenn später die Gitterstruktur sichtbar ist. Wenn du also das Originalmodell sehen möchtest, klicke diesen Button.

HINWEIS: Buttons haben in Slicer for Fusion die seltsame Eigenschaft, dass sie, einmal gedrückt bzw. angeschaltet, nicht durch Drücken auf denselben Button wieder herausspringen oder ausgeschaltet werden. Man muss ein anderes Element anklicken, um den Button auszuschalten.

Als Erstes stellen wir die Materialeigenschaften ein. Dazu dient das Menü MANUFACTURING SETTINGS. Hier kannst du Standardpapierformate wie A4 oder A3 sowie US-Größen auswählen. Allerdings sind die Basisformate in Inch bemessen, und ich habe keine Möglichkeit gefunden, Millimeter als Standard einzustellen. Zudem lassen sich die Formate nicht anpassen. Die Materialgröße ist jedoch entscheidend für ein gelungenes Ergebnis, denn hier ist nicht nur die Blattgröße definiert, die Slicer for Fusion benötigt, wenn es die Zuschnitte auf Blätter verteilt. Es ist auch die Materialdicke hinterlegt, die bei der Gitterstruktur zur Berechnung der Schlitze genutzt wird. Die Schlitze dienen dem Zusammenstecken der Platten und dürfen nicht zu eng, aber auch nicht zu weit sein, sonst wackelt die Skulptur später.

Also erzeugen wir unser eigenes Format (zunächst in DIN A4). Dazu drückst du den Button mit dem Stiftsymbol neben der Materialauswahl, woraufhin sich ein neues Fenster öffnet (Bild 6.30). In diesem Fenster zeigt Slicer for Fusion die vorgegebenen Formate (links) und die Maße des in der linken Liste ausgewählten Formats an (rechts). Ein neues Format erzeugst du, indem du unten im Fenster auf das Pluszeichen drückst. Der Button daneben mit dem doppelten Plus kopiert ein bestehendes Format in ein neues, sodass du theoretisch das vorgegebene A4-Format ableiten und auf Millimeter umstellen könntest. In der Praxis hat sich durch die Umrechnung von Millimetern in Inch und zurück ein Rundungsfehler eingeschlichen. Das Minuszeichen unten im Fenster dient übrigens dem Löschen von Materialien.

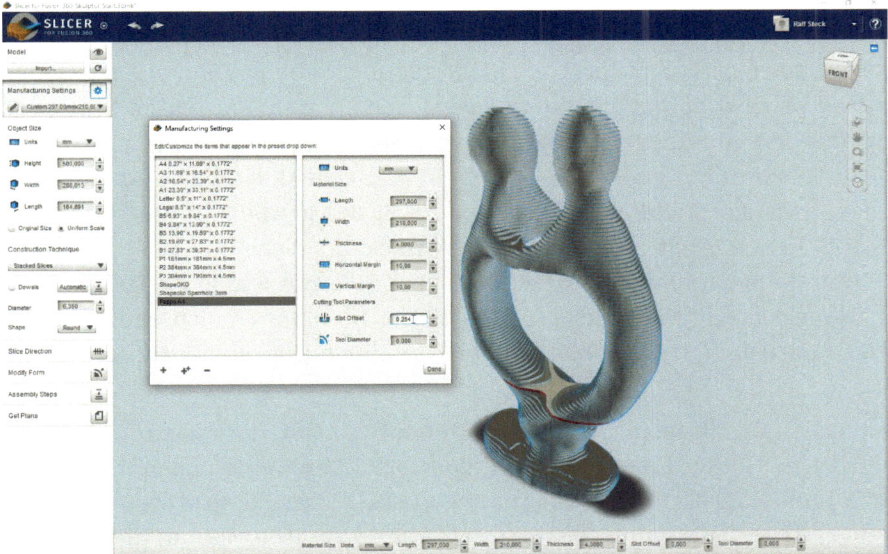

Bild 6.30 Die vorgegebenen Formate sind nutzlos. Wir definieren uns eine 4 mm dicke Pappe.

Als Erstes nach dem Erzeugen eines neuen Formats stellst du oben rechts im Dialogfenster unter *Units* auf Millimeter um (Bild 6.30). Dann trägst du die A4-Maße für Höhe (287 mm) und Breite (210 mm) ein und danach die Dicke. Wir wählen 4 mm für die Dicke. Damit ist nicht die Dicke des Papiers gemeint, auf das du später die Umrisse druckst, sondern die Dicke des Materials, aus dem die Skulptur später gebaut werden soll. Diese Dicke ist sehr wichtig, damit sich die Skulptur später problemlos montieren lässt. Messe sie lieber mit einer Schieblehre an mehreren Stellen des Materials, das du verwenden möchtest. *Slot Offset* ist quasi ein Toleranzfaktor für die Schlitzbreite. Der Wert wird von der Materialdicke abgezogen, um die Breite der Schlitze zu berechnen, mit denen die Skulptur zusammengesteckt wird. Je höher dieser Wert ist, desto enger sind die Schlitze. Der *Tool Diameter* wird beim Anordnen der Bauteile auf dem Material benutzt, um den minimalen Abstand zwischen den Teilen und zum Rand zu berechnen. Schließlich darf der Fräser beim Ausschneiden eines Teils nicht gleichzeitig ein zweites Teil beschädigen.

TIPP: Setz *Tool Diameter* und *Slot Offset* vorläufig auf „0“. Beim Arbeiten mit Karton ist die Toleranz in den Schlitzen weniger wichtig, als wenn man beispielsweise Plexiglas benutzt. Im letzteren Fall würde ich in jedem Fall Probeteile anfertigen und den Zusammenbau testen.

Die Einstellungen für Ränder beziehen sich auf den Drucker und dessen minimalen Druckrand.

Die nächste Einstellung betrifft die Objektgröße (Bild 6.31). Meine Skulptur ist im Original 203 mm hoch. Das wäre für den Garten etwas mickrig. Allerdings kann Slicer for Fusion Scheiben, die nicht auf eine Seite passen, nur im Modus *Stacked Slices*, also bei aufeinandergelegten Scheiben, teilen und auf mehrere Blätter verteilen. Im schönsten Modus *Interlocked Slices*, der die in Bild 6.28 dargestellte Gitterskulptur ergibt, geht das nicht. Das Objekt kann also höchstens so groß sein, dass die größte Scheibe auf ein Blatt des gewählten Materials passt (Bild 6.31). Mit einer cleveren Wahl des Winkels der Scheiben lässt sich zwar noch etwas Höhe herausholen, wesentlich über 500 mm würde ich jedoch nicht gehen, wenn ich mit A4-Papier arbeiten muss. Da lohnt es sich eher, mit A3-Material zu arbeiten und die Blätter später in einem Copyshop drucken zu lassen.

Wir versuchen es mit der Einstellung 500 mm. Pass auf, dass beim Ändern der Objektgröße der Punkt *Uniform Scale* aktiviert ist. Dann werden beim Ändern der Höhe die Breite und Tiefe der Skulptur angepasst, sodass die Proportionen erhalten bleiben. Über den Button ORIGINAL SIZE kannst du jederzeit auf die Originalgröße des Modells zurückgehen (Bild 6.31).

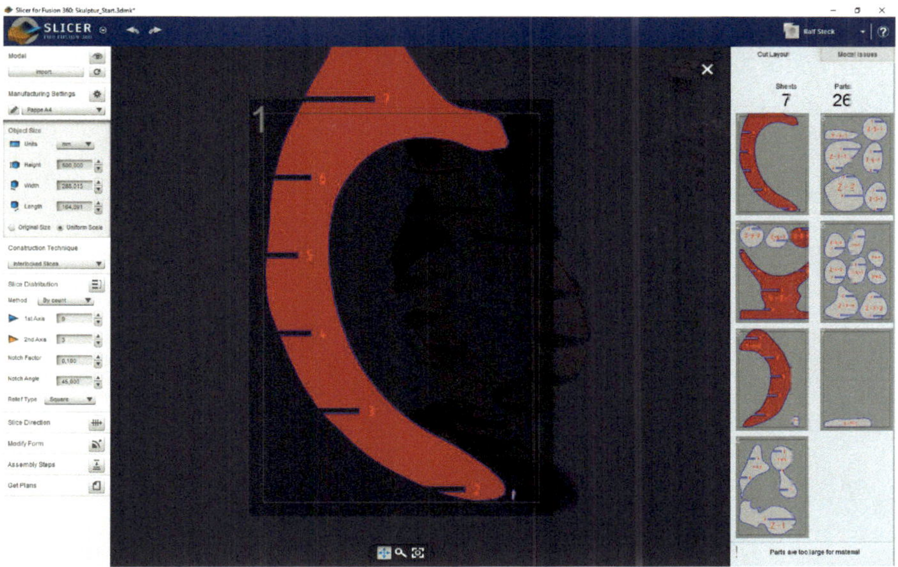

Bild 6.31 Ist die Skulptur zu groß, passen die Scheiben nicht mehr auf das Papier, das Slicer for Fusion hier dunkel darstellt.

Nun geht es an die Konstruktionstechnik. Im Ausklappmenü CONSTRUCTION TECHNIQUE finden sich sechs unterschiedliche Möglichkeiten, das Modell zu realisieren. *Stacked Slices* erstellt Scheiben, die aufeinandergestapelt die 3D-Form ergeben. *Interlocked Slices* werden im 90-Grad-Winkel ineinandergesteckt. Bei *Curve* stehen die Scheiben quer zu einer Kurve, bei *Radial* in der namensgebenden Ausrichtung. Freunde von Papierbastelbögen werden *Folded Panels* lieben, denn damit lassen sich Formen in Flächen umwandeln, die wiederum zusammengeklebt oder -genäht werden. Die beste Annäherung an die dreidimensionale Form ergibt die Technik *3D Slices*, die den *Stacked Slices* ähnlich ist, allerdings haben hier die Kantenflächen eine Neigung, die sie miteinander verschmelzen lässt. Das Modell hat also am Ende keine Treppeneffekte, sondern folgt der Form genau.

Die sechs verschiedenen Techniken, die Slicer for Fusion 360 bietet, um aus der Ursprungsfigur reale Modelle zu machen, siehst du in folgender Tabelle.

Modellansicht	Modellbezeichnung	Modellansicht	Modellbezeichnung
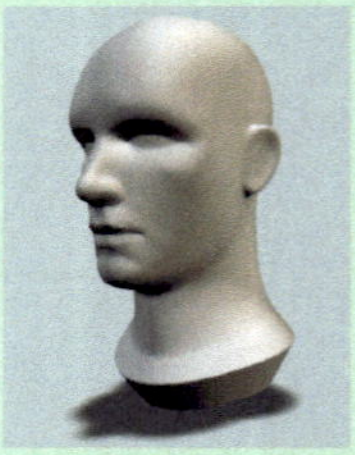	Ursprungsfigur		Radial
	Stacked Slices		Folded Panels
	Interlocked Slices		3D Slices
	Curve		

■ 6.12 Ein Gitter entsteht: Erstellung der Gartenskulptur in Slicer for Fusion 360

Ich habe mich bei meiner Skulptur für *Interlocked Slices* entschieden, weil man damit mit geringstmöglichem Materialeinsatz die schönsten Skulpturen erstellen kann. Zudem gelten die hier beschriebenen Bearbeitungsfunktionen auch für *Curved* und *Radial*.

Sobald du die Technik auf *Interlocked Slices* stellst, wird die Figur in dieser Technik dargestellt. Bis zu einem wirklich sinnvollen Modell müssen wir allerdings noch einige Einstellungen anpassen. Du wirst in der Darstellung violette und am Rand rot gefärbte Scheiben bemerken (Bild 6.32).

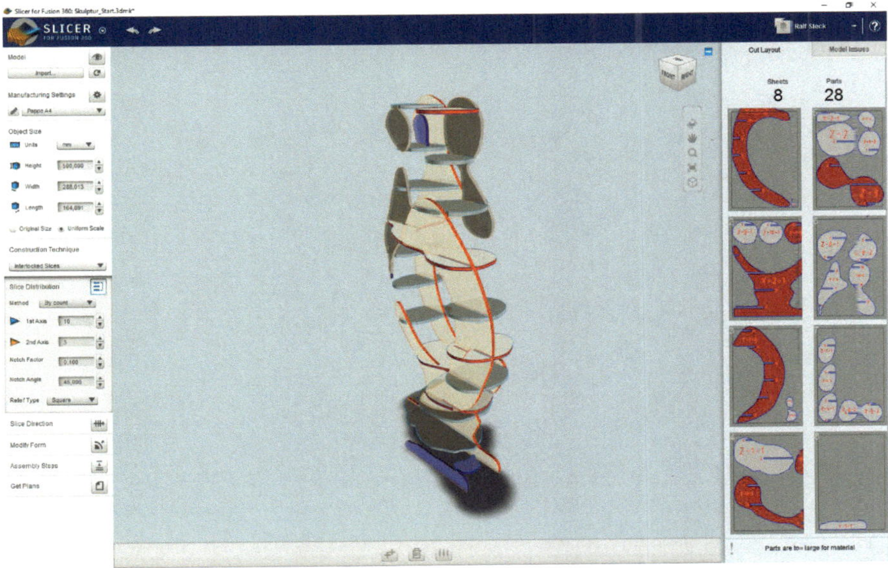

Bild 6.32 Die linke Scheibe hat gleich mehrere Fehler. Oben und unten liegen lose Scheibenteile vor. Zudem sind mehrere Teile zu groß für das Papier.

Violette Scheiben sind nicht mit dem Rest der Figur verbunden, weil die Geometrie es nicht zulässt, eine Querscheibe an die Stelle der „losen" Scheibe zu führen. In der Grundeinstellung sind die Scheiben waagerecht und senkrecht in der Ebene der Achsen des internen Koordinatensystems des Modells ausgerichtet. Durch cleveres Verschieben der Scheiben lassen sich violette Scheiben oft wieder „einfangen". Man kann sie allerdings auch einfach ignorieren und löschen.

HINWEIS: Vorsicht! Oft gehört eine lose Scheibe zu einer anderen Scheibe und ist von dieser wegen einer Einschnürung am Modell getrennt. Also nicht löschen, sondern nur ignorieren!

Rote Kanten an einer Scheibe weisen auf Probleme hin – sei es, dass die Scheibe lose Teile hat oder dass sie nicht auf das eingestellte Papier passt. Bei Objekten mit Löchern und Hinterschnitten kann es zudem vorkommen, dass die Schlitze, über die die Scheiben verbunden werden, die Scheibe teilen oder so sitzen, dass das

Einschieben der Querscheibe nicht möglich ist (Bild 6.33). Unser Ziel muss also sein, keine roten und so wenige violette Scheiben wie möglich zu haben.

Bild 6.33 Beim unteren großen Teil (*Y-2-1*) trennt der Schlitz einen Teil der Geometrie ab. Das kann nicht so bleiben.

Es gibt mehrere Möglichkeiten, die Figur zu optimieren: Das Einfachste ist, mehr Scheiben pro Richtung zu benutzen, dann ist die Chance größer, dass eine Querrippe bis zu den losen Scheibenteilen reicht. Die Anzahl kann für beide Richtungen unabhängig definiert werden. Ebenso ist es möglich, statt der Scheibenanzahl den Abstand zwischen den Scheiben zu definieren. Zudem kannst du einzelne Scheiben löschen.

Außerdem lässt sich die Ausrichtung des Gitters ändern. Da wir unsere Skulptur im Garten aufstellen wollen, sind waagerechte Scheiben schlecht. Auf diesen bleibt Regenwasser stehen und sie vermoosen schnell. Klicke auf den Button im Eintrag *Slice Direction* des linken Werkzeugmenüs. Nun erscheinen drei schwach gezeichnete Ringe, die die drei Ebenen des Koordinatensystems darstellen (Bild 6.34). Zusätzlich erscheint ein orangefarbener Punkt mit einer weißen Linie. Diese markiert die waagerechte Achse. Am oberen Scheitelpunkt erscheint ein blauer Kegel. Während sich der Scheitelpunkt frei bewegen lässt, bewegt sich der orange Punkt nur entlang der waagerechten Ebene.

Willst du den blauen Kegel in einem bestimmten Winkel verschieben, dann klicke vor dem Bewegen die gewünschte Ebene an. Daraufhin erscheint eine Gradskala.

Die aktuelle Gradzahl, um die du den Kegel bewegt hast, wird neben dem Kegel angezeigt, und die Bewegung rastet in 5-Grad-Schritten ein. Solange keine Gradskala sichtbar ist, kannst du den Kegel frei im Raum bewegen.

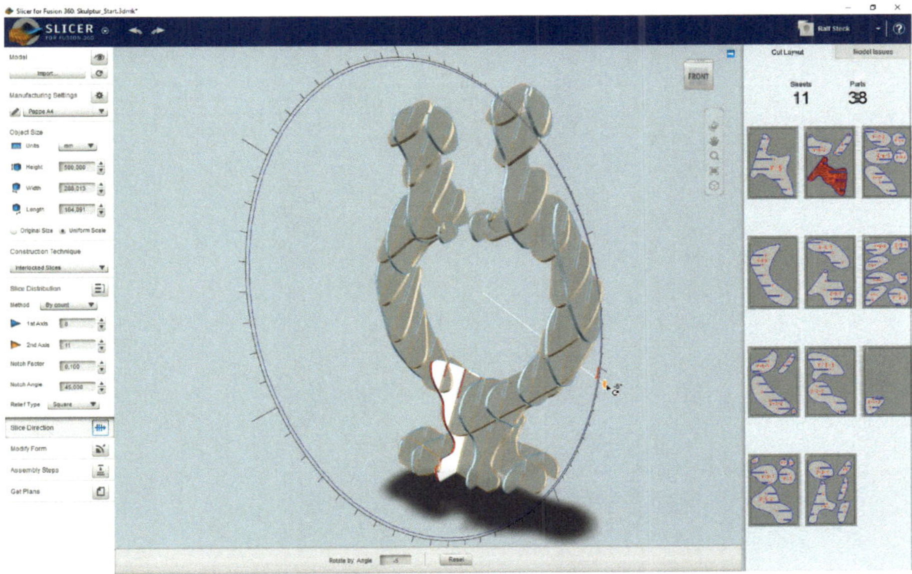

Bild 6.34 Durch Drehen der Scheiben lässt sich die Skulptur optimieren.

Bewege den Kegel nun erst einmal so zur Seite, dass alle Scheiben senkrecht stehen. Das ist die Grundausrichtung für die Gartenskulptur. Da die Software beim Schwenken der Ebenen die Scheiben in Echtzeit berechnet, kannst du nun einfach so lange an den beiden Griffen drehen und schieben, bis keine oder möglichst wenige Scheiben rote Kanten anzeigen.

Im Layoutfenster auf der rechten Seite von Slicer for Fusion werden in Echtzeit die Schnittbögen dargestellt, d.h. die Anordnung der Scheiben auf den Blättern (Bild 6.34). Ein Klick auf eines der Blätter vergrößert dieses im Hauptfenster. Problematische Scheiben – also die in der Hauptansicht mit roter Kante dargestellten Teile – werden auch im Layoutfenster rot dargestellt.

HINWEIS: Die Nummerierung der Scheiben im Layout besteht aus einem Buchstaben für die Ausrichtung und einer Zahl für die laufende Nummer – von links nach rechts und von vorn nach hinten (also beispielsweise *Y-2* oder *Z-5*). Eine dritte Stelle in der Kennzeichnung bedeutet, dass eine Scheibe aus mehreren Teilen besteht, also beispielsweise *Y-2-1* und *Y-2-2*, wobei die Scheibenteile von unten nach oben gezählt werden.

Schalte in diesem Fenster oben von der Registerkarte *Cut Layout* auf *Model Issues* um, dann bekommst du genauere Hinweise, welche Probleme diese Scheiben haben (Bild 6.35).

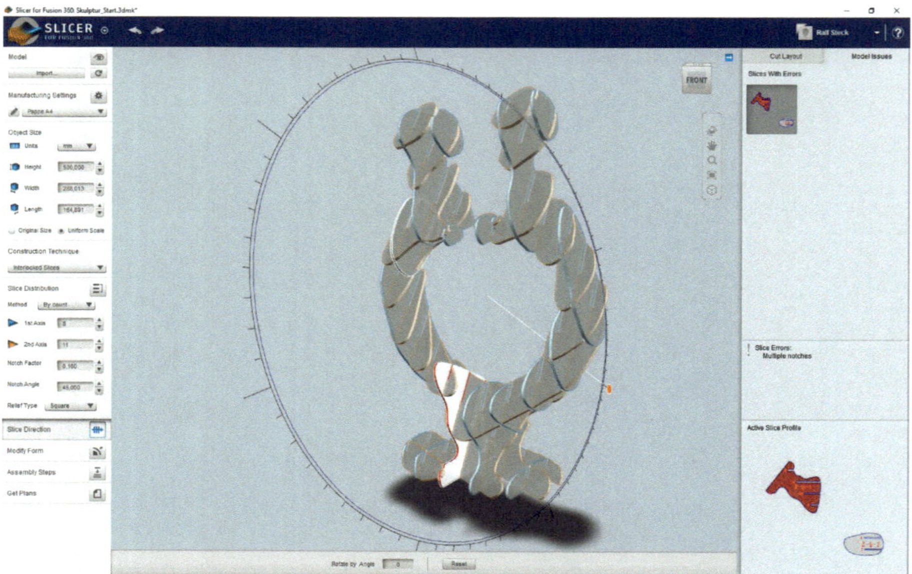

Bild 6.35 Die Registerkarte *Model Issues* zeigt genau, welche Fehler eine Scheibe hat.

Ich habe am Ende eine Schrägstellung gefunden, bei der nur sehr wenige Fehler auftraten. Zwei Teile waren bei Verwendung des definierten A4-Papiers zu groß, wobei das eher Fehler von Slicer for Fusion beim Anordnen der Scheiben waren. Man hätte das größte Teil durch eine kleine Drehung komplett auf das Papier bekommen können, doch die Software achtet auf die Ausrichtung der Scheiben, was bei Holz wegen der Maserung durchaus Sinn macht. Mit acht Scheiben in der ersten und elf Scheiben in der zweiten Achse konnte ich einen guten Kompromiss zwischen der Anzahl der Bauteile und einer detaillierten Darstellung finden.

Solange *Slice Distribution* aktiv ist, kannst du einzelne Scheiben anklicken. Dann verändert sich der Cursor und die Teile der Scheibe werden rechts in der Darstellung der Schnittbögen hervorgehoben. Nun kannst du die aktivierte Scheibe verschieben, aber natürlich nur quer zur Scheibenfläche.

Zwei Einstellungen muss ich noch erklären, die für den Zusammenbau wichtig sind: *Notch* und *Relief* (Bild 6.36). In der Werkzeugpalette *Slice Distribution* kannst du den *Notch Factor* und den *Notch Angle* einstellen. *Notch* ist die Anschrägung am Beginn eines Schlitzes, die das Einführen der Scheiben erleichtert. Bei einem *Notch Factor* von 0,1 wird die Kante kaum sichtbar gebrochen, bei einem *Notch Factor* von

1 entsteht eine kräftige Fase. Der *Notch Angle* ist logischerweise der Winkel der Anschrägung zur Gegenplatte. Ich habe es bei 45 Grad und Faktor 0,7 belassen.

Bild 6.36 *Notch* und *Relief*: Ersteres bezeichnet die Anschrägung an der Schlitzöffnung, Letzteres die Ausgestaltung des Schlitzendes (hier *Dog Bone*).

Relief definiert die Form des Schlitzendes, die allerdings nur zum Tragen kommt, wenn man die Scheiben mit der CNC-Fräse herstellt. Deshalb habe ich ein neues Material in der Maximalgröße meiner CNC-Fräse sowie einen Werkzeugdurchmesser von 2 mm definiert. Das englische Wort *Relief* hat nichts mit dem deutschen Wort „Relief" zu tun, sondern bedeutet „Entlastung" oder in diesem Fall „Aussparung". Da jeder Fräser einen bestimmten Durchmesser hat, den man im Material definieren muss, um die Reliefs zu sehen, können keine wirklich scharfen Innenecken hergestellt werden. Wenn der Fräser seine Bahn um 90 Grad ändert, bleibt in der Ecke ein Viertelkreis mit dem Radius des Fräsers als Restmaterial stehen. Zwischen der gefrästen Kante und der Ober- und Unterseite des Materials entstehen dagegen sehr wohl scharfe Ecken - und das wird beim Zusammenbau zum Problem.

Will man nun zwei Scheiben zusammenstecken, lassen sich diese nicht ganz zusammenschieben, denn es treffen die scharfen Ober- und Unterkanten einer Scheibe auf das Restmaterial der anderen Scheibe. Man kann nun mühsam die Ecken aller Schlitze ausfeilen oder die CNC-Fräse die Arbeit machen lassen, indem diese eben kleine Aussparungen in das Material fräst. Wie diese angeordnet werden, wird im Ausklappmenü *Relief* festgelegt.

Die Option *Square* bedeutet, dass keine Aussparung eingebaut wird. In allen drei anderen Fällen werden Aussparungen in der Länge des Werkzeugradius gesetzt. Unterschiedlich ist allerdings deren Richtung: *Horizontal* bedeutet, dass die Aussparungen quer zur Schlitzrichtung liegen, am Ende des Schlitzes also eine Art „T“ entsteht. Bei Auswahl von *Vertical* fährt der Fräser etwas weiter, als die Schlitzlänge eigentlich ist. *Dog Bone* schließlich setzt die Aussparungen in einem 45-Grad-Winkel in die Ecken des Schlitzendes, wodurch eine Form entsteht, die einem Knochen ähnelt (Bild 6.36).

Ist alles zur Zufriedenheit optimiert, geht es an den Export. Geh dazu in der Werkzeugleiste ganz nach unten zu *Get Plans* und drücke den Button. Nun zeigt Slicer for Fusion die Schneidpläne im Vollbild (Bild 6.37). Ganz unten findest du die Ausgabeoptionen. Du kannst hier einfach auf PRINT drücken, um A4-Blätter auf den Drucker zu senden. Alternativ erstellt Slicer for Fusion 2D-Daten in den Formaten PDF, EPS oder DXF.

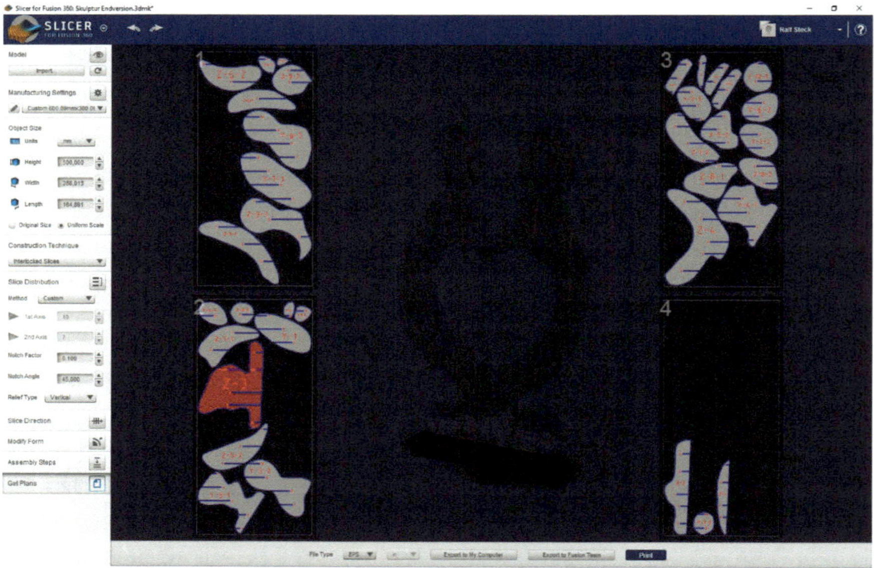

Bild 6.37 In der Ansicht *Get Plans* zeigt Slicer for Fusion die Rohbretter mit der Teileanordnung. Am Ende passen alle Teile auf vier Sperrholzbretter.

Clevererweise definiert Slicer for Fusion die Umrisse in Blau und die Beschriftung in Rot. So lassen sich die Farben verschiedenen Ebenen oder Fertigungstechniken zuweisen. Wenn du die Scheiben auf einem Lasercutter fertigst, kannst du die blaue Farbe der Maximalleistung zuweisen, um das Holz durchzuschneiden. Rot ordnest du eine geringere Stärke zu, sodass die Beschriftung nur schwach graviert wird.

Ebenso lässt sich mit der CNC-Fräse die Beschriftung nur ganz flach einprägen. In den DXF-Dateien, die Slicer for Fusion erzeugt, sind die Beschriftungen als *Annotations* definiert und lassen sich so sauber aus dem Fräspfad ausschließen (Bild 6.38).

Bild 6.38 Die Gartenskulptur ist ganz schön groß geraten im Vergleich zum Original. Eine Lackschicht schützt das Holz vor dem Wetter.

Die in Slicer for Fusion erzeugten DXF-Dateien der Skulptur findest du unter *plus.hanser-fachbuch.de*.

6.13 Exkurs: Parametrik und Netzgeometrie in Fusion 360

Wie bereits zu Beginn des Kapitels erwähnt, ist Netzgeometrie für CAD-Systeme oft relativ schwierig zu verarbeiten. Trotzdem kann ein gutes CAD-System Netzgeometrie und Volumendaten kombinieren und zusammenführen. Wie das funktioniert, will ich dir in diesem Exkurs anhand von Fusion 360 zeigen. Für dieses Projekt werden wir die 3D-Daten des Scans der Specksteinskulptur als Basis verwenden. Wir werden ein Hausnummernschild aus Acrylglas fräsen, in dem die Hausnummer vom Relief der Specksteinskulptur umrahmt wird.

Dazu nutzen wir Fusion 360 von Autodesk, das für Privatanwender, Studenten und Start-ups mit einem Jahresumsatz von maximal 100 000 US-Dollar kostenlos verfügbar ist. Die Software erfordert zwar eine Installation, ist aber eng mit der Cloud verbunden und lagert aufwendige Berechnungen (beispielsweise Festigkeitssimulationen) in die Cloud aus. Auch die Datenablage erfolgt in der Cloud, allerdings erzeugt Fusion 360 lokale Kopien, die ein Arbeiten ohne Verbindung zum Internet ermöglichen.

Fusion 360 ist weit mehr als ein CAD-System. Es umfasst alle Schritte, die in der professionellen Produktentwicklung durchlaufen werden: 3D-Modellierung (in den Ausprägungen Volumenmodellierung, Freiformen, Netzmodellierung, Blech und Kunststoff), Rendern, Animation, Zeichnungserstellung und auch CAM. Das heißt, wir können das NC-Programm für das Herausfräsen der Hausnummer direkt in Fusion erstellen.

Die Informations-Website zu Fusion 360 findest du unter *https://www.autodesk.de/products/fusion-360/overview*. Ziemlich weit unten auf der Seite unter *Zusätzliche Fusion 360-Angebote* findest du den Zugang zu Fusion 360 für Privatanwender und den Link zur Download-Seite *https://www.autodesk.de/products/fusion-360/personal*. Dort zeigt Autodesk auch, welche Funktionen im Vergleich zur Vollversion fehlen: Unter anderem Fräsen mit mehr als drei Achsen, Form- und Lagetoleranzen und Simulation. Der Leiterplattenentwurf ist auf zwei Schaltpläne, zwei Layer und auf eine Leiterplattengröße von 80 × 80 cm beschränkt. Mich stören diese Einschränkungen nicht, und ich arbeite sehr gerne mit diesem Programm. In den ersten 30 Tagen stehen dir übrigens alle Funktionen der Vollversion zur Verfügung. Die Software erfordert natürlich wie alle Autodesk-Produkte die nun schon so oft benutzte Autodesk-ID.

Fusion bietet eine sehr breite Palette an Funktionen, von denen wir in diesem Projekt allerdings nur wenige verwenden werden. Im Internet findest du eine Vielzahl von Videos, die die Arbeit mit Fusion erklären, und eine große Community, die bei Fragen weiterhilft. Ein guter Startpunkt dazu ist *https://knowledge.autodesk.com/de/support/fusion-360*.

6.13.1 Das Projekt: ein gefrästes Hausnummernschild aus Acrylglas

Das Ziel dieses Projekts ist es, aus einer 10 mm dicken Acrylglasplatte ein Hausnummernschild zu fräsen, das um die Hausnummer herum ein Relief unserer Specksteinskulptur zeigt. Ein Rand ermöglicht es, bei Bedarf eine zweite Scheibe aufzukleben, um das Relief vor dem Verschmutzen zu schützen. Baut man die Acrylglasplatte in einen Rahmen ein und montiert dort einen LED-Strip, der über eine der Seitenkanten in das Acrylglas leuchtet, werden die gefrästen Bereiche leuchten, die unbearbeitete Ziffer wird dunkel bleiben. So kann der Postbote dein Haus auch im Winter finden, wenn es draußen lange dunkel ist.

Ich habe mich für eine Gesamtgröße von 180 × 120 mm entschieden. Du kannst die Maße natürlich anders wählen. Die Fräsung soll 8 mm tief gehen, sodass als „Rücken" 2 mm Acrylglas stehen bleiben. Der Rand wird 5 mm breit. Die Skulptur hat oben und an den Seiten 5 mm Abstand von der Innenseite des Rahmens. Unten soll der Sockel direkt in den Rahmen übergehen.

Diese Zahlen sind wichtig, wenn wir die Skulptur für die Integration in das Fusion 360-Modell vorbereiten. Denn die Positionierung der Figur in Fusion 360 ist relativ schwierig, wenn man es genau haben möchte. Wenn jedoch Größe, Nullpunkt und Ausrichtung des Modells schon beim Import stimmen, passt sich das Modell wie von selbst in die richtige Stelle des Fusion-Modells ein.

Diese Technik ist immer dann wichtig, wenn du eine „dumme Geometrie" wie STL, OBJ oder ein anderes Dreiecksnetz in ein CAD-Modell integrieren möchtest. Jedes Geometrieformat braucht einen Nullpunkt, von dem aus *XYZ*-Koordinaten gezählt werden. Da beim Import üblicherweise der Nullpunkt des Importmodells in den Nullpunkt des CAD-Systems gelegt wird, kann man so die Position beeinflussen.

6.13.2 Schneiden und Anpassen der Netzgeometrie in Meshmixer

Zunächst einmal benötigen wir ein Reliefmodell. Das bedeutet, dass die Rückseite des Modells flach sein soll. Wir schneiden deshalb die Skulptur in Meshmixer senkrecht durch, und zwar mit der Funktion *Plane Cut*, die du schon beim Begradigen des Sockels kennengelernt hast. Erstelle eine senkrecht stehende Fläche, die die Skulptur in zwei Hälften teilt. Dazu musst du erstmal den Blick auf die Skulptur auf *TOP* stellen. Nun siehst du die Figur von oben, allerdings sind die Köpfe nicht in derselben Ebene. Um die Figur entsprechend zu drehen, wählst du im *Hotbox*-Menü die dritte Option *Tumble*, dann dreht sich die Figur bei waagerechter Mausbewegung um die *Z*-Achse. Wähle *Plane Cut* und zeichne eine Linie quer durch die Figur. Du kannst diese Linie noch anpassen. Wenn du im Funktionsmenü *Cut (Discard Half)* einstellst (Bild 6.39), siehst du sofort das Ergebnis (Bild 6.40).

Die Drehung, um die wir die Schnittebene drehten, weil die Köpfe nicht parallel zum Koordinatensystem stehen, ist uns allerdings später hinderlich. Deshalb nutzen wir nun noch die Ausrichtefunktion von Meshmixer, um das Modell optimal auszurichten und auch gleich den Nullpunkt an eine günstige Stelle zu verschieben.

Dazu nutzen wir zunächst das *Align*-Tool unter EDIT. Das zeigt uns die Figur zweimal und – wenn unter *Source* entweder *Base Point* oder *Center Point* gewählt ist – mit zwei Koordinatensystemen. Die graue, durchsichtige Figur und deren Koordinatensystem repräsentiert die bisherige Lage im Raum, die eingefärbte, opake Figur zeigt die neue Position. Diese neue Position wird durch die Auswahl unter *Destination* definiert. Die wichtigsten Optionen sind *World Origin...* und die drei Achsen.

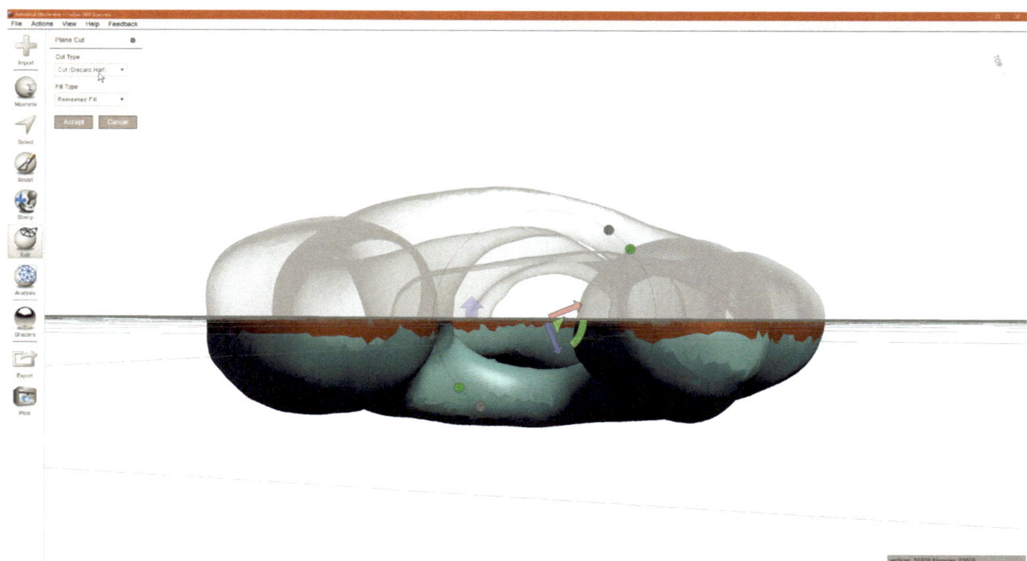

Bild 6.39 Die Schrägstellung, die zwei gleiche Hälften ergibt, wird uns noch beschäftigen.

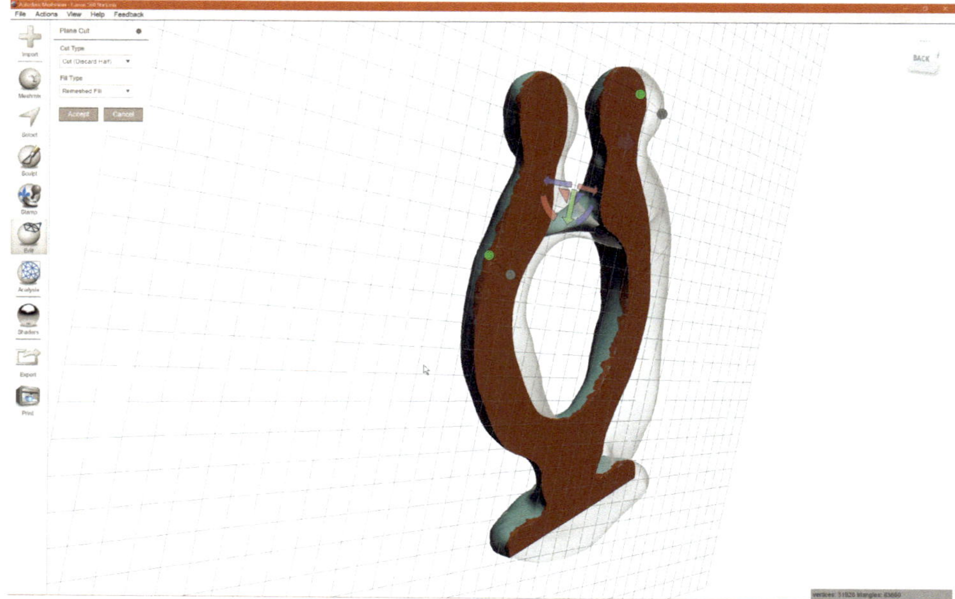

Bild 6.40 Die Figur ist jetzt hinten schön flach.

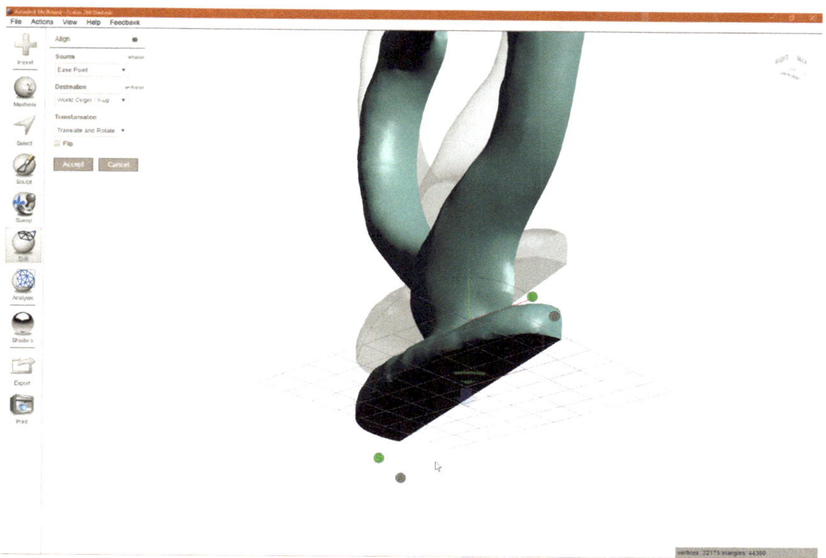

Bild 6.41 Unten siehst du das globale Koordinatensystem, darüber an der grauen Figur deren lokales Koordinatensystem.

HINWEIS: Es gibt immer zwei Koordinatensysteme: das lokale und das globale (World) (Bild 6.41). Das lokale Koordinatensystem ist das System, in dem die Werte der Importdatei bzw. des Objekts definiert sind. Das globale System ist das Grundsystem der Software. Meist sind beide identisch, nur beim Import oder dem Wechsel zwischen verschiedenen Programmen können diese durcheinanderkommen. Wir erledigen gerade also zwei Aufgaben parallel: Erstens das Verschieben des Nullpunktes, damit die Bodenfläche genau im Nullpunkt des globalen Koordinatensystems liegt. Zweitens das Drehen des Objekts, damit die Schnittfläche parallel zu den Achsen des Globalsystems liegt.

Wähle *Base Point* und *World Origin/Y-up*. Da auch Fusion 360 die *Y*-Achse nach oben definiert hat, liegt das Objekt dann später gleich richtig. Nun steht das Modell noch schräg zum Koordinatensystem. Du kannst es mithilfe der grünen Manipulatoren auf der gewählten Ebene bewegen, fasse dazu das gebogene Symbol an und drehe die Figur so, dass sie parallel zur blauen *X*-Achse bzw. dem angezeigten Gitter steht. Das geht am besten von oben oder von unten (Bild 6.42).

TIPP: Ich nutze ganz gern den Zeileneffekt des Bildschirms für die letzte Genauigkeit: Kein Bildschirm kann schräge Linien darstellen, Schräge Linien sind immer Zickzacklinien entlang der Zeilen und Spalten des Bildschirm-Pixelmusters. Das Gitter steht genau senkrecht/waagerecht, wenn du am Navigationswürfel beispielsweise BOTTOM anklickst. Dann drehst du das Objekt und beobachtest die Kante der Schnittebene. Wenn diese keine Stufen mehr aufweist, ist das Objekt perfekt ausgerichtet.

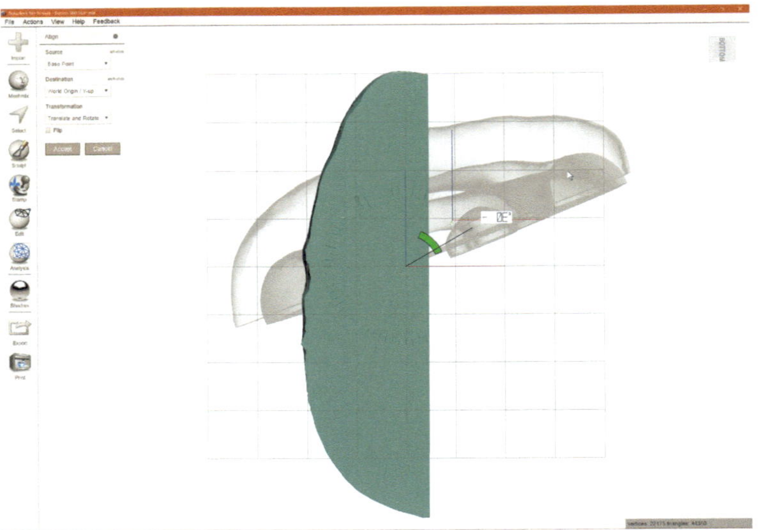

Bild 6.42 Von unten lässt sich das Modell sehr genau ausrichten.

Nun sitzt der Nullpunkt aber immer noch irgendwo in der Bodenfläche, wir hätten ihn gerne woanders. Überleg dir, wo der Sockel der Figur später sitzen soll. Wir wollen das Modell später etwas seitlich vom Ursprung einsetzen, um die Abstände zum Rand und den Rand der Hausnummer gleich mit zu berücksichtigen. Unten soll der Sockel direkt am 5 mm breiten Rand anschließen, also muss der Nullpunkt in *Y*-Richtung 5 mm unter dem Modell liegen. Waagerecht sind es 5 mm für den Rand plus 5 mm für den Abstand von diesem (also 10 mm). In der Tiefe berücksichtigen wir gleich die Dicke der Basisplatte von 2 mm. Ein Klick auf ACCEPT schließt diese erste Ausrichtung aus.

Da wir das Modell nun genau an Achsen und Nullpunkt ausgerichtet haben, können wir im nächsten Schritt mit absoluten Zahlen arbeiten. Aktiviere noch mal *Transform*. Gehst du die Zahlen durch, siehst du, dass das Modell winzig ist - bei mir sind es 14,475 mm Höhe! Das ändern wir, indem wir die gewünschten Werte direkt eingeben, dabei stauchen wir die Figur etwas, damit sie nicht ganz so hoch und schlank ist - wir brauchen in der Mitte ja Platz für die Hausnummer. Deshalb muss *Uniform Scaling* ausgeschaltet sein. Unsere Wunschgröße ist $Y = 165$ mm, $X = 100$ und $Z = 8$ mm. Bitte achte dabei darauf, dass wiederum *World Frame* eingetragen ist. Blöderweise rutscht bei dieser Aktion der Nullpunkt wieder in die Mitte des Modells, bitte verschiebe ihn nochmals mit *Align* an die untere Schnittkante.

Im ersten Schritt setzen wir nun den Nullpunkt genau an die Schnittkante, und zwar mit dem Tool *Transform*. Beim ersten Öffnen sitzt das Koordinatensystem wieder schräg, bis als *Coordinate Space* der *World Frame* eingestellt ist. Dann schalte bitte noch im Menü *View Show Grid* ein, dadurch erscheint eine rote Kugel, die den globalen Nullpunkt anzeigt. Stelle bitte ganz unten *Enable Snapping* aus und zieh dann am roten Pfeil, bis die Schnittkante möglichst genau den Nullpunkt schneidet.

Nun verschieben wir den Nullpunkt dahin, wo er in Fusion optimal ist, also TRANSFORM > WORLD FRAME > TRANSLATE *Y* = 5 und *Z* = 2 mm. Nun haben wir das Relief optimal positioniert (Bild 6.43). Speichere es als STL-Datei. Jetzt können wir uns endlich der Modellierung in Fusion zuwenden.

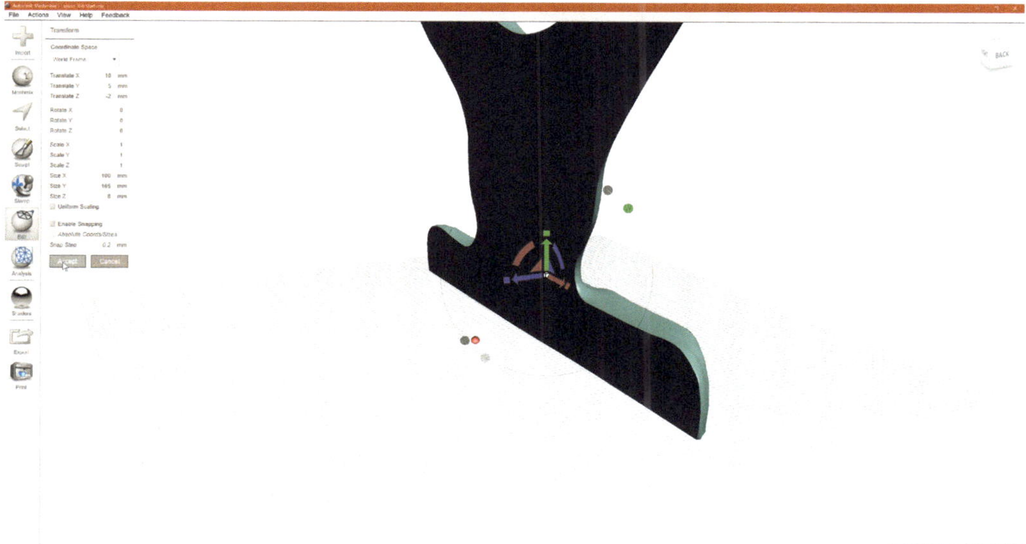

Bild 6.43 Am Ende sitzt die Skulptur schräg über und hinter dem Nullpunkt, und mit etwas Glück ist das genau die Lage, die in Fusion 360 passt.

HINWEIS: Am Ende war dann doch alles anders: Es zeigte sich beim Import in Fusion, dass das Modell um 180 Grad gedreht erschien. Ich musste die Figur in Meshmixer nochmals mit der *Transform*-Funktion um 180 Grad um die *Y*-Achse drehen und die *Z*-Verschiebung in die andere Richtung setzen, damit das Modell genauso in Fusion 360 erscheint, wie geplant. Das Problem ist an dieser Stelle, dass die Definition der Achsen nicht nur zwischen den Softwareanwendungen unterschiedlich ist, sondern auch beim Export und Import des STL-Modells unterschiedlich interpretiert werden können. Bei der Übergabe zwischen Systemen besteht immer die Gefahr, dass etwas nicht passt, und es sind manchmal mehrere Versuche notwendig.

Ich habe mir angewöhnt, die Änderungen nicht im Zielsystem, sondern stets im Quellsystem vorzunehmen, und zwar so lange, bis der Import perfekt funktioniert. Das hat den Vorteil, dass ich im neuen System immer wieder neu starten und mit einem perfekt passenden Importkörper arbeiten kann. ■

Das fertige Meshmixer-Modell findest du unter *plus.hanser-fachbuch.de*. ■

6.13.3 Aufbauarbeit: die Basisplatte in Fusion 360 erstellen

Die Basisplatte erstellst du mithilfe einer Skizze in parametrischer Modellierung, wie du es bei FreeCAD und Onshape gelernt hast. Die Fusion 360-Oberfläche zeigt links eine Spalte, in der Modelle gespeichert werden können. Das ist sozusagen der Blick in die Cloud, wo die Modelle gespeichert werden. Hier kannst du Modelle hochladen, um sie in Fusion zu verwenden, sie zum Bearbeiten laden, freigeben oder in neue Konstruktionen integrieren.

Die wichtigste Einstellung der Befehlsleiste oben ist die erste. In diesem Dropdown-Menü schaltet man zwischen den Arbeitsbereichen *Konstruktion*, *Rendern*, *Animation*, *Fertigen* und *Zeichnung* um, wobei sich die zur Verfügung stehenden Befehle entsprechend ändern – anfangs siehst du noch die Punkte *Generatives Design* und *Simulation*, die nach Ablauf des Testzeitraums verschwinden. Wir starten im Bereich *Konstruktion*. Nur in diesem Modus zeigt Fusion am unteren Fensterrand eine Historie, die die Bearbeitungen anzeigt, die du nacheinander durchführst.

Im Hauptfenster zeigt Fusion 360 eine Bodenebene mit einem Raster. Der Ursprung liegt in der Mitte. Den Navigationswürfel hast du schon bei Tinkercad, Meshmixer und Slicer for Fusion kennengelernt. Gleichzeitig zeigt das System am Würfel das Koordinatensystem. Dabei fällt auf, dass *Y* nach oben zeigt, weshalb wir die Skulptur in Meshmixer entsprechend positioniert haben. Wir beginnen mit der Modellierung auf der Ebene „Vorne", was der *XY*-Ebene entspricht. Dies hat auch den Vorteil, dass die Bearbeitungsrichtung im CAM-Bereich *-Z* ist – also genau so, wie es die Fräse erwartet.

Starte den Skizzenmodus, indem du auf NEUE SKIZZE in der Befehlsleiste klickst. Wie in allen Ribbon-Oberflächen stehen in einem Bereich der Befehlsleiste die wichtigsten Befehle direkt zur Auswahl. Ein schwarzes Dreieck neben der Beschriftung *Erstellen* verrät, dass sich hier weitere Befehle verbergen. Wenn du auf einem Befehl mit der Maus stehen bleibst, zeigt Fusion 360 übrigens ausführliche Erklärungen dazu an.

Wir starten also eine Skizze. Nach dem Klick auf den entsprechenden Befehl zeigt Fusion am Ursprung ein Koordinatensystem und die drei Grundebenen in Gelb. Klicke auf die Ebene, die der Richtung „vorne" entspricht. Die Ansicht dreht sich entsprechend.

Zeichne nun ein Rechteck, indem du den entsprechenden Befehl auswählst und irgendwo neben dem Ursprung klickst (Bild 6.44). Damit hast du die erste Ecke des Rechtecks festgelegt. Bewegst du die Maus, zeigt Fusion 360 das Rechteck und die beiden Maße für Höhe und Breite. Du kannst jetzt direkt mit der Eingabe der gewünschten Maße in Millimetern beginnen: Wähle „180" für die Höhe, klicke dann zum Wechsel auf das andere Maß die Tab-Taste und wähle „120" für die Breite aus.

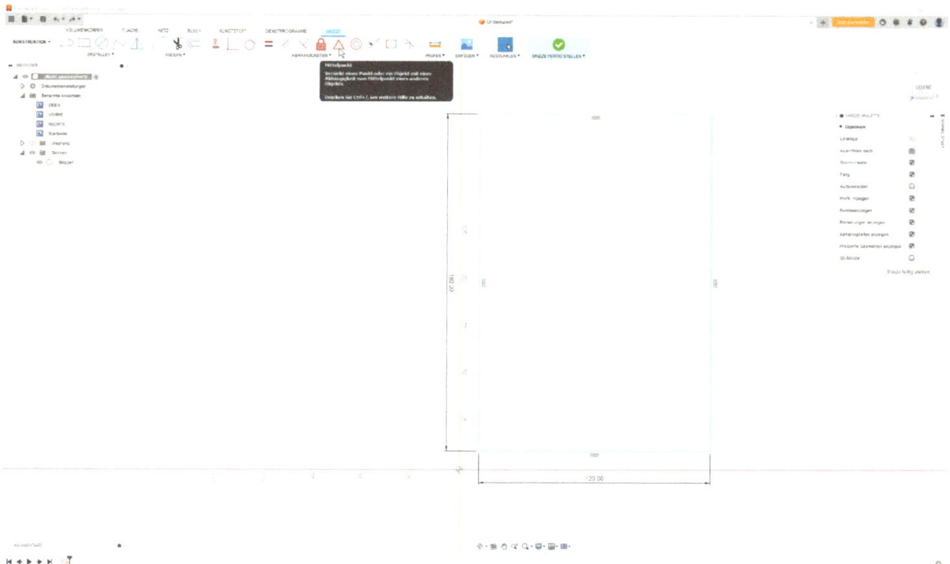

Bild 6.44 Durch die direkte Eingabe der Maße entsteht das Rechteck gleich in der richtigen Größe. Im nächsten Schritt definierst du die Abhängigkeit zwischen der unteren Linie und dem Mittelpunkt.

Nun ist das Rechteck selbst bestimmt, aber noch nicht seine Lage im Raum. Normalerweise würde ich die erste Ecke des Rechtecks in den Ursprung legen, für den Import brauchen wir diesen aber in der Mitte der Unterkante des Rechtecks. Du siehst: Es macht durchaus Sinn, auch an dieser Stelle mit einer Skizze das Vorgehen zu planen und die Parameter entsprechend zu setzen.

In diesem Fall nutzen wir eine sehr praktische Funktion von Fusion 360: die Abhängigkeit *Mittelpunkt*. Klicke den Dreieckbutton oben in der Mitte der Buttonleiste an, dann die untere Linie des Rechtecks und schließlich den Ursprung. Das Rechteck hüpft an die gewünschte Stelle, und die Linien werden schwarz – das Rechteck ist voll bestimmt.

Zeichne ein zweites Rechteck in das erste hinein. Dieses wird zunächst blau angezeigt, weil es noch Freiheitsgrade besitzt. Wähle im Menü den Punkt SKIZZENBEMASSUNG aus. Vermaße die Abstände zwischen den parallelen Linien, indem du nacheinander die beiden Linien anklickst und ein Maß von 5 mm eingibst. Das Viereck bewegt sich in die gewünschte Position und wird Stück für Stück schwarz eingefärbt. Damit ist es vollständig bestimmt (Bild 6.45). Klicke auf den Button SKIZZE FERTIG STELLEN ganz rechts im Menü.

Nun geht es in die dritte Dimension. Klicke in die Fläche zwischen den Vierecken, die später den Rand bildet. Diese reagiert auf deine Mausbewegung und färbt sich nach den Klicken blau. Sie ist jetzt aktiviert. Wähle als Nächstes *Extrusion* aus der Befehlsleiste. Es öffnet sich ein entsprechendes Fenster.

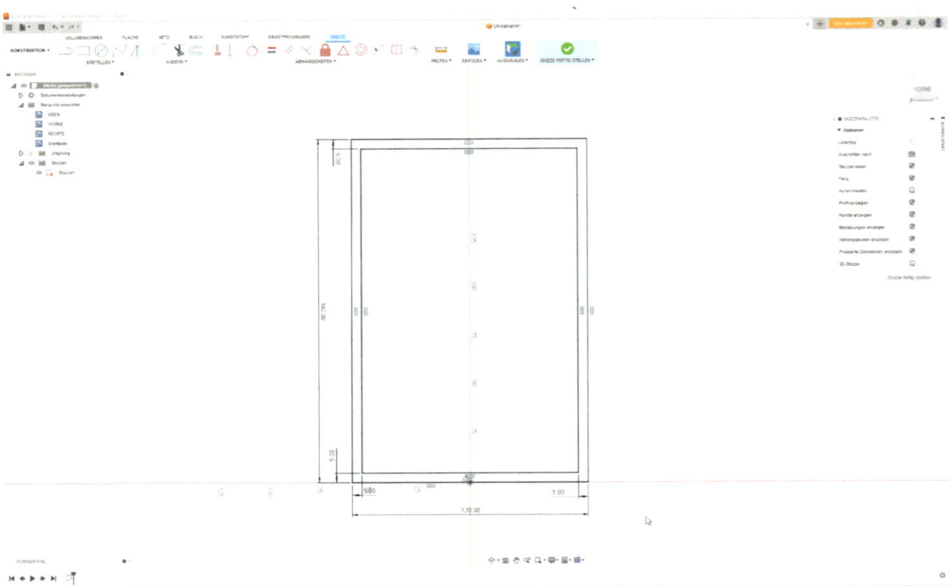

Bild 6.45 Das zweite Rechteck wird im Verhältnis zum ersten vermaßt.

Die Zeile *Profil* sollte *1 ausgewählt* anzeigen. Das bedeutet, dass eine Fläche zum Extrudieren verwendet wird. Start ist die Profilebene, *Richtung* und *Grenztyp* sollten auf *Eine Seite* und *Abstand* stehen. Den *Abstand* (dieser Wert gibt an, wie weit extrudiert werden soll) stellst du auf 10 mm ein. Das ist die Gesamthöhe unseres Schilds. Klicke auf OK. Nun wird der erste Körper, der den Rand darstellt, erzeugt (Bild 6.46).

Das Auswählen geht auch andersherum: Klicke erst auf *Extrusion* und dann im Browser (das ist die Baumstruktur links oben) auf den Pfeil neben *Skizzen*. Dadurch wird die erste Skizze angezeigt. Sie ist aber noch nicht sichtbar, wie das durchgestrichene Auge vor dem Eintrag *Skizze 1* zeigt. Ein Klick schaltet die Skizze sichtbar und aktiv. Nun kannst du in die Mitte des Rahmens klicken, um diese Fläche zu aktivieren. Stelle einen Abstand von 2 mm ein. Zudem müssen wir dem System jetzt sagen, wie das „Verhältnis“ der beiden Körper sein soll.

TIPP: Der kleine Button mit dem Fragezeichen links unten führt zu weiteren Informationen und Tipps. Du findest ihn in jedem Befehlsfenster.

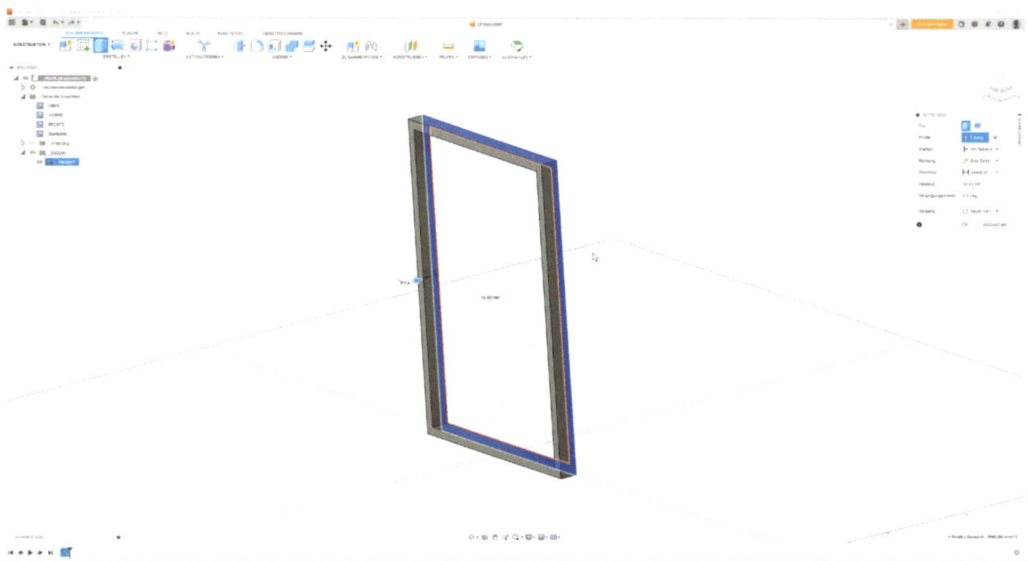

Bild 6.46 Der erste Körper, der Rahmen des Hausnummernschilds, ist in Fusion 360 erstellt.

Körper können sich schneiden, sich verbinden oder eine Schnittmenge bilden. Sie können auch unabhängig voneinander existieren, was wir jedoch nicht wollen. Wähle deshalb *Verbinden* als *Vorgang* aus (Bild 6.47). Nach dem Klick auf OK sollte im Browserzweig *Körper* nur ein einziger Eintrag auftauchen. Übrigens siehst du jetzt unten in der Historie drei Elemente: die Skizze und die beiden Extrusionen.

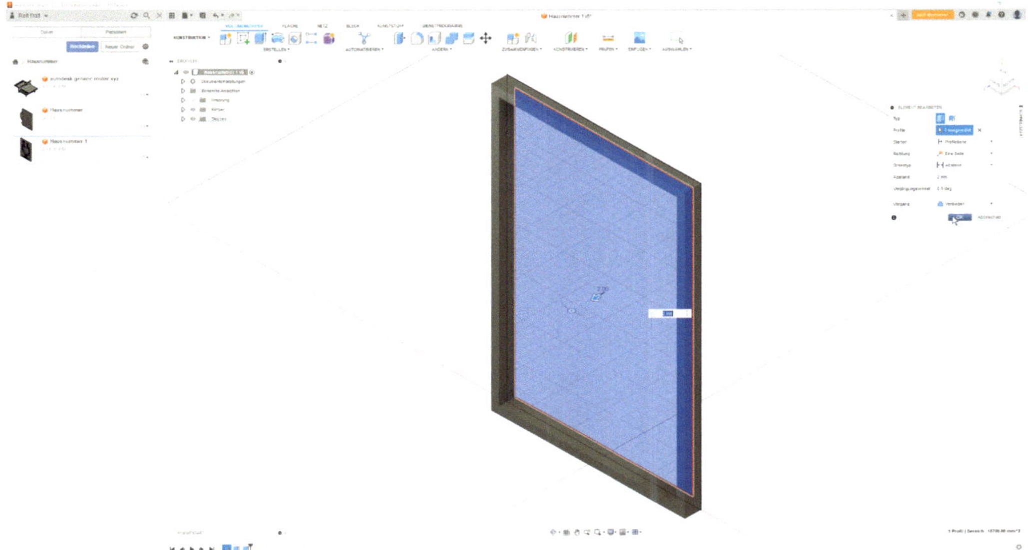

Bild 6.47 Auch die zweite Extrusion stellt uns nicht vor Rätsel. Wichtig ist die Anwahl von *Verbinden*.

Speichere die Basisplatte mit Rahmen, indem du auf das Diskettensymbol in der obersten Zeile klickst. Im folgenden Dialog vergibst du einen Namen und wählst ein Verzeichnis des Cloud-Speichers aus. Gleichzeitig speichert Fusion 360 die Daten lokal ab, sodass du auch ohne Internetanbindung arbeiten kannst. Beim nächsten Start mit aktivierter Onlineverbindung aktualisiert Fusion die Geometrie dann in der Cloud.

In der linken Leiste des Fensters, die ich in den vorangegangenen Abbildungen ausgeblendet habe, kannst du die Datei wieder aufrufen. Ein Klick auf das Kreuz rechts oben im Cloud-Fenster schließt es, ein Klick auf das quadratische Gitter-Icon links oben im Hauptfenster öffnet es wieder.

6.13.4 Ungleiches verbinden: Import und Umwandlung des Reliefs

Im nächsten Schritt zeigt sich, ob wir in Meshmixer richtig gearbeitet haben. Der folgende Prozess ist etwas komplex, da wir im Zuge der Integration des Netzes diese Flächen in eine andere Flächendefinition umwandeln und anpassen müssen, damit wir die Flächen später zum Fräsen verwenden können. Zudem verbinden wir eine parametrische mit einer nichtparametrischen Konstruktion.

Wir beginnen mit dem Import der Netzgeometrie. Dazu wechselst du in der Menüleiste von VOLUMENKÖRPER zu NETZ und aktivierst den ersten Button NETZ EINFÜGEN. Fusion kann Netze im 3MF-, STL- oder OBJ-Format importieren. Nach dem Auswählen unseres Netzes sollte die Figur genau mittig im Rahmen erscheinen, spätestens nach dem Umschalten der Hochachse im Importdialog (Bild 6.48). Mit einem Klick auf OK im Fenster schließt du den Importvorgang ab (Bild 6.48).

HINWEIS: An dieser Stelle musste ich zurück in Meshmixer, weil sich das Netz eben doch noch dort positionierte, wo ich es haben wollte. Wie weiter oben erwähnt, sind hier oft mehrere Versuche nötig. Klicke einfach in Fusion auf RÜCKGÄNGIG, wechsle in Meshmixer, pass das Modell an und exportiere es. Dann startest du den nächsten Import in Fusion 360.

Allerdings haben wir nun einen Netzkörper als reine Ansichtsgeometrie importiert, die wir nicht weiterbearbeiten können. Vor allem beim Fräsen werden Netzkörper nicht berücksichtigt. Wir müssen also das Netz in eine bearbeitbare Geometrie umwandeln. Hier musste ich in der letzten Auflage noch einige Verrenkungen machen, zum Glück hat Autodesk aber die Netzbearbeitung stark weiterentwickelt.

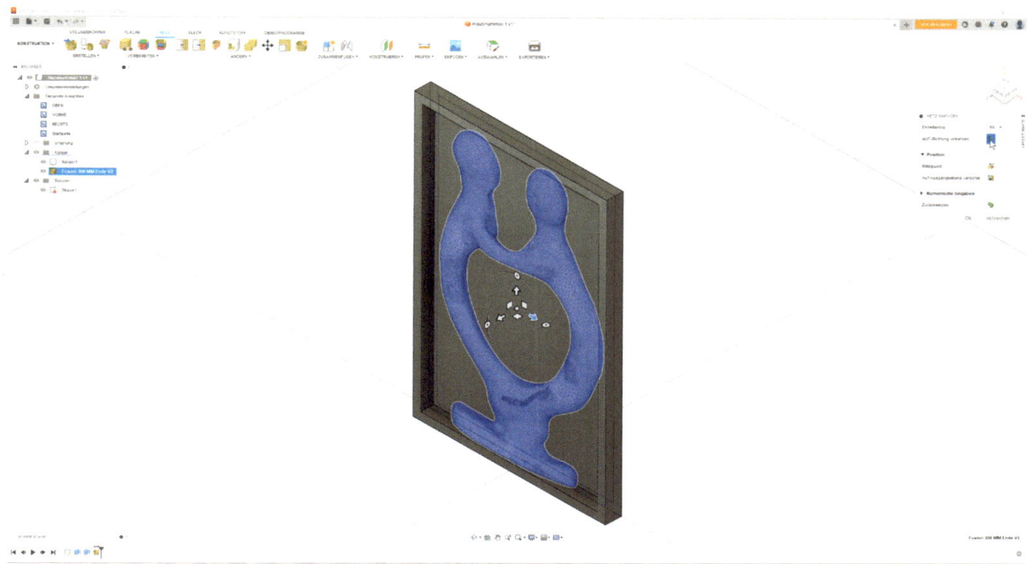

Bild 6.48 Dank der Vorarbeit in Meshmixer erscheint die Figur genau an der gewünschten Stelle im Rahmen.

Klicke auf das Netz und wähle im Menü das Ausklappmenü ÄNDERN unterhalb der Buttons. Hier versteckt sich die Funktion *Netz konvertieren*. Es erscheint die Warnung, dass das Netz über 10 000 Dreiecke enthält und die Berechnung sehr lang dauert. Wir folgen dem Tipp und brechen den Versuch ab. Der zweite Button im Menübereich ÄNDERN nennt sich REDUZIEREN. Das System berechnet das Netz hierbei neu und versucht, mit weniger Flächen dieselbe Figur zu definieren.

Wähle den Typ *Flächenanzahl* – wir kennen ja die Grenze, unter die wir gehen möchten. Im Eingabefeld *Flächenanzahl* erscheint die aktuelle Anzahl an Flächen – bei mir fast 12 000. Gib hier „9000“ ein – gut unter der 10 000er-Grenze. Den Neuvernetzungstyp stellen wir auf *Adaptiv*, das bedeutet, dass das Programm die Dreieckgröße so wählt, dass glattere und rundere Bereiche jeweils optimal abgebildet werden (Bild 6.49). Setz einen Haken bei *Vorschau* und kontrolliere das neue Netz – ist es okay? In dem Fall schließt du mit OK ab.

Nun können wir einen zweiten Anlauf für die Umwandlung starten. Wähle den Körper aus, als Vorgang wählen wir Basiselement und als Methode facettiert. Letzteres bedeutet eine direkte Umsetzung der Dreiecksflächen in die Oberfläche des neuen Körpers. Die Option Prismatisch versucht, das Netz in mathematische Grundkörper umzurechnen, was bei der Statue definitiv nicht funktioniert. In Fusion 360 ist ein Basiselement ein Geometrie- und Historienelement, das in sich mit direkter Modellierung erzeugt wurde.

Die Skulptur wird nun nicht mehr geisterhaft violett, sondern im selben Dunkelgrau wie der Rahmen angezeigt. Es handelt sich jetzt um einen richtigen Körper (Bild 6.50). Das zeigt auch der Browser an. Er hat nun zwei Einträge für *Körper*: *Rahmen* und *Skulptur*. Der Netzkörper ist nach wie vor vorhanden, aber ausgeblendet, wie die dunkle Lampe vor dem Eintrag anzeigt.

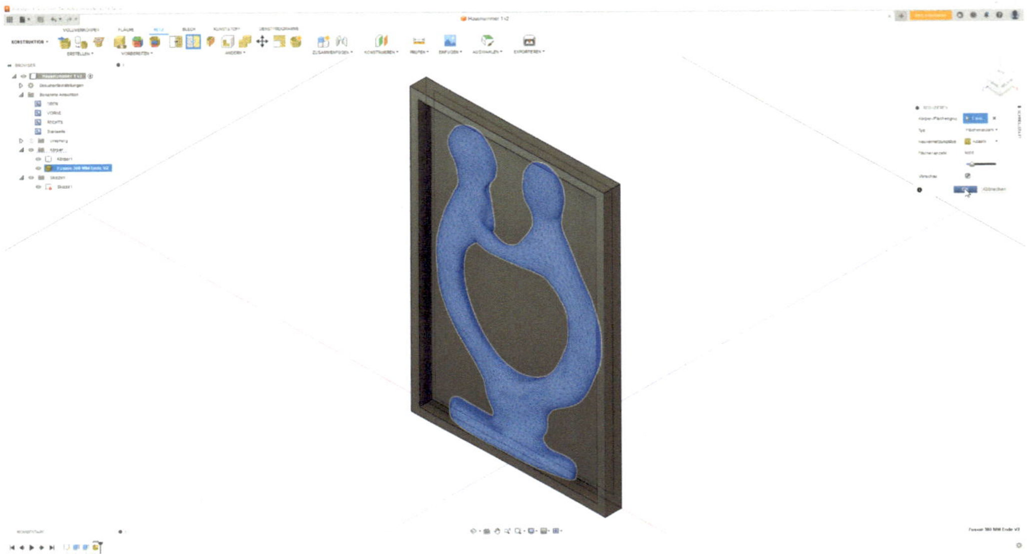

Bild 6.49 Auch mit weniger als 10 000 Dreiecken sieht die Skulptur noch gut aus.

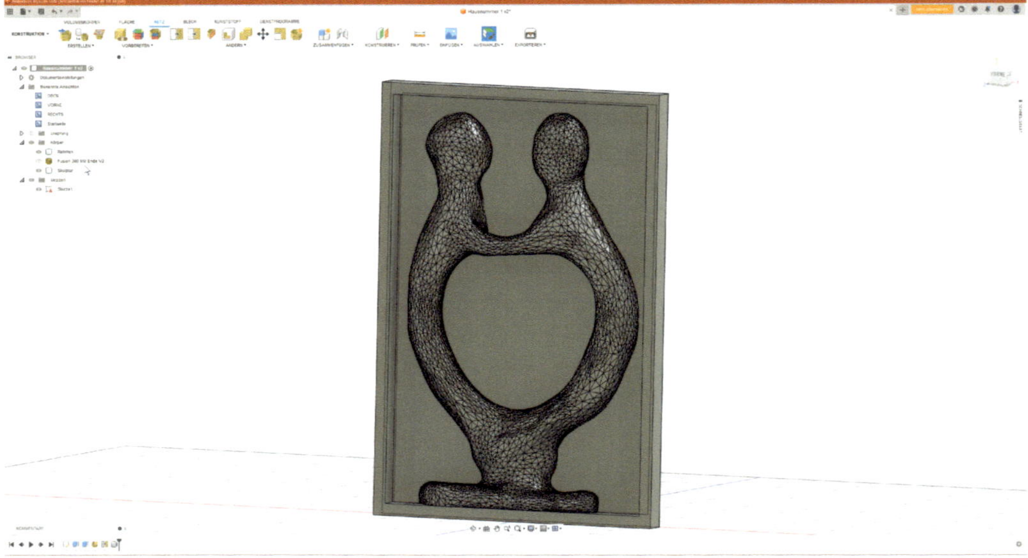

Bild 6.50 Die graue Färbung zeigt es: Das Relief ist nun ein echter, verwendbarer Körper.

Allerdings hat das Ganze einen Haken: Wie der Browser zeigt, sind Relief und Rahmen nicht ein, sondern zwei Körper. Das würde uns spätestens beim Fräsen Probleme bereiten. Eine Kontrolle mit dem Schnittwerkzeug zeigt es deutlich. Wähle unter PRÜFEN die *Schnittanalyse* und schiebe eine der Außenflächen des Rahmens durch das Modell. Dann zeigt Fusion ganz deutlich die Trennlinie zwischen den beiden Körpern. Sie liegen zwar direkt aneinander, sind aber logisch zwei verschiedene Elemente (Bild 6.51). Brich die Schnittanalyse nun wieder ab.

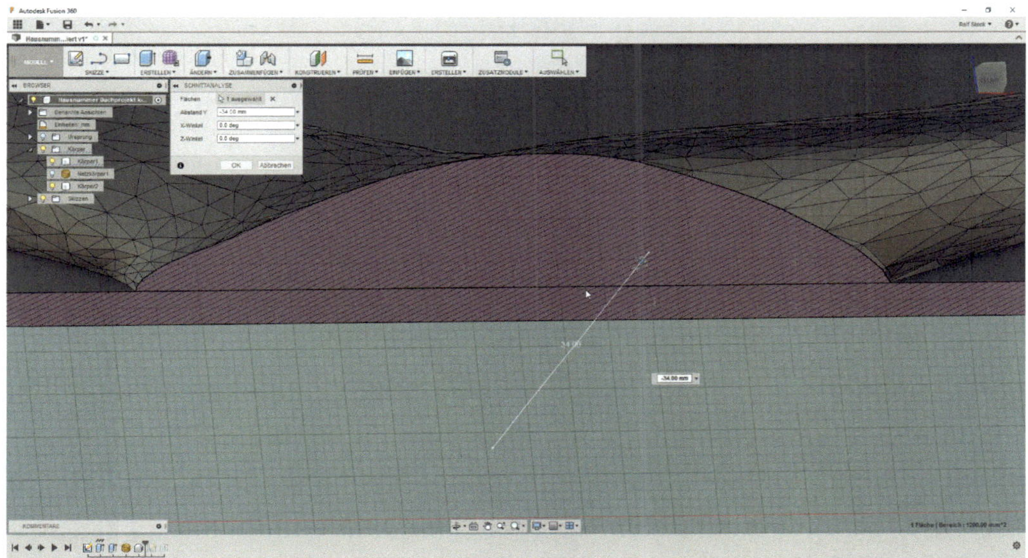

Bild 6.51 Die Schnittanalyse zeigt es: Die beiden Körper sind nicht verschmolzen.

Um die beiden Körper zu verschmelzen, benutzen wir den Befehl *Kombinieren* im Menü ÄNDERN – Achtung, bitte vorher wieder auf *Volumenkörper* umstellen! Um zwei Körper verschmelzen zu können, braucht es allerdings eine Überlappung dieser Körper – und sei sie noch so winzig. Je nachdem, wie genau du in Meshmixer gearbeitet hast, liegen die beiden Körper eventuell ohne Überlappung direkt aneinander. Jetzt zeigt sich wieder die Power der Parametrik: Du kannst ganz einfach unten in der Historie die zweite Extrusion mit einem Rechtsklick und der Auswahl von *Element bearbeiten* ändern. Ändere den Abstand auf 2,1 mm (Bild 6.52). Das hebt die Grundfläche des Rahmens um einen Zehntelmillimeter. Das reicht schon, um eine winzige Überlappung mit dem Relief zu erzeugen.

Ein Klick auf OK lässt das Relief wieder erscheinen. Wenn du nun eine Schnittanalyse machst und sehr nahe an den Schnitt herangehst, kannst du die Überlappung sogar sehen. Jetzt können wir die beiden Körper kombinieren. Starte den Befehl ÄNDERN > KOMBINIEREN. Der Befehl benutzt einen oder mehrere Werkzeugkörper, um einen Zielkörper zu schneiden, durch Vereinigung zu ergänzen oder eine Schnittmenge zu bilden. So ist es beispielsweise möglich, durch Schneiden einer Platte mit einem schraubenförmigen Körper eine Gewindebohrung in der Platte zu erzeugen. Genau solch eine Operation wird auch im Video gezeigt, das über den Hilfebutton erreichbar ist.

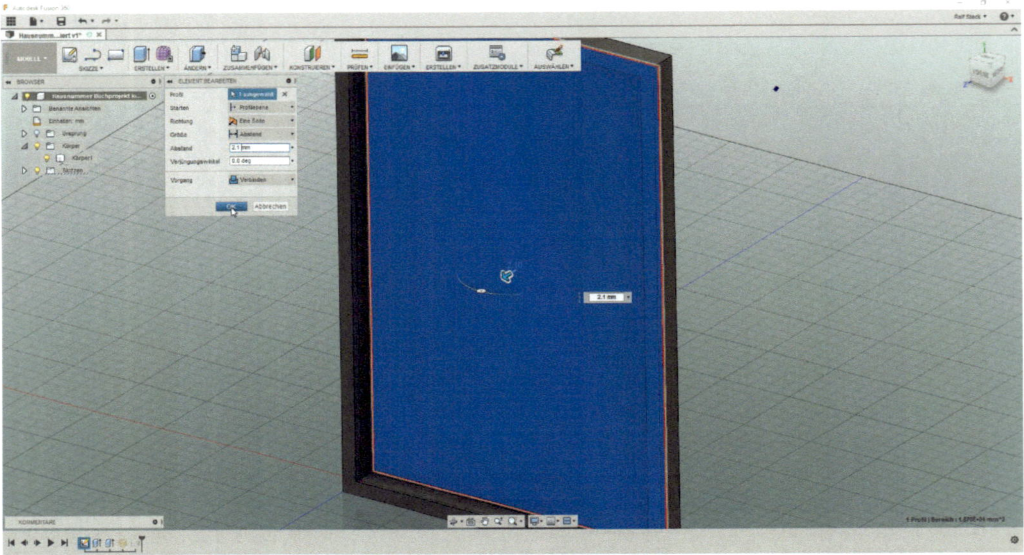

Bild 6.52 Das Anheben des Bodens um einen Zehntelmillimeter reicht, um eine Überlappung mit dem Relief zu erzeugen.

Wir wollen nun aber beide Körper kombinieren. Dazu wählst du im Browser den Rahmen als *Zielkörper* und das Relief als *Werkzeugkörper*. Es kann etwas dauern, bis die Buttons reagieren, weil Fusion 360 im Hintergrund sehr komplexe Berechnungen anstellen muss. Hab also etwas Geduld, wenn sich der zweite Button nicht sofort blau färbt (Bild 6.53). Als *Vorgang* muss *Verbinden* gewählt sein. Die beiden anderen Optionen dürfen nicht ausgewählt sein. Klicke dann auf OK. Der zweite Körper verschwindet nun aus dem Browserbaum.

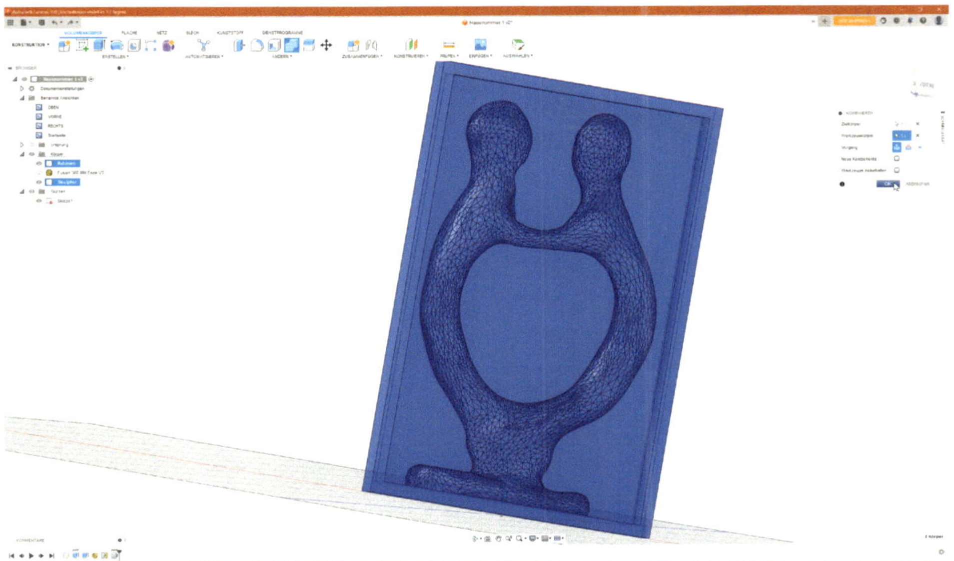

Bild 6.53 Gleich sind die Körper so verbunden, wie es gewünscht ist.

6.13.5 Zahlenspiel: Die Hausnummer wird eingefügt

Nun fehlt nur noch die Hausnummer, in meinem Fall die „5“. Dazu benötigen wir wieder eine Skizze, die wir einfach auf der Grundfläche des Rahmens erstellen. Klicke die Fläche an und starte mit der Auswahl SKIZZE ERSTELLEN im Kontextmenü eine Skizze. Wähle nun im Befehlsmenü unter ERSTELLEN den Befehl *Text*. Mit der Maus kannst du das Textfenster positionieren. Die Zahl platzieren wir nicht mit genauen Koordinaten, sondern einfach so, dass es gut aussieht. Ich habe versucht, die untere Rundung der „5“ mit der Rundung des Reliefs in Einklang zu bringen. Im Befehlsfenster tippst du oben den Text ein, darunter wählst du die Größe des Textes in Millimetern. Ich habe noch *B* aktiviert. Das steht für „bold“ (also „fett“). Auch eine Schriftart kannst du wählen. Bei mir passte die „5“ mit 55 mm Höhe harmonisch ins Bild.

Als Nächstes folgt die Extrusion. Klicke dazu auf den Befehl *Extrusion* in der oberen Befehlsleiste. Aber Achtung! Die Extrusion darf nicht 8 mm betragen, sondern nur 7,9 mm (Bild 6.54). Schließlich haben wir die Grundebene gerade eben um 0,1 mm angehoben. Nur so stimmen am Ende die Oberflächen der Zahl und des Rands überein.

HINWEIS: Achtung! Scrolle nach unten und vergewissere dich, dass unter *Vorgang* die Option *Verbinden* eingestellt ist.

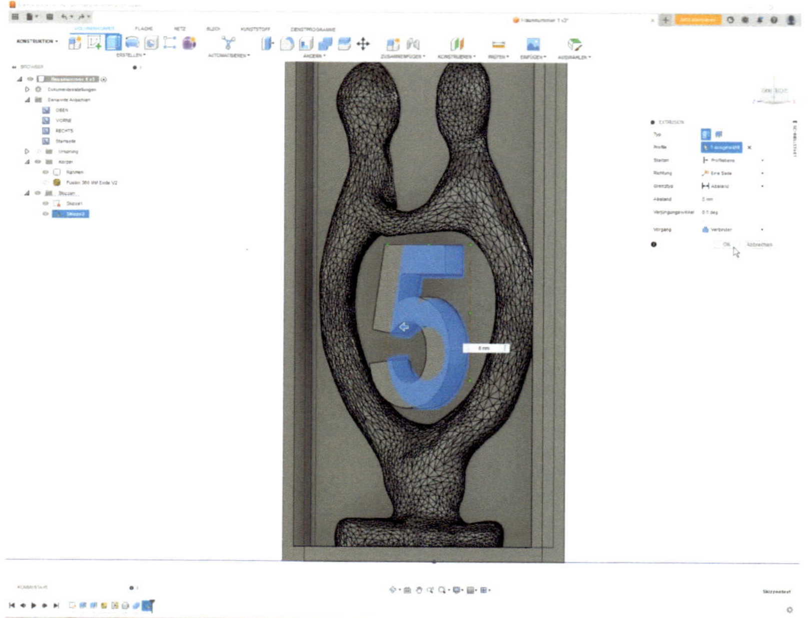

Bild 6.54 Hast du den Boden um 0,1 mm angehoben? Dann bitte nur 7,9 mm extrudieren!

Nun sind wir fertig mit der Modellierung (Bild 6.55). Es wird dringend Zeit zu speichern, wenn du das zwischendurch nicht getan hast.

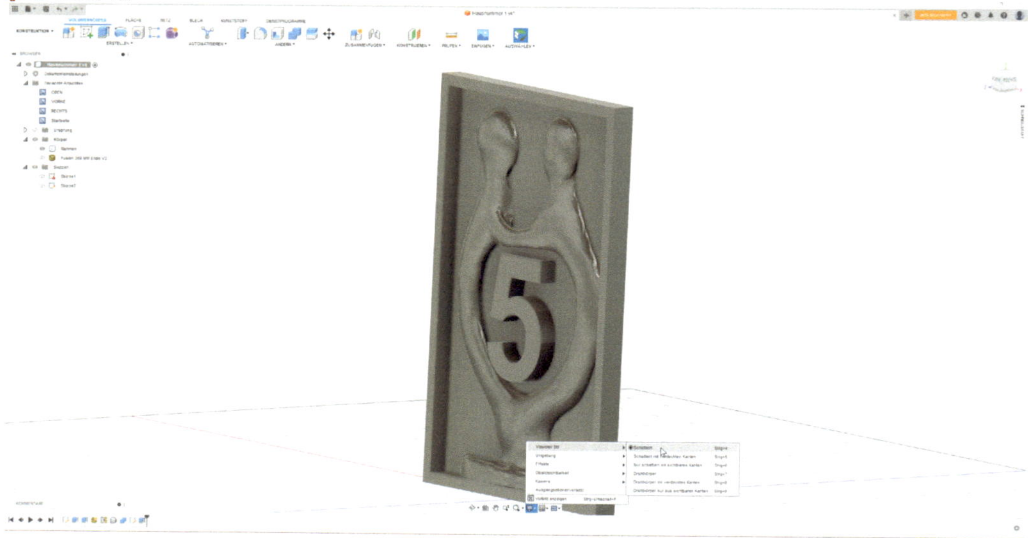

Bild 6.55 Richtig schön sieht unser Projekt aus, wenn du die Darstellung der Kanten ausschaltest.

Die Fusion 360-Datei des Endergebnisses findest du im Fusion-Back-up-Format F3D unter *plus.hanser-fachbuch.de*.

6.13.6 Es fliegen Späne: Fräsarbeiten mit Fusion 360 CAM

Die Geometrie des nun erstellten Modells soll nun gefräst werden. Dazu bringt Fusion 360 unter dem Punkt *Fertigen* gleich das passende CAM-System mit. Ich skizziere den folgenden Workflow nur grob, da alle Einstellungen je nach eingesetzter Fräse, vorhandenen Fräsern und verwendetem Werkstoff stark abweichen können. Einen Überblick über den grundsätzlichen Ablauf möchte ich dir aber auf jeden Fall geben.

Wir beginnen mit dem Setup. Hier werden die grundlegenden Parameter wie die Größe des Rohteils (Bild 6.56), die Ausrichtung und Positionierung auf der Maschine sowie die Position des Programmnullpunkts eingegeben.

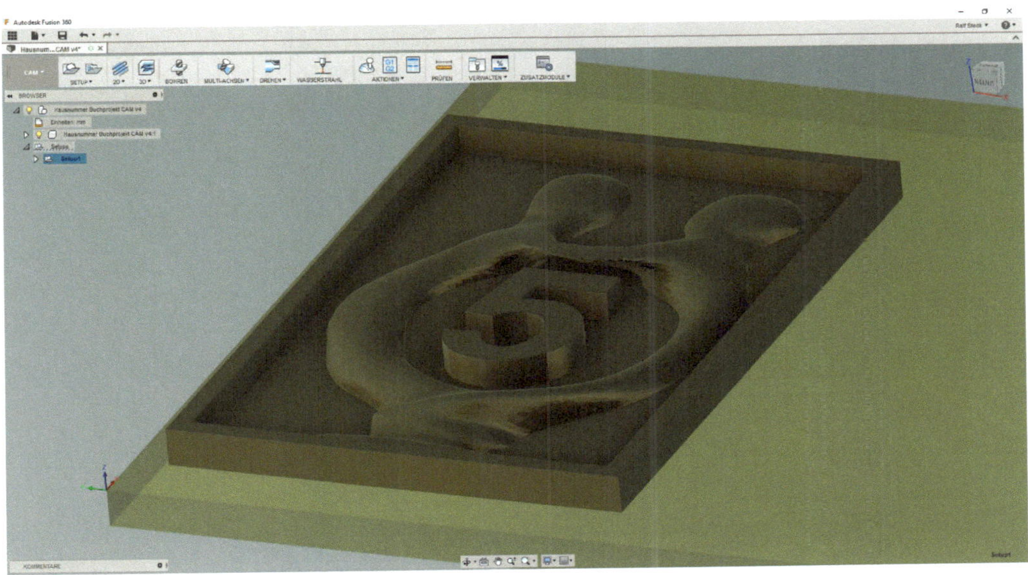

Bild 6.56 Das Modell wird im Setup im transparent gelb dargestellten Rohteil positioniert.

Im nächsten Schritt folgen die Bearbeitungen. Mit einem Schaftfräser schruppe ich die tiefen Bereiche erst einmal grob. Dann folgen für die steileren und die flacheren Bereiche zwei Schlichtbearbeitungen mit einem Kugelfräser und schließlich eine Bearbeitung an der Außenseite, die das fertige Teil aus dem Rohteil herausschneidet.

Einen Makel hat die gefräste Version unseres Hausnummernschilds in jedem Fall: Da ich nur eine Dreiachsfräse zur Verfügung habe, wird der Bereich unter den Armen der Figur stehen bleiben. Die Fräse arbeitet ja nur von oben und kann nur bearbeiten, was von oben sichtbar ist. Das stört hier aber nicht weiter.

Alle Bearbeitungen bis auf die letzte sind 3D-Fräsaktionen, da diese mit unserer Netzgeometrie besser zurechtkommen als die 2D-Funktionen. Ich wollte, dass die Oberfläche des Rahmens und der Nummer nicht bearbeitet werden, deshalb habe ich in der Definition jeder der vier Bearbeitungen im Register *Höhen* die obere Höhe von der Rohteiloberkante aus auf -0,01 mm festgesetzt. Rahmen- und Nummernoberfläche stehen also nach oben aus dem Bearbeitungsbereich heraus und werden wie gewünscht nicht bearbeitet (Bild 6.57).

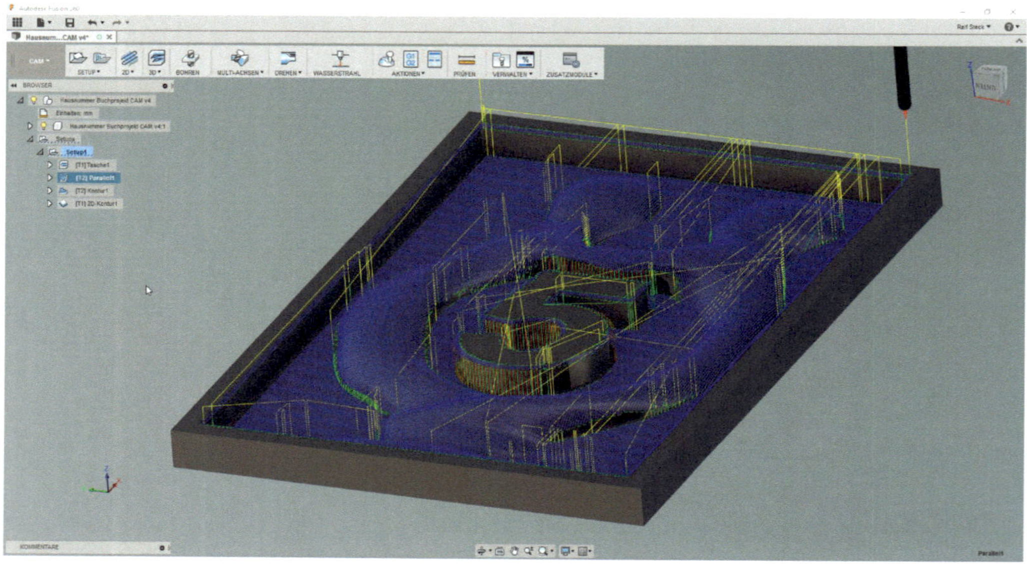

Bild 6.57 Die obere Bearbeitungshöhe habe ich etwas unter die Rohteiloberkante gesetzt, damit sie nicht bearbeitet wird.

Die Definition der Bearbeitungen ist recht einfach, wenn man vorher die Werkzeuge richtig definiert hat. Man arbeitet die Register des Bearbeitungsfensters nacheinander ab: Unter *Werkzeug* wird selbiges ausgewählt. Du kannst die Schnittparameter noch individuell anpassen. Unter *Geometrie* wird der Bearbeitungsbereich definiert. Unter anderem lässt sich hier ein Winkelbereich definieren, der bearbeitet werden soll. So konnte ich für die flacheren Bereiche parallel bearbeiten, während die steilen Bereiche konturparallel gefräst werden.

Sobald du das Fenster schließt, berechnet Fusion 360 die neuen Werkzeugwege. Du kannst nun jederzeit die Simulation starten. Fusion berechnet dann tatsächlich die gefräste Kontur anhand der Werkzeuggeometrie. Du siehst also sehr genau, wie das Endergebnis aussehen wird. Sogar die Rillen, die der Kugelfräser unvermeidlich hinterlässt, zeigt die CAM-Simulation (Bild 6.58).

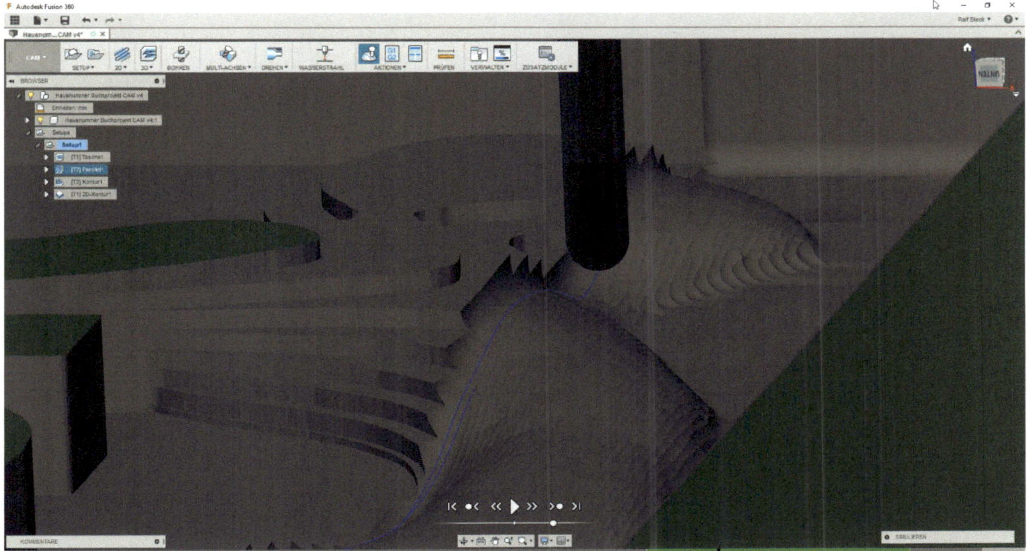

Bild 6.58 Die Simulation kann jederzeit gestartet werden und zeigt den Fortschritt der Bearbeitung sehr detailliert und dreidimensional.

Wenn du mit dem Ergebnis zufrieden bist, erzeugst du über den Menüpfad AKTIONEN > POSTPROZESS den eigentlichen Maschinencode. Ich drücke dir die Daumen, dass dein Frästeil ebenso schön wird wie meines. Damit ist auch dieses Projekt beendet.

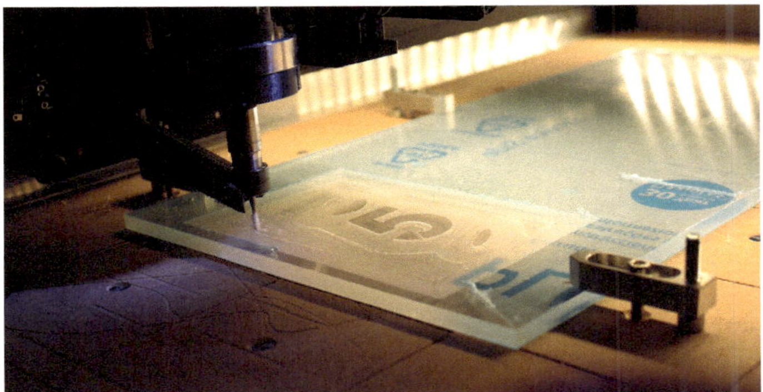

Bild 6.59 Die fertige Hausnummer aus Acryl kannst du zum Leuchten bringen, indem du oben, unten oder an der Seite LEDs anbringst.

7 Fazit und Ausblick

Ich hoffe, du bist bis zum Ende dabeigeblieben und konntest alle Projekte nachvollziehen. Vielleicht hast du sogar schon deine eigenen DIY-Objekte gefertigt? Dann möchte ich dich ganz herzlich beglückwünschen! An dieser Stelle ist unsere gemeinsame Reise durch die CAD-Welt zu Ende. Ich bedanke mich für dein Vertrauen und hoffe, dass das Verwirklichen der Projekte dir genauso viel Spaß gemacht hat wie mir das Entwickeln der Projekte und das Schreiben des Buches. Angst davor, ein CAD-Programm nicht zu verstehen, musst du jetzt auf jeden Fall nicht mehr haben.

Du hast nicht weniger als neun CAD- und Hilfsprogramme kennen- und nutzen gelernt. Ich habe die Software bewusst so ausgesucht, dass alle Arten von Programmen dabei waren. Dies bedeutet jedoch nicht, dass alle frei nutzbaren CAD-Systeme in diesem Buch enthalten sind.

Was können nun professionelle CAD-Systeme, was wir in diesem Buch nicht besprochen haben? Jedenfalls nichts grundsätzlich anderes. Profi-Systeme haben wesentlich mehr Optionen, mit denen du beispielsweise variable Verrundungen erstellen kannst, deren Radien sich über die Länge der Kante ändern. Die maximale Größe und Komplexität von Modellen, die das System verarbeiten kann, ist oft höher. Die Profi-Systemanbieter stecken viel Geld und Zeit in die Optimierung der Effizienz der Modellierarbeit, damit die Konstrukteure möglichst schnell zum gewünschten Ergebnis kommen. Dazu gehört zertifizierte Hardware, die Abstürze weniger wahrscheinlich und die Leistungsfähigkeit des Gesamtpakets aus Software und Hardware optimal nutzbar macht.

Der eigentliche Unterschied ist jedoch das Drumherum: Festigkeitssimulation, Datenverwaltung, fotorealistische Visualisierung, NC-Programmerstellung und andere Funktionen sind entweder integriert oder per Zusatzprogramm anzukoppeln. Klingt interessant? Dann schaue dir einfach mal Fusion 360 genauer an. Es bietet all die genannten Erweiterungen und ist für Privatanwender kostenlos nutzbar.

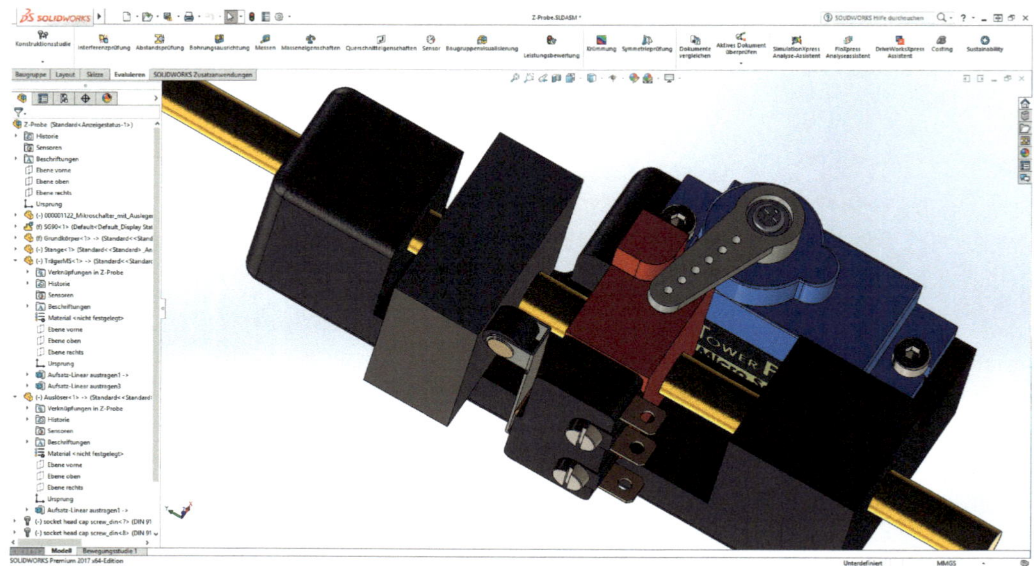

Bild 7.1 Die Arbeit in Profi-Systemen wie SolidWorks unterscheidet sich nicht wesentlich von den Vorgehensweisen, die du gelernt hast.

Die Philosophie und Technologie sowie die grundlegenden Modellierfunktionen der Profi-Systeme sind jedoch nicht anders als bei den CAD-Systemen, die wir für die Realisierung der Projekte dieses Buches genutzt haben. Du bist nun also bestens gerüstet, um dich weiter in diese oder andere CAD-Systeme einzuarbeiten, eigene Projekte umzusetzen und 3D-Drucker, Fräse oder Lasercutter mit Daten zu versorgen.

Ich wünsche dir weiterhin viel Spaß und Erfolg bei deiner Reise durch die Welt der 3D-Modellierung!

Friedrichshafen, April 2023

Ralf Steck

Index

Symbole

A

B

C

D

E

F

G

H

I

K

L

M

W

Z